資料結構
使用C#

|||| Data Structures Using C#

PREFACE

序

資料結構（Data Structures）是資訊學科的核心課程之一，也是撰寫程式必備的知識。筆者具有相當豐富的資料結構教學經驗，因此了解應如何闡述資料結構的每一主題，期使讀者達到事半功倍的效果。

根據 Tiobe 的調查，目前（2018 年 1 月）最受歡迎的前五名程式語言，分別是 Java、C、C++、Python 和 C#。C# 可以說是 Microsoft 用來應付 Oracle 的 Java 的一張王牌。

C# 一直是很受歡迎軟體公司或青睞的物件導向程式語言。C# 和其他物件導向程式語言都具有封裝、繼承、多型，以及樣版（template）的特性。同時物件導向程式語言所開發的系統，具有相當高的維護性，鑑於很多的需求者，所以本書以 C# 語言加以實作之，做為其日後應用之參考。讓您了解如何此處假設您已學過 C# 程式語言。此處假設您已學過 C# 程式語言。在撰寫內文時，筆者儘量以易懂的方式呈現之，讓你得到事半功倍的效果。

每一章的每一小節幾乎都有練習題，旨在測驗您對此節的了解程度，書後也附有練習題參考解答，不過提醒您，要做完才能對照解答喔。除了練習題外，在每一章末也有 "動動腦時間"，這些題目有些來自歷屆的高考或研究所的考題，一些則是根據內文加以設計的題目。題目的後面皆標明其出自那一小節，如 [5.2]，它表示只要您詳讀 5.2 節即可輕鬆地作答。

最後要謝謝各位讀者，有您們的指教使得本書更加精彩，若發現內文有誤或表達不清楚之處，懇請來信指教，萬分感謝。

蔡明志、

mjtsai168@gmail.com

目錄

CONTENTS

CHAPTER **4** 鏈結串列

CHAPTER **5** 遞迴

CHAPTER **6** 樹狀結構

CHAPTER 7 二元搜尋樹

CHAPTER 8 堆積

CHAPTER 9 高度平衡二元樹

CHAPTER 10 2-3 Tree 與 2-3-4 Tree

CHAPTER 11 B-Tree

CHAPTER 12 圖形結構

CHAPTER 13 排序

CHAPTER 14 搜尋

APPENDIX A 練習題解答

範例下載

本書範例請至 http://books.gotop.com.tw/download/AEE038900 下載，檔案為 ZIP 格式，請讀者下載後自行解壓縮即可。其內容僅供合法持有本書的讀者使用，未經授權不得抄襲、轉載或任意散佈。

演算法分析

1.1 演算法

演算法(Algorithms)是一個解決問題(problems)的有限步驟程序,也可以說是產生解答中一步一步的程序。舉例來說,現有一問題為:判斷數字 X 是否在一已排序好的數字串列 S 中,其演算法為:從 S 串列的第一個元素開始依序的比較,直到 X 被找到或是 S 串列已達盡頭,假使 X 被找到,則印出 Yes;否則,印出 No。

可是當問題變的很複雜時,上述敘述性的演算法就難以表達出來。因此,演算法大都先以類似程式語言的方式來表達,繼而利用您所熟悉的程式語言執行之。本書乃直接以 C 程式語言來撰寫,因此筆者假設您已具備撰寫 C#語言的能力。

您是否常常會問這樣的一個問題:"他的程式寫得比我好嗎?",答案不是因為他是班上第一名,所以他所寫出來的程式一定就是最好的。而是應該用一種比較科學的方法來比較之,常用的方法是利用效率分析(performance analysis)方法來進行評估,而效率分析方法通常可分為時間複雜度分析(time complexity analysis)和空間複雜度分析(space complexity analysis),由於時間複雜度分析較常為人們使用,因此我們選擇此種分析方法來加以評估其效率。首先必須求出程式中每一敘述的執行次數(其中 '{' 和 '}' 不加以計算),之後將這些執行次數加總起來,最後再求出其 Big-O,所求出的結果就是此程式的時間複雜度(關於 Big-O 的部份,1-2 節有詳細的解說)。讓我們先看以下四個範例:

1.1.1 陣列元素相加

陣列元素相加乃將陣列中每一元素的值加總起來,其所對應的 C#片段程式如下:

C#片段程式》　　　　　　　　　　　　　　　　　　　執行次數

```
int sum(int[] arr, int n)
{
    int  i, total=0;                              1
    for (i=0; i<n; i++)                           n+1
        total+=arr[i];                            n
    return total;                                 1
}                                              ─────────
                                                  2n+3
```

其中在 for 迴圈內的敘述會重複 n 次(由 0，1，2，…，n-1)，但在 i=n 的時候 for 本身仍然會判斷，所以 for 敘述一共做了 n+1 次。

1.1.2 矩陣相加

矩陣相加表示將相對應的元素相加，如 $\begin{bmatrix} 5 & 6 \\ 7 & 8 \end{bmatrix} + \begin{bmatrix} 2 & 3 \\ 3 & 4 \end{bmatrix} = \begin{bmatrix} 7 & 9 \\ 10 & 12 \end{bmatrix}$，而片段程式如下：

C#片段程式》　　　　　　　　　　　　　　　　　　　執行次數

```
void add (int[,] a, int[,] b, int[,] c, int n)
{
    for (int i=0; i < n; i++)                     n+1
        for (int j=0; j < n; j++)                 n(n+1)
            c[i, j] = a[i, j] + b[i, j]           n²
}                                              ─────────
                                                2n²+2n+1
```

注意！for 敘述本身皆執行 n+1 次，進入迴圈主體後，才執行 n 次。同時，我們假設兩個矩陣皆為 n*n 個元素。

1.1.3 矩陣相乘

矩陣相乘的做法為 $\begin{bmatrix} a & b \\ c & d \end{bmatrix} \times \begin{bmatrix} e & f \\ g & h \end{bmatrix} = \begin{bmatrix} ae+bg & af+bh \\ ce+dg & cf+dh \end{bmatrix}$，對應的片段程式如下：

C#片段程式》　　　　　　　　　　　　　　　　　　　執行次數

```
void mul(int[, ] a, int[, ] b, int[, ] c, int n)
{
    int  i,  j,  k,  sum;                         1
    for (i = 0; i < n; i++)                       n+1
        for (j = 0; j < n; j++ ) {                n(n+1)
            sum = 0;                              n²
            for ( k = 0; k < n; k++ )             n²(n+1)
                sum = sum + a[i, k] * b[k, j];    n³
            c[i, j] = sum;                        n²
        }                                      ─────────
}                                              2n³+4n²+2n+2
```

1.1.4 循序搜尋

循序搜尋乃表示在一陣列中，由第 1 個元素開始找起，依序搜尋。此處我們假設要找的資料一定在陣列中，其片段程式如下：

C#片段程式》   執行次數

```
int search(int[] data, int target, int n)
{
    int  i;
    for (i = 0; i < n; i++)
        if (target == data[i])
            return i;
}
```

執行次數
1
n+1
n
1
——
2n+3

練習題

試回答下列片段程式中 x = x+1;這一敘述執行多少次

```
(a) for (i=1; i <= n; i++)
        for (j=i; j <= n ; j++)
            x = x + 1;


(b) for (i=1; i <= n; i++) {
        k = i + 1;
        do {
            x = x + 1;
        } while (k++ <= n);
    }
```

1.2 Big-O

如何去計算完成一程式或演算法所需要的執行時間呢？在程式或演算法中，每一敘述(statement)的執行時間為：(1)此敘述執行的次數、(2)每一次執行此敘述所需的時間，兩者相乘即為此敘述的執行時間。由於每一敘述所需的時間必需考慮到機器和編譯器的功能，通常假設所需的時間為固定的，因此通常只考慮執行的次數即可。

算完程式中每一敘述的執行次數，並將其加總後，再利用 Big-O 來表示此程式的時間複雜度(time complexity)。

Big-O 的定義如下：

> $f(n)=O(g(n))$，若且唯若存在一正整數 c 及 n_0，使得 $f(n) \leq cg(n)$，對所有的 n，$n \geq n_0$。

上述的定義表示我們可以找到 c 和 n0，使得 $f(n) \leq cg(n)$，此時，我們說 f(n) 的 Big-O 為 g(n)。請看下列範例

(a) $3n+2=O(n)$，∵我們可找到 c=4，$n_0=2$，使得 $3n+2 \leq 4n$

(b) $10n^2+5n+1=O(n^2)$，∵我們可以找到 c=11，$n_0=6$ 使得 $10n^2+5n+1 \leq 11n^2$

(c) $7*2^n+n^2+n=O(2^n)$，∵我們可以找到 c=8，$n_0=5$ 使得 $7*2^n+n^2+n \leq 8*2^n$

(d) $10n^2+5n+1=O(n^3)$，這可以很清楚的看出，原來 $10n^2+5n+1 \in O(n^2)$，而 n^3 又大於 n^2，理所當然 $10n^2+5n+1=O(n^3)$ 是沒問題的。同理也可以得知 $10n^2+5n+1 \neq O(n)$，∵f(x)沒有小於等於 c*g(n)。

由上面的幾個範例得知 f(n) 為一多項式，表示一程式完成時所需要計算的時間，而其 Big-O 只要取其最高次方的項目即可。

根據上述的定義，得知陣列元素值加總的時間複雜度為 O(n)，矩陣相加的時間複雜度為 $O(n^2)$，而矩陣相乘的時間複雜度為 $O(n^3)$，循序搜尋的時間複雜度為 O(n)。

其實我們可以加以證明，當 $f(n) = a_m n^m + \cdots + a_1 n + a_0$ 時，$f(n) = O(n^m)$

📑 證明

$$f(n) \leq \sum_{i=0}^{m} |a_i| \, n^i$$

$$\leq n^m * \sum_{i=0}^{m} |a_i| \, n^{i-m}$$

$$\leq n^m * \sum_{i=0}^{m} |a_i| \,，對 n \geq 1 而言$$

$$\Rightarrow f(n) \in O(n^m) \cdot ∵可將 \sum_{i=0}^{m} |a_i| \, 視為 c，而 n^m 為 g(n)$$

亦即 Big-O 乃取其最大指數的部份即可，因此前述的範例中，陣列元素相加的 Big-O 為 O(n)，矩陣相加 Big-O 為 $O(n^2)$，而矩陣相乘的 Big-O 為 $O(n^3)$。

Big-O 的圖形表示如下：

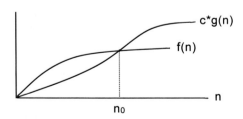

例如有一程式執行的時間為 n^2+10n，則其 Big-O 為(n^2)，表示程式執行所花的時間最多有 n^2 的時間；換個角度說，就是在最壞的情況下也不會大於 n^2。

以 Big-O 的定義：

$n^2+10n \leq 2n^2$ ，當 c = 2 時，$n_0 \geq 10$ 時
$=> n^2+10n \in O(n^2)$

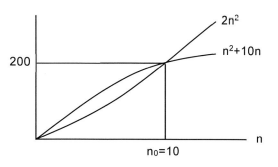

一般常見的 Big-O 有以下的幾種類別：

Big-O	類別
$O(1)$	常數時間 (constant)
$O(\log_2 n)$	對數時間 (logarithmic)
$O(n)$	線性時間 (linear)
$O(n\log_2 n)$	對數線性時間 (log linear)
$O(n^2)$	平方時間 (quadratic)
$O(n^3)$	立方時間 (cubic)
$O(2^n)$	指數時間 (exponential)
$O(n!)$	階層時間 (factorial)
$O(n^n)$	n 的 n 次方時間

一般而言，這幾種類別由 $O(1)$，$O(\log_2 n)$，…，$O(n!)$，$O(n^n)$ 之效率按照排列的順序愈來愈差，也可以下一種方式表示。

$O(1) < O(\log_2 n) < O(n) < O(n\log_2 n) < O(n^2) < O(n^3) < O(2^n) < O(n!) < O(n^n)$

$O(1) < O(\log_2 n)$ 表示後者所花的時間大於前者，因此效率上前者較後者優。往後我們可以利用 Big-O 來評量程式或演算法的效率為何。當 n 愈大時，更能顯示出其間的差異，如表 1.1 所示。若某位同學的程式 Big-O 為 $O(n\log_2 n)$，而你的程式為 $O(n)$，則你的程式之執行效率比那位同學來得優。

表 1.1　各種 Big-O 的比較表

n	$\log_2 n$	$n\log_2 n$	n^2	n^3	2^n
1	0	0	1	1	2
2	1	2	4	8	4
4	2	8	16	64	16
8	3	24	64	512	256
16	4	64	256	4096	65536
32	5	160	1024	32768	4294967296

表 1.1 明顯的可以看出，當 n 愈來愈大時，$n\log_2 n$，n^2，n^3 和 2^n 之間的差距便愈來愈大，如 n=32 時，$\log_2 n$ 才為 5，但 n^2 就等於 1,024，n^3 更大，已為 32,768，而 2^n 此時已達到 4,294,967,296，之間的差距是相當大的，在表 1-1 我們省略了 n!，因為當 n=32 時，幾乎印出的數字差不多有 30 幾位數囉!各位讀者只要清楚 Big-O 類別之間的排列便可。

除了 Big-O 之外，用來衡量效率的方法還有 Ω 和 Θ，以下是它們的定義。

Ω 的定義如下：

> $f(n) = \Omega(g(n))$，若且唯若，存在正整數 c 和 n0，使得 $f(n) \geq cg(n)$，對所有的 n，$n \geq n0$。

請看下面幾個範例：

(a) $3n+2=\Omega(n)$，$\because$ 我們可找到 c=3，$n_0=1$

使得 $3n+2 \geq 3n$

(b) $200n^2+4n+5=\Omega(n^2)$，$\because$ 我們可找到 c=200，$n_0=1$

使得 $200n^2+4n+5 \geq 200\,n^2$

(c) $10n^2+4n+2=\Omega(n)$，為什麼呢?

$\because$ 從定義得知 $10n^2+4n+2=\Omega(n^2)$，

由於 $n^2 > n$，$\therefore$ 理所當然 $10n^2+4n+2$ 也可是為 $\Omega(n)$。

Θ 的定義如下：

> $f(n) = \Theta(g(n))$，若且唯若，存在正整數 c_1，c_2 及 n，使得 $c_1*g(n) \leq f(n) \leq c_2*g(n)$，對所有的 n，$n \geq n_0$。

我們以下面幾個範例加以說明：

(a) $3n+1=\Theta(n)$，$\because$ 我們可以找到 $c_1=3$，$c_2=4$，且 $n_0=2$，

使得 $3n \leq 3n+1 \leq 4n$

(b) $10n^2+4n+6=\Theta(n^2)$，$\because$ 只要 $c_1=10$，$c_2=11$ 且 $n_0=10$

便可得 $10n^2 \leq 10n^2+4n+6 \leq 11n^2$

(c) 注意! $3n+2 \neq \Theta(n^2)$，$10n^2+n+1 \neq \Theta(n)$

讀者可加以思考一下下。

下圖為 Big-O, Ω, Θ 的表示情形：

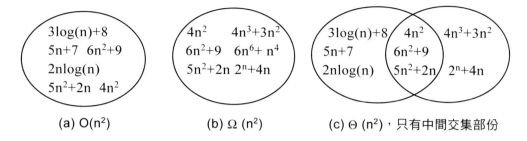

(a) O(n²)　　　　　(b) Ω (n²)　　　　　(c) Θ (n²)，只有中間交集部份

有些問題，我們只要知道其做法便可求出其 Big-O，底下我們舉一些範例說明之。

循序搜尋 (sequential search) 的情形可分為三種，第一種為最壞的情形，當要搜尋的資料放置在檔案的最後一個，因此需要 n 次才會搜尋到(假設有 n 個資料在檔案中)；第二種為最好的情形，此情形與第一種剛好相反，表示欲搜尋的資料在第一筆，故只要 1 次便可搜尋到；最後一種為平均狀況，其平均搜尋到的次數為

$$\sum_{k=1}^{n}(k*(1/n)) = (1/n)* \sum_{k=1}^{n} k = (1/n)(1+2+\cdots+n) = 1/n*(n(n+1)/2)= (n+1)/2$$

因此得知其 Big-O 為 O(n)。

二元搜尋 (Binary search) 的情形和循序搜尋不同，二元搜尋法乃是資料已經排序好，因此由中間的資料(mid)開始比較，便可知道欲搜尋的鍵值(key)是落在 mid 的左邊還是右邊，之後，再將左邊或右邊中間的資料拿出來與欲搜尋的鍵值相比，而每次所要調整的只是每個段落的起始位址或是最終位址。

例如：

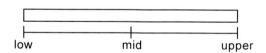

當 key > data[mid] 時，low = mid +1，而 upper 不變，如下圖所示：

此例為調整起始位址。

當 key < data[mid] 時，upper = mid － 1，而 low 不變；如下圖所示：

此例為調整最終位址。

若此時 key == data[mid] 時，則表示找到了欲尋找的資料。從上圖得知二元搜尋每執行一次，則 n 會減半，第 1 次為 n/2，第 2 次為 n/2²，第 3 次為 n/2³，…，假設第

k 次時 n=1 比較結束，$\therefore n/2^k=1$。由於 $n/2^k=1$，所以 $n=2^k$，兩邊取 $\log_2$ 得到 k= $\log_2 n$，因此二元搜尋的時間複雜度為 $O(\log_2 n)$。

二元搜尋法的片段程式如下：

📲 C#片段程式》

```
void binsrch(int[] A, int n, int x, int j)
{
    lower = 1;
    upper = n;
    while(lower <= upper) {
        mid = (lower + upper) / 2;
        if (x > A[mid])
            lower = mid + 1;
        else if (x < A[mid])
            upper = mid - 1;
        else {
            j = mid;
            return;
        }
    }
}
```

底下為二元搜尋與循序搜尋的比較表，假設欲搜尋的鍵值存在於陣列中：

二元搜尋的時間複雜度為 $O(\log_2 n)$，循序搜尋的時間複雜度為 $O(n)$。

陣列大小	二元搜尋	循序搜尋
128	7	128
1,024	10	1,024
1,048,576	20	1,048,576
4,294,967,296	32	4,294,967,296

由比較表讀者應該可以得知，二元搜尋法比循序搜尋法好的太多了，那是因為二元搜尋法的 Big-O 為 $\log_2 n$，遠比循序搜尋法的 Big-O 為 n 來得好。接下來我們來討論一個更有趣的例子----費氏數列(Fibonacci number)，其定義如下：

$$f_0 = 0$$
$$f_1 = 1$$
$$f_n = f_{n-1} + f_{n-2} \quad for \ n \geq 2$$

因此

$$f_2 = f_1 + f_0 = 1 + 0 = 1$$
$$f_3 = f_2 + f_1 = 1 + 1 = 2$$
$$f_4 = f_3 + f_2 = 2 + 1 = 3$$
$$f_5 = f_4 + f_3 = 3 + 2 = 5$$

…

$$f_n = f_{n-1} + f_{n-2}$$

若以遞迴的方式進行計算的話，其圖形如下：

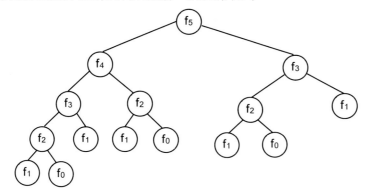

因此可得

n (第 n 項)	需計算的項目數
0	1
1	1
2	3
3	5
4	9
5	15
6	25

當 n = 3 (f_3) 從上圖可知需計算的項目數為 5； n = 5 時，需計算的項目數為 15 個。
因此我們可以用下列公式表示：

$$T(n) > 2 * T(n-2)$$
$$> 2 * 2 * T(n-4)$$
$$> 2 * 2 * 2 * T(n-6)$$
…
$$> 2 * 2 * 2 * \cdots * 2 * T(0) \quad (2 出現的次數共有 n/2 次)$$

當 $T(0) = 1$ 時，$T(n) > 2^{n/2}$，此時的 n 必須大於等於 2，因為當 n=1 時，$T(1) = 1 < 2^{1/2}$。上述費氏數列是以遞迴的方式算出，若改以非遞迴的方式計算的話，其 f(n)執行的項目為 n+1 項，Big-O 為 O(n)。由此可看出費氏數列以非遞迴方式計算的效率比遞迴方式較好，請參閱表 1.2，同時也說明某些問題以非遞迴方式來處理是較好的。有關遞迴的詳細解說，請參閱第五章。

C#片段程式》

```
//以遞迴方式計算費氏數列
int Fibonacci(int n)
{
    if (n == 0)
        return 0;
    else
        if (n == 1)
            return 1;
        else
            return (Fibonacci(n - 1) + Fibonacci(n - 2));
}
```

C#片段程式》

```
//以非遞迴方式計算費氏數列
int Fibonacci(int n)
{
    int prev1, prev2, item, i;
    if (n==0)
        return 0;
    else if (n==1)
        return 1;
    else {
        prev2 = 0;
        prev1 = 1;
        for (i=2; i<=n; i++) {
            item = prev1 + prev2;
            prev2 = prev1;
            prev1 = item;
        }
        return item;
    }
}
```

表 1-2　費氏數列以遞迴和非遞迴求解所花的時間

計算第 n 項的費氏數列值	遞迴		非遞迴	
n	所計算的項目 $(2^{n/2})$	所需執行時間	所計算的項目 $(n+1)$	所需執行時間
40	1,048,576	1048μs	41	41ns
60	$1.1 * 10^8$	1 秒	61	61ns
80	$1.1 * 10^{12}$	18 分	81	81ns
100	$1.1 * 10^{15}$	13 天	101	101ns
200	$1.3 * 10^{30}$	$4 * 10^{13}$ 年	201	201ns
1 ns = 10^{-9} 秒　　1 μs = 10^{-6} 秒				

表1.2明顯的看出，當 n 愈大時，計算第 n 項的費氏數列所需執行的時間就會愈多，如第 100 項的費氏數列以遞迴方式執行需要 13 天，而以非遞迴才需要 101ns，而當 n=200 時，以遞迴的方式執行則需要 $4*10^{13}$ 年，而以非遞迴執行則只需要 201ns。

練習題

1. 試問下列多項式的 Big-O，並找出 c 和 n_0，使其符合 $f(n) \leq c.g(n)$。

   (a) $100n+9$

   (b) $1000n^2+100n-8$

   (c) $5*2^n+9n^2+2$

2. 試問下列多項式的 Ω，並找出 c 和 n_0

   (a) $3n+1$

   (b) $10n^2+4n+5$

   (c) $8*2^n+8n+6$

3. 試問下列多項式的 Θ，並找出 c_1，c_2 及 n_0

   (a) $3n+2$

   (b) $9n^2+4n+2$

   (c) $8n^4+5n^3+5$

1.3 動動腦時間

1. 請計算下列片段程式中 x=x+1 的執行次數。 [1.1]

```
(a) for (i - 1; i <= n; i++)
        for (j = i; j <= n; j++)
            for (k = j; k <= n; k++)
                x = x + 1;
```

```
(b) i = 1;
    while (i <= n) {
        x = x + 1;
        i = i + 1;
    }
```

```
(c) for (i = 1; i <= n; i++)
        for (j = 1; j <= n; j++)
            x = x + 1;
```

```
(d) for (i = 1; i <= n; i++)
        for (j = 1; j <= n; j++)
            for (k = 1; k <= n; k++)
                x = x + 1;
```

```
(e) for (i = 1; i <= n; i++) {
        j = i;
        for (k = j+1; k <= n; k++)
            x = x + 1;
    }
```

```
(f) for (i = 1; i <= n; i++) {
        j = i;
        while (j >= 2) {
            j /= 5;
            x = x + 1;
        }
    }
```

```
(g) k = 100000;
    while (k != 5) {
        k /= 10;
        x = x + 1;
    }
```

```
(h) for (i = 1; i <= n; i++) {
        k = i + 1;
        do {
            x = x + 1;
        } while(k > n);
    }
```

2. 假設陣列 A 有 10 個元素，分別為 2、4、6、8、10、12、14、16、18、20，請問若找尋 1、3、13 及 21 四個數，在下列的程式中，do while 內的敘述 (statement)分別執行多少次。[1.1]

```
i = 1;
j = 10; /* 因為 A 陣列有 10 個元素 */
do {
    k = (i + j) / 2;
    if (A[k] <= x)  /* x 為欲找尋的鍵值 */
        i = k + 1;
    else
        j = k - 1;
} while (i <= j);
```

3. 試問下列多項式 f(n)的 Big-O 為何？[1.2]

(a) $\sum_{i=1}^{n} i$

(b) $\sum_{i=1}^{n} i^2$

(c) $\sum_{i=1}^{n} 1^i$

(d) $\sum_{i=1}^{n} i^3$

4. 試問下列多項式 f(n)的 Big-O？[1.2]

   (a) $n^3 + 8^{10}n^2$

   (b) $5n^2 - 6$

   (c) $n^{1.001} + n \log n$

   (d) $n^2 2^n + n^3 + n$

5. 試問下列敘述何者為真？若為偽，請加以訂正之。[1.2]

   (a) $\log n^2 + 9 = O(n)$

   (b) $n^2 \log n = O(n^2)$

   (c) $48n^3 + 9n^2 = \Omega(n^2)$

   (d) $48n^3 + 9n^2 = \Omega(n^4)$

   (e) $n! = O(n^n)$

   (f) $n^{k+\varepsilon} + n^k \log n = \Theta(n^{k+\varepsilon})$ 對所有的 k 和 ε，且 $k \geq 0$，$\varepsilon > 0$

6. 有一氣泡排序(bubble sort)片段程式如下，試求此片段程式之 Big-O。[1.1, 1.2]

```
void bubble_sort(int[] data, int n)
{
    int i, j, k, temp, flag;
    for (i=0; i<n-1; i++) {
        flag = 0;
        for (j=0; j<n-i-1; j++)
            if (data[j] > data[j+1]) {
                flag = 1;
                temp = data[j];
                data[j] = data[j+1];
                data[j+1] = temp;
            }
        if (flag == 1)
        break;
    }
}
```

7. 下列為一選擇排序(selection sort)的片段程式[1.1, 1.2]

```
void select_sort(int[] data, int size)
{
    int base, compare, min, temp, i;
    for(base = 0; base < size−1; base++) {
        /* 將目前資料與後面資料中最小的對調 */
        min = base;
        for(compare = base+1; compare < size; compare++)
            if(data[compare] < data[min])
                min = compare;
        temp = data[min];
        data[min] = data[base];
        data[base] = temp;
        Console.Write("Access : ");
        for(i = 0; i < size; i++)
            Console.Write("%d  ", data[i]);
        Console.WriteLine();
    }
}
```

試求此片段程式內每一敘述的執行次數為何，進而求出其 Big-O。

陣列

2.1 陣列表示法

在還沒有談到陣列(array)之前，讓我們先來看看線性串列(linear list)。線性串列又稱循序串列(sequential list)或有序串列(ordered list)，其特性乃是每一項資料是依據它在串列的位置，所形成的一個線性排列次序，所以 x[i]會出現在 x[i+1]之前。

線性串列經常發生的操作如下：

1. 取出串列中的第 i 項；$0 \leq i \leq n-1$。

2. 計算串列的長度。

3. 由左至右或由右至左讀此串列。

4. 在第 i 項加入一個新值，使其原來的第 i，i+1，…，n 項變為第 i+1，i+2，…，n+1 項。就是在 i 之後的資料都要退後一個位址。

5. 刪除第 i 項，使其原來的第 i+1，i+2，……，n 項變為第 i，i+1，……，n-1 項。就是在 i 之後的資料都會往前一個位址。

在 C# 程式語言中常利用陣列設置線性串列，以線性的對應方式將元素 a_i 置於陣列的第 i 個位置上，若要讀取 a_i 時，可利用 $a_i = a_0 + i*d$ 來求得。其中 a_i 為相對位址，a_0 為陣列的起始位址，d 為每一個元素所佔的空間大小，但要注意的是 C# 的陣列是從 0 開始的喔！

以下所介紹的是陣列的表示方法：

2.1.1 一維陣列

假設一維陣列(one dimension array)是 A(0：u - 1)，且每一個元素佔 d 個空間，則 A(i) = l_0 + i*d，其中 l_0 是陣列的起始位置。若每一元素，所佔的空間為 d，且起始的元素為 0，則陣列 A 的每一元素所對應的位址表示如下(假設 d=1)：

A(i) = l_0 + i*d

陣列元素：	A(0)	A(1)	A(2)	...	A(i)	...	A(u−1)
位　　址：	l_0	l_0+1	l_0+2	...	l_0+(i)	...	l_0+(u−1)

若陣列是 A(t：u)，則 A(i) = l_0 +(i−t)*d。

如陣列 A(2：12)，則 A(6)與 A(2)起始點相差 4 個單位(6−2)，相當於上述(i−t)。

若陣列為 A(1：u)，表示陣列的起始元素位置從 1 開始，則 A(i) = l_0 +(i−1)d，其中 d 為每一元素所佔的空間大小。因此，我們必需注意陣列起始元素的位址。

範例》

1. 有一陣列 A(0：100)，而起始位址 A(0) = 100，d = 2，則 A(16) = ?

   解 由於 A(i) = 100 + (i)*d；∴ A(16) = 100 + 16*2 = 132

   假若陣列為(t：u)，則 A(i) = l_0 + (i−t)*d

2. 如有一陣列 A(−3：10)且 A(−3) = 100，d=1，求 A(5) = ?

   解 A(5) = 100 + (5−(−3)) * 1

   = 108

2.1.2 二維陣列

假若有一二維陣列(two dimension array)是 A[0：u_1−1, 0：u_2−1]，表示此陣列有 u_1 列及 u_2 行；也就是每一列是由 u_2 個元素所組成。二維陣列化成一維陣列時，對應方式有二種：(1)以列為主(row－major)，(2)以行為主(column－major)。

1. **以列為主**：視此陣列有 u_1 個元素 0，1，2，…，u_1−1 ，每一元素有 u_2 個單位，每個單位佔 d 個空間。其情形如下圖所示：

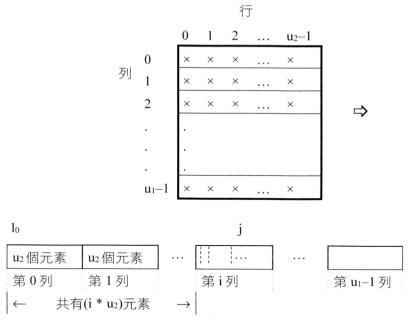

圖 2.1　以列為主的二維陣列循序表示

由上圖可知 $A(i, j) = l_0 + i*u_2d + j*d$

2. **以行為主**：視此陣列有 u_2 個元素 1，2，…，u_2，每一元素有 u_1 個單位，每個單位佔 d 個空間。其情形如下圖所示：

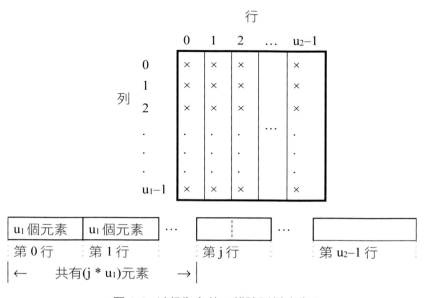

圖 2.2　以行為主的二維陣列循序表示

由上圖可知 $A(i, j) = l_0 + j*u_1d + i*d$

假若陣列是 $A(l_1：u_1, l_2：u_2)$，則此陣列共有 $m = u_1 - l_1 + 1$ 列，$n = u_2 - l_2 + 1$ 行。
計算 $A(i, j)$的地址如下：

1. 以列為主

   $$A(i, j) = l_0 + (i-l_1)*nd + (j-l_2)d$$

2. 以行為主

   $$A(i, j) = l_0 + (j-l_2)*md + (i-l_1)d$$

範例》

假設 $A(-3：5, -4：2)$且其起始位置為 $A(-3, -4) = 100$，以列為主排列，請問 $A(1, 1)$
所在的位址？$(d=1)$

解 $m = 5 -(-3) + 1 = 9, n = 2-(-4) + 1 = 7, l_1 = -3, l_2 = -4, i = 1, j = 1$

$A(i, j) = l_0 + (i-l_1)*nd + (j-l_2)d$

$A(1, 1) = 100 + (1-(-3))*7*1 + (1-(-4))1$

$\qquad = 100 + 4*7 + 5$

$\qquad = 133$

另一解法是將其化為標準式

$A(-3：5, -4：2) \rightarrow A(0：8, 0：6)$，得知 $u_1=9$，$u_2=7$

$A(-3, -4) \rightarrow A(0, 0)$，得知 $A(1, 1) \rightarrow A(4, 5)$

$\therefore A(4, 5) = 100 + 4\times7 + 5 = 100 + 28 + 5 = 133$

2.1.3 三維陣列

假若有一三維陣列(three dimension array)是 $A(0：u_1-1, 0：u_2-1, 0：u_3-1)$，如圖 2.3
所示：

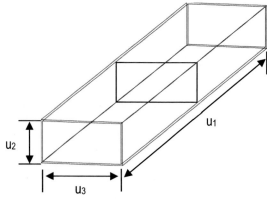

圖 2.3 三維陣列以 u_1 個二維陣列來表示

一般三維陣列皆先化為二維陣列後，再對應到一維陣列，對應方式也有二種：(1)以列為主，(2)以行為主。

1. **以列為主**

視此陣列有 u_1 個 u_2*u_3 的二維陣列，每一個二維陣列有 u_2 個元素，每個 u_2 皆有 u_3d 個空間。

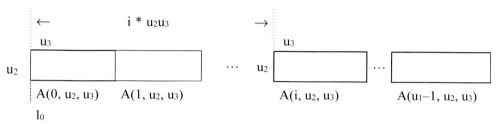

$$A(i , j , k) = l_0 + i*u_2u_3d + j*u_3d + k*d$$

2. **以行為主**

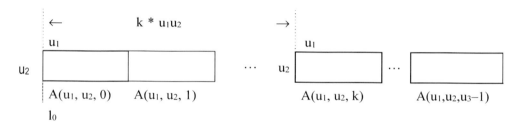

$$A(i , j , k) = l_0 + k*u_1u_2d + j*u_1d + i*d$$

假設陣列為 $A(l_1：u_1, l_2：u_2, l_3：u_3)$，則 $p = u_1 - l_1 + 1$，$q = u_2 - l_2 + 1$，

$r = u_3 - l_3 + 1$。

以列為主的公式為

$$A(i , j , k) = l_0 + (i-l_1)*qrd + (j-l_2)*rd + (k-l_3)d$$

以行為主的公式為

$$A(i , j , k) = l_0 + (k-l_3)*pqd + (j-l_2)*pd + (i-l_1)d$$

📑 **範例》**

假設有一三維陣列 $A(-3：5, -4：2, 1：5)$且其起始位置為 $A(-3, -4, 1) = 100$，以列為主排列，試求 $A(1, 1, 3)$所在的位址？(d=1)

> 🌀 $p = 5-(-3) + 1 = 9$, $q = 2-(-4) + 1 = 7$, $r = 5 - 1 + 1 = 5$, $l_1=-3, l_2=-4, l_3=1$,
> i=1, j=1, k=3
> $A(1, 1, 3) = 100 + (1-(-3)) * 7*5*1 + (1-(-4)) *5*1 + (3-1)*1 = 267$

另一種解決為將式子全化為標準式來看

$A(-3:5, -4:2, 1:5) \rightarrow A(0:8, 0:6, 0:4)$　　　　─────①

從上式得知 $u_1=9$，$u_2=7$，$u_3=5$

$A(1, 1, 3) \rightarrow A(4, 5, 2)$　─────②

此乃第①式中全部化為標準式，分為加 3，加 4 及減 1 的原故，∴在第②式中也要分別做加 3，加 4 及減 1 的動作。同時 $A(-3, -4, 1) \rightarrow A(0, 0, 0)=100$(已知)

∴$A(4, 5, 2) = 100 + 4*7*5 + 5*5 + 2$

　　　　　　　$= 100 + 140 + 25 + 2$

　　　　　　　$= 267$

與上一種解法答案是相同。

2.1.4 n 維陣列

假若有一 n 維陣列(n dimension array)為 $A(0:u_1-1, 0:u_2-1, 0:u_3-1, \cdots, 0:u_n-1)$，表示 A 陣列為 n 維陣列，同樣 n 維陣列亦有二種表示方式：(1)以列為主，(2)以行為主。

1.　**以列為主**：若 A 陣列以列為主，表示 A 陣列有 u_1 個 n–1 維陣列，u_2 個 n–2 維陣列，u_3 個 n–3 維陣列，…及 u_n 個一維陣列。假設起始位址為 l_0，則

A(0, 0, 0, …, 0)之位址為　　　　l_0

A(i_1, 0, 0, …, 0)之位址為　　　$l_0 + i_1 * u_2 u_3 \cdots u_n$

A(i_1, i_2, 0, …, 0) 之位址為　　$l_0 + i_1 * u_2 u_3 \cdots u_n$

　　　　　　　　　　　　　　　$+ i_2 * u_3 u_4 \cdots u_n$

…

A(i_1, i_2, i_3, …, i_n)之位址為　$l_0 + i_1 * u_2 u_3 \cdots u_n$

　　　　　　　　　　　　　　　$+ i_2 * u_3 u_4 \cdots u_n$

　　　　　　　　　　　　　　　$+ i_3 * u_4 u_5 \cdots u_n$

…

　　　　　　　　　　　　　　　$+ i_{n-1} * u_n$

　　　　　　　　　　　　　　　$+ i_n$

上述可歸納為：

$$A(i_1, i_2, i_3, \cdots, i_n) = l_0 + \sum_{m=1}^{n} i_m * a_m \text{，其中}$$

$$\begin{cases} a_m = \prod_{p=m+1}^{n} u_p, 1 \le m < n \\ a_n = 1 \end{cases}$$ 　(此處的 π 是連乘的意思)

2. **以行為主**：若 A 陣列以行為主，表示 A 陣列有 u_n 個 n–1 維陣列，u_{n-1} 個 n–2 維陣列，…，u_j 個 j–1 維陣列及 u_2 個一維陣列。假設起始位址亦是 l_0，則

```
A(0, 0, 0, … , 0)          之位址為 l₀
A(0, 0, 0, … , iₙ)         之位址為 l₀ + iₙ * u₁ u₂ …uₙ₋₁
A(0, 0, 0, …, iₙ₋₁, iₙ)    之位址為 l₀ + iₙ * u₁ u₂ …uₙ₋₁
                                  + iₙ₋₁ * u₁ u₂     uₙ₋₂
…
A(i₁, i₂, i₃, … , iₙ)      之位址為 l₀ + iₙ * u₁ u₂ …uₙ₋₁
                                  + iₙ₋₁ * u₁ u₂ …uₙ₋₂
                                  + iₙ₋₂ * u₁ u₂ …uₙ₋₃
                                  …
                                  + i₂ * u₁
                                  + i₁
```

上述可歸納為：

$$A(i_1, i_2, i_3, \cdots , i_n) = l_0 + \sum_{m=1}^{n} i_m * a_m \text{ ，其中}$$

$$\begin{cases} a_m = \prod_{p=1}^{m-1} u_p, 2 \le m < n \\ a_1 = 1 \end{cases}$$

練習題

1. 有一二維陣列如下：$A(1：u_1, 1：u_2)$，若分別寫出(a)列為主(b)以行為主的 $A(i, j)=$？

2. 假設 $A(-3：5, -4：2)$ 且其起始位置 $A(-3, -4)=100$，以行為主排列，請問 $A(1, 1)$ 所在位址？(d=1)

   若有一陣列為 $A(1：u_1, 1：u_2, 1：u_3)$，試問 $A(i, j, k)$ 分別以列為主，和以行為主各為何？

   假設有一三維陣列 $A(-3：5, -4：2, 1：5)$ 且其起始位置為 $A(-3, -4, 1)=100$，以行為主排列，則 $A(2, 1, 2)$ 所在位址為何？(d=1)

3. 假設有一 n 維陣列 $A(1：u_1, 1：u_2, 1：u_3..., 1：u_n)$，試分別寫出以列為主和以行為主的 $A(i_1, i_2, i_3, ..., i_n)$ 的位址為何？

2.2 C# 語言的陣列表示方法

C# 語言的一維陣列宣告如下：

```
int[] A = new int[20];
```

表示 A 陣列有 20 個整數元素，從 A[0]到 A[19]，此處陣列的元素乃以大括號表示之。注意！C# 語言的陣列註標起始值為 0，而二維陣列宣告方法為

    int[,] A = new int[20, 10];

表示 A 陣列有 20 列、10 行，如下圖所示：

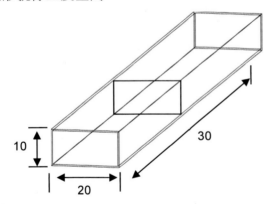

從 A[0, 0]，A[0, 1]，…，A[19, 9]等 200 個元素。

以此類推，三維陣列就是由三個中括號表示之，如

    int[,,] A = new int[30, 20, 10];

圖形就像三度空間：

總共有 6000 個元素。

⌨ **練習題**

1. 將第一章的動動腦時間的第 2 題實際以 C# 語言執行，並檢查你做的答案是否相符合。

2.3 矩陣

1. 矩陣相乘

假設 A =(a_{ij})是一 m*n 的矩陣，而 B = (b_{ij})為 n*s 的矩陣，則 AB 的乘積為 m*s 的矩陣

$$(AB)_{ij} = \sum_{k=1}^{n} a_{ik}b_{kj}$$

如下圖所示：

範例》

$$\begin{bmatrix} 2 & 1 & -3 \\ -2 & 2 & 4 \end{bmatrix} \begin{bmatrix} -1 & 2 \\ 0 & -3 \\ 2 & 1 \end{bmatrix} = \begin{bmatrix} 2(-1)+1(0)+(-3)2 & 2(2)+1(-3)+(-3)1 \\ (-2)(-1)+2(0)+4(2) & (-2)2+2(-3)+4(1) \end{bmatrix}$$

$$= \begin{bmatrix} -8 & -2 \\ 10 & -6 \end{bmatrix}$$

矩陣相乘的片段程式如下：

C#片段程式》

```csharp
static void accessMatrix(int[,] A, int[,] B)
{
    int i=0, j=0, k=0;

    /* 將 A 矩陣每一列元素與 B 矩陣每一列元素相乘之和放入 C 矩陣之中 */
    for ( i = 0; i < N; i++ )
        for ( j = 0; j < N; j++ ) {
            sum = 0;
            for ( k = 0; k < N; k++ )
                sum = sum + A[i, k] * B[k, j];
            C[i, j] = sum;
        }
}
```

其中 sum 為 int 的資料型態。有關矩陣相乘的程式實作，請參閱 2.8 之程式集錦。

2. 稀疏矩陣

若一矩陣中有大多數元素為 0 時，則稱此矩陣為稀疏矩陣(sparse matrix)。到底要多少個 0 才算是疏稀，則沒有絕對的定義，一般而言，大於 1/2 個就可稱之，如下列矩陣為一稀疏矩陣。

$$\begin{bmatrix} 0 & 15 & 0 & 0 & -8 & 0 \\ 0 & 0 & 6 & 0 & 0 & 0 \\ 0 & 0 & 0 & -6 & 0 & 0 \\ 0 & 0 & 18 & 0 & 0 & 0 \\ 0 & 0 & 0 & 0 & 0 & 16 \\ 72 & 0 & 0 & 0 & 20 & 0 \end{bmatrix}$$

上列矩陣共有 36 個元素，但只有 7 個非為 0，因此 0 的元素佔了 80%左右，若是將 1000×1000 矩陣以二維陣列，將這些元素儲存之，勢必會浪費許多空間，因為有許多的 0 根本不必存起來，只要存非零的元素即可，因此，我們可以下列的資料結構表示之。

(i, j, value)，其中 i 表示列數，j 表示行數，而 value 表示要儲存的值，若將此矩陣的非零值存於二維陣列為 A(0：n, 1：3)的結構中，n 表示共有多少個非零的數目，則如下所示(假設二維陣列的第一個元素為 A(1, 1))：

	1)	2)	3)
A(0,	6	6	7
A(1,	1	2	15
A(2,	1	5	-8
A(3,	3	4	-6
A(4,	4	3	18
A(5,	5	6	16
A(6,	6	1	72
A(7,	6	5	20

其中 A(0, 1)=6 表示有 6 列，A(0, 2)=6 表示有 6 行，而 A(0, 3)=7 表示有 7 個非零值，而 A(1, 1)=1，A(1, 2)=2 及 A(1, 3)=15，表示第一列第 2 行的值為 15，餘此類推。

⌨ 練習題

將此節所看到的稀疏矩陣，利用 C# 程式加以掃描，將非零的元素一一存在一個名為 sm 的二維陣列中。

2.4 多項式表示法

有一多項式 $p=a_nx^n+a_{n-1}x^{n-1}+\cdots+a_1x+a_0$，我們稱 A 為 n 次多項式，$a_ix^j$ 是多項式的項（ $0 \le i \le n$, $1 \le j \le n$)其中 a_i 為係數，x 為變數，j 為指數。一般多項式可以使用線性串列來表示其資料結構，也可以使用鏈結串列來表示(在第四章討論)。

多項式使用線性串列來表示有兩種方法：

1. 使用一個 n+2 長度的陣列，依據指數由大至小依序儲存係數，陣列的第一個元素是此多項式最大的指數，如 $p =(n, a_n, a_{n-1}, \cdots , a_0)$ 。

2. 另一種只考慮多項式中非零項的係數，若有 m 項，則使用一個 2m+1 長度的陣列來儲存，分別存每一個非零項的指數與係數，而陣列中第一個元素是此多項式非零項的個數。

例如有一多項式 $p = 8x^5+6x^4+3x^2+12$ 分別利用第 1 種和第 2 種方式來儲存，其情形如下：

(1) p =(5, 8, 6, 0, 3, 0, 12)

(2) p =(4, 5, 8, 4, 6, 2, 3, 0, 12)

假若是一個兩變數的多項式，那如何利用線性串列來儲存呢？此時需要利用二維陣列，若 m, n 分別是兩變數最大的指數，則需要一個(m+1) *(n+1)的二維陣列。如多項式 $p_{xy}=8x^5+6x^4y^3+4x^2y+3xy^2+7$，則需要一個(5+1) *(3+1) = 24 的二維陣列，表示的方法如下：

$$
\begin{array}{c c}
 & \begin{matrix} y^0 & y^1 & y^2 & y^3 \end{matrix} \\
\begin{matrix} x^0 \\ x^1 \\ x^2 \\ x^3 \\ x^4 \\ x^5 \end{matrix} &
\begin{bmatrix}
7 & 0 & 0 & 0 \\
0 & 0 & 3 & 0 \\
0 & 4 & 0 & 0 \\
0 & 0 & 0 & 0 \\
0 & 0 & 0 & 6 \\
8 & 0 & 0 & 0
\end{bmatrix}
\end{array}
$$

兩多項式 A、B 相加的原理很簡單，比較兩多項式大小時，有下列三種情況：

(1) A 指數＝B 指數　(2) A 指數＞B 指數　(3) A 指數＜B 指數，

多項式相加的片段程式如下：

📑 C#片段程式》

```
static void Padd(int[] a , int[] b, int[] c)
{
    int p, q, r, m, n;
    char result;
```

```
    m = a[1]; n = b[1];
    p = q = r = 2;
    while ((p <= 2 * m) && (q <= 2 * n))
    {
        /*比較 a 與 b 的指數*/
        result = compare(a[p], b[q]);
        switch (result)
        {
            case '=':               /* a 的指數等於 b 的指數 */
                c[r + 1] = a[p + 1] + b[q + 1];  /*係數相加*/
                if (c[r + 1] != 0)
                {
                    c[r] = a[p];  /*指數 assign 給 c */
                    r += 2;
                }
                p += 2; q += 2;  /*移至下一個指數位置*/
                break;
            case '>':        /* a 的指數大於 b 的指數 */
                c[r + 1] = a[p + 1];
                c[r] = a[p];
                p += 2; r += 2;
                break;
            case '<':        /* a 的指數小於 b 的指數 */
                c[r + 1] = b[q + 1];
                c[r] = b[q];
                q += 2; r += 2;
                break;
        }
    }
    while (p <= 2 * m)
    {   /*將多項式 a 的餘項全部移至 c */
        c[r + 1] = a[p + 1];
        c[r] = a[p];
        p += 2; r += 2;
    }
    while (q <= 2 * n)
    {   /*將多項式 b 的餘項全部移至 c */
        c[r + 1] = b[q + 1];
        c[r] = b[q];
        q += 2; r += 2;
    }
    c[1] = r / 2 - 1;  /*計算 c 總共有多少非零項*/
}

static char compare(int x, int y)
{
    if (x == y)
        return '=';
    else if (x > y)
        return '>';
```

```
    else
        return '<';
}
```

》程式解説

在程式中，a[1]表示 a 多項式非零項的個數，b[1]為 b 多項式非零項的個數，一開始
先將 p、q、r 指到陣列的第 2 個元素，而當 p <= 2*m 及 q <= 2*n 的狀況下，才做多
項式的比較動作。

多項式的比較動作是比較指數而非係數，因此在 while 敘述中，p+=2 與 q+=2 的目
的，是為了取得多項式的指數。最後，while (p <= 2*m) 敘述，是當 b 的多項式已
結束，則將 a 多項式的餘項搬到 c 多項式；若 while (q <= 2*n) 條件成立，表示 a 多
項式已結束，將 b 多項式的餘項搬到 c 多項式中，最後計算 c 多項式中非零項的個
數。

有關多項相加的程式實作，請參閱 2.8 之程式集錦。

🖮 練習題

1. 有一多項式 $p_x = 6x^7 + 8x^5 + 5x^4 + 3x^2 + 7$ 請利用課文中提到的兩種方法表示之。

2. 有一多項式 $p_{xy} = 6x^5 + 3x^4y^3 + 2x^3y^2 - 8x^2y + 9x + 3$ 試利用二維陣列表示之。

2.5　上三角形和下三角形表示法

若一矩陣的對角線以下的元素均為零時，亦即 $a_{ij} = 0$，$i > j$，則稱此矩陣為上三角
形矩陣(upper triangular matrix)。反之，若一矩陣的對角線以上的元素均為零，亦即
$a_{ij} = 0$, $i < j$，此矩陣稱為下三角形矩陣(lower triangular matrix)，如圖 2.4 所示：

$$\begin{bmatrix} a_{11} & a_{12} & a_{13} & a_{14} \\ 0 & a_{22} & a_{23} & a_{24} \\ 0 & 0 & a_{33} & a_{34} \\ 0 & 0 & 0 & a_{44} \end{bmatrix} \qquad \begin{bmatrix} a_{11} & 0 & 0 & 0 \\ a_{21} & a_{22} & 0 & 0 \\ a_{31} & a_{32} & a_{33} & 0 \\ a_{41} & a_{42} & a_{43} & a_{44} \end{bmatrix}$$

(a) 上三角形矩陣　　　　(b) 下三角形矩陣

圖 2.4　上、下三角形矩陣

由上述得知一個 n * n 個的上、下三角形矩陣共有 [n(n+1)] / 2 個元素，依序對應至
D(1：[n(n+1)] / 2)。

1. **以列為主**

   一個 n*n 的上三角形矩陣其元素分別對應至 D 陣列，如下所示：

a_{11}	a_{12}	a_{13}	a_{14}	$\cdots$	a_{22}	a_{23}	a_{24}	$\cdots$	a_{ij}	$\cdots$	a_{nn}

D(1)	D(2)	D(3)	D(4)	$\cdots$	D(n+1)	D(n+2)	D(n+3)	$\cdots$	D(k)	$\cdots$	D([n(n+1)] /2)

   $\therefore$ $a_{ij} = D(k)$，其中 $k = n(i-1) - [i(i-1)]/2 + j$

   例如圖 2.4 之(a)的 a_{34} 元素對應 D(k)，而

   $k = 4(3-1) - [3(3-1)]/2 + 4 = 8 - 3 + 4 = 9$

   讀者可以這樣想：a_{34} 表示此元素在第 3 列第 4 行的位置，因此上面有二列的元素，而每列 4 個位置，共 8 個空間，由於此矩陣是上三角形矩陣，因此有些位置不放元素，所以必需減掉這些不放元素的空間。有 1+2 = 3($[i(i-1)]/2$, i=3)，然後再加上此元素在那一行(j)。

   假使是一個 n*n 的下三角形矩陣，其元素分別對應至 D 陣列，如下所示：

a_{11}	a_{21}	a_{22}	a_{31}	a_{32}	$\cdots$	a_{ij}	$\cdots$	a_{nn}

D(1)	D(2)	D(3)	D(4)	D(5)	$\cdots$	D(k)	$\cdots$	D([n(n+1)] /2)

   $\therefore$ $a_{ij} = D(k)$，其中 $k = [i(i-1)]/2 + j$

   例如圖 2.4 之(b)的下三角形矩陣的 a_{32} 位於 D(k)，而

   $k = [3(3-1)]/2 + 2 = 5$

2. **以行為主**

   上三角形矩陣的對應情形如下：

a_{11}	a_{12}	a_{22}	a_{13}	a_{23}	a_{33}	$\cdots$	a_{ij}	$\cdots$	a_{nn}

D(1)	D(2)	D(3)	D(4)	D(5)	D(6)	$\cdots$	D(k)	$\cdots$	D([n(n+1)] /2)

   $\therefore$ $a_{ij} = D(k)$，其中 $k = [j(j-1)]/2 + i$

   例如圖 2.4 之(a)的 a_{34} 位於 D(k)，其中

   $k = [4(4-1)]/2 + 3 = 6 + 3 = 9$

而下三角形矩陣對應情形如下：

a_{11}	A_{21}	A_{31}	A_{41}	$\cdots$	a_{22}	a_{32}	$\cdots$	a_{ij}	$\cdots$	a_{nn}

D(1)　D(2)　D(3)　D(4)　$\cdots$　D(n+1)　D(n+2)　$\cdots$　D(k)　$\cdots$　D([n(n+1)] /2)

$\therefore$ a_{ij} = D(k)，其中 k = n(j–1) – [j(j–1)] / 2 + i

如圖 2.4 之(b)的 a_{32} 位於 D(k)，其中

k = 4(2–1) – [2(2–1)] / 2 + 3 = 4 – 1 + 3 = 6

由此可知上三角形矩陣以列為主和下三角形以行為主的計算方式略同，而上三角形矩陣以行為主的計算方式與下三角形以列為主的計算方式相同。(請讀者注意，此處設定陣列的起始元素位置為 1)

練習題

1. 試撰寫一演算法將 $A_{n \times n}$ 的上三角形儲存於一個 B(1：n(n+1)/2)的陣列中。

2. 之後，撰寫一個演算法從 B 陣列取出 A(i, j)。

2.6　魔術方陣

有一 n*n 的方陣，其中 n 為奇數，請你在 n*n 的魔術方陣將 1 到 n^2 的整數填入其中，使其各列、各行及對角線之和皆相等。

做法很簡單，首先將 1 填入最上列的中間空格，然後往左上方走，規則如下：

(1) 以 1 的級數增加其值，並將此值填入空格；

(2) 假使空格已被填滿，則在原地的下一空格填上數字，並繼續往下做；

(3) 若超出方陣，則往下到最底層或往右到最右方，視兩者那一個有空格，則將數目填上此空格；

(4) 若兩者皆無空格則在原地的下一空格填上數字。

例如有一 5*5 的方陣，其形成魔術方陣的步驟如下，並以上述(1)、(2)、(3)、(4)的規則來說明。

1. 將 1 填入此方陣的最上列的中間空格，如下所示：

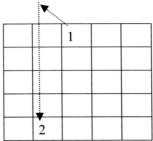

2. 承 1，往左上方走，由於超出方陣，依據規則(3)發現往下的最底層有空格，因此將 2 填上。如下所示：

3. 承 2，往左上方，依據規則(1) 將 3 填上，然後再往左上方，此時，超出方陣，依據規則(3)將 4 填在最右方的空格，如下所示：

4. 承 3，往左上方，依據規則(1)將 5 填上，再往左上方時，此時方格已有數字，依據規則(2)往 5 的下方填，如下所示：

5. 以此類推，依據上述的四個規則繼續填，填到 15 的結果如下：

15	8	1		
	14	7	5	
		13	6	4
3			12	10
9	2			11

6. 承 5，此時往左上方，發現往下的最底層和往右的最右方皆無空格，依據規則 (4)在原地的下方，將此數字填上，如下所示：

15	8	1		
16	14	7	5	
		13	6	4
3			12	10
9	2			11

7. 繼續往下填，並依據規則(1)、(2)、(3)、(4)，最後的結果如下：

15	8	1	24	17
16	14	7	5	23
22	20	13	6	4
3	21	19	12	10
9	2	25	18	11

此時讀者可以算算各行、各列及對角線之和是否皆相等，答案是肯定的，其和皆為 65。

奇數魔術方陣的片段程式如下：

C#片段程式》

```
static void Magic()
{
    int i, j, p, q, key;

    /*初始化矩陣內容, 矩陣全部清 0 */
    for (i = 0; i < N; i++)
        for (j = 0; j < N; j++)
            Square[i, j] = 0;

    Square[0, (N - 1) / 2] = 1; /*將 1 放至最上列中間位置*/
    key = 2;
    i = 0;
```

```
    j = (N - 1) / 2;      /* i, j記錄目前所在位置*/
    while (key <= N * N)
    {
        p = (i - 1) % N;  /* p, q為下一步位置, i, j各減1表往西北角移動*/
        q = (j - 1) % N;
        /* p < 0 (超出方陣上方)*/
        if (p < 0) p = N - 1; /* 則將p 移至N -1(最下列) */
        if (q < 0) q = N - 1; /* q < 0 (超出方陣左方) */
                              /* 則將q 移至N - 1(最右行) */
        if (Square[p, q] != 0)  /*判斷下一步是否已有數字*/
            i = (i + 1) % N;  /*已有則 i 往下 ( 填在原值下方*/
        else
        {
            i = p;  /*將下一步位置 assing 給目前位置 */
            j = q;
        }
        Square[i, j] = key;
        key++;
    }
}
```

》程式解說

先將方陣 Square 中的每一個元素皆設為 0，在最上列的中間方格 Square[0, (N–1)/2] 填 1。接下來的 while (key <= N*N) 內的敘述會不斷執行，直到方陣完全走完為止，其中(p, q)為下一步的位置，當 p < 0 表示超出方陣上方，依據規則調整 p 至最下層 (N–1)。同理，當 q < 0 表示超出方陣左方，調整 q 至最右方(N–1)的位置。

if (Square[p, q] != 0)會判斷下一方格是否已有數字，若發現已有數字，則移動目前位置至原來的位置(i, j)下方；若下一方格沒有數字，則移動目前位置至下一步位置 (p, q)，將數字填入方格中。

以上述的 5*5 方陣為例，來說明魔術方陣的演算法：

1. 首先將 1 放在 Square[0, N–1]/2 的方格上，若 N = 5，則此方格為第 0 列、第 2 行。

2. 將目前的方格所代表的第 N 列和第 N 行存放在 i 與 j 中，此時 i = 0，j = 2。並將 2 指定給 key。

3. 當 key ≤ 52 時，將 (i–1) % N 即(0–1)%5 = –1；(j–1) % N 即 (2–1) % 5 = 1，求目前方格左上方的座標，但因 (–1, 1) 已超出方陣最上列，故依規則將列座標調整至最下層 N–1 位置，即 5–1 = 4。由於(4, 1) = 0 故將 4 指定給 j，然後將 key 的值放在(i, j) =(4, 1)方格上，key++。

4. 倘若 key = 6，此時的(i, j)為(1, 3)。因為 Square[0, 2] 已有數字，即 Square[p, q] != 0，則將(1+1)%5 = 2，將此數字指定給 i，即此方格為 (2, 3)，此表示在原來的方格往下移一格。

5. 利用同樣的方法即可完成魔術方陣。

有關奇數魔術方陣的程式實作，請參閱 2.8 之程式集錦。

練習題 ....

自行完成 9*9 的魔術方陣。

....

2.7 生命細胞遊戲

本章將以生命細胞遊戲(game of life)做為結束，此遊戲在 1970 年由英國數學家 J. H. CONWAY 所提出。生命細胞遊戲將陣列元素視為細胞，而某一細胞鄰居乃是指在其垂直、水平、對角線相鄰之細胞(cells)。

生命細胞遊戲的規則：

1. **孤單死**：若一活細胞只有一個或沒有鄰居細胞存活的，則在下一代，它將孤單而死。(下圖中以@表示一細胞，而 x 符號表示此細胞將死去)如：

孤單死

2. **擁擠死**：一活細胞有四個或四個以上鄰居亦是活的，則在下一代，它將因擁擠而死。(下圖中以 x 符號表示此細胞將死去)如：

擁擠死

3. **穩定**：一活細胞有二個或三個相鄰活細胞，則下一代它將繼續生存。(下圖中以✓符號表示此細胞將繼續存活之)如：

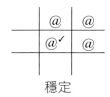

穩定

4. **復活**：一死細胞正好有三個相鄰的活細胞，則下一代它將復活。(下圖中以 0 符號表示此位置會復活一細胞)如：

復活

由上規則可得：

- 有 0, 1, 4, 5, 6, 7, 8 個相鄰細胞者在下一代將因孤單或擁擠而死。

- 有 2 個相鄰活細胞者，下一代會繼續其狀態不會改變。

- 有 3 個相鄰活細胞者不管其現在是生是死，下一代一定會是活的。

📑 **範例一》**

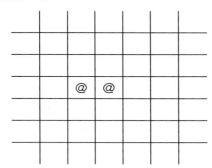

我們寫出每一細胞鄰居的個數

0	0	0	0	0	0
0	1	2	2	1	0
0	1	@1	@1	1	0
0	1	2	2	1	0
0	0	0	0	0	0

根據規則(1)，圖中的細胞將會孤單而死。

📑 **範例二》**

0	0	0	0	0	0
0	1	2	2	1	0
0	2	@3	@3	2	0
0	2	@3	@3	2	0
0	1	2	2	1	0
0	0	0	0	0	0

活細胞若鄰居為 2 或 3 的將會存活下來，但圖中的死細胞都是小於或等於 2，故不能再生，此圖已成為穩定狀態。

📑 **範例三》**

0	0	0	0	0
1	2	3	2	1
1	@1	@2	@1	1
1	2	3	2	1
0	0	0	0	0

根據上述規則將成為

0	1	1	1	0
0	2	@1	2	0
0	3	@2	3	0
0	2	@1	2	0
0	1	1	1	0

這二張圖將互相轉來轉去。

有關生命細胞遊戲的程式實作，請參閱 2.8 之程式集錦。

試完成下列生命細胞遊戲(其中@表示為一活細胞)。

(a)

	@	@	@	@

(b)

		@		
	@		@	
		@		

2.8 程式集錦

(一) 矩陣相乘

📱 C# 程式語言實作》

```
/*
File name: Matrix.cs
February, 2018
Description: 矩陣相乘實作
將兩矩陣行列相乘之和放入第三個矩陣
 */

using System;

namespace Matrix
{
    class Matrix
    {
        const int N = 5;
        static void Main(string[] args)
        {
            int[,] A = {
                        { 1, 2, 3, 4, 5 },
                        { 1, 2, 3, 4, 5 },
                        { 1, 2, 3, 4, 5 },
                        { 1, 2, 3, 4, 5 },
                        { 1, 2, 3, 4, 5 }
                        };
            int[,] B = {
                        { 5, 4, 3, 2, 1 },
                        { 5, 4, 3, 2, 1 },
```

```
                            { 5, 4, 3, 2, 1 },
                            { 5, 4, 3, 2, 1 },
                            { 5, 4, 3, 2, 1 }
                          };
            int[,] C = new int[N, N];
            int i, j, k, sum;

            /*  將 A 矩陣每一列元素與 B 矩陣每一列元素
               相乘之和放入 C 矩陣之中 */
            for (i = 0; i < N; i++)
                for (j = 0; j < N; j++)
                {
                    sum = 0;
                    for (k = 0; k < N; k++)
                        sum = sum + A[i, k] * B[k, j];
                    C[i, j] = sum;
                }

            /*列出三矩陣內容*/
            Console.Write("\nContent of Matrix A :\n\n");
            outputMatrix(A);
            Console.Write("\nContent of Matrix B :\n\n");
            outputMatrix(B);
            Console.Write("\nContent of Matrix C :\n\n");
            outputMatrix(C);
            Console.Write("\n");
            Console.ReadKey();
        }

        static void outputMatrix(int[,] m)
        {
            int i, j;

            for (i = 0; i < N; i++)
            {
                for (j = 0; j < N; j++)
                    Console.Write("{0, 5}", m[i, j]);
                Console.WriteLine();
            }
        }

    }
}
```

輸出結果

```
Content of Matrix A :

    1    2    3    4    5
    1    2    3    4    5
    1    2    3    4    5
```

```
     1     2     3     4     5
     1     2     3     4     5

Content of Matrix B :

     5     4     3     2     1
     5     4     3     2     1
     5     4     3     2     1
     5     4     3     2     1
     5     4     3     2     1

Content of Matrix C :

    75    60    45    30    15
    75    60    45    30    15
    75    60    45    30    15
    75    60    45    30    15
    75    60    45    30    15
```

(二) 多項式相加

C# 程式語言實作》

```
/*
File name: AryPadd.cs
February, 2018
Description: 多項式相加實作
利用陣列表示法做多項式相加
 */

using System;

namespace AryPadd
{
    class AryPadd
    {
        const int DUMMY = -1;
        static void Main(string[] args)
        {
            /* 多項式的表示方式利用只儲存非零項法
               分別儲存每一個非零項的指數及係數，
               陣列第一元素放多項式非零項個數。
               ex: 下列 A 多項式有 3 個非零項，其多項式為：
               5x 四次方 + 3x 二次方 + 2  */

            int[] A = { DUMMY, 3, 4, 5, 2, 3, 0, 2 };
            int[] B = { DUMMY, 3, 3, 6, 2, 2, 0, 1 };
            int[] C = new int[13];

            Padd(A, B, C);   /*將 A 加 B 放至 C */
                             /*顯示各多項式結果*/
```

```
        Console.Write("A = ");
        outputP(A, A[1] * 2 + 1);   /*A[1]*2 + 1 為陣列 A 的大小*/
        Console.Write("\nB = ");
        outputP(B, B[1] * 2 + 1);
        Console.Write("\nC = ");
        outputP(C, C[1] * 2 + 1);
        Console.Write("\n");
        Console.ReadKey();
}

/*此為之前所解說第二種方法的多項式相加函數*/
static void Padd(int[] a , int[] b, int[] c)
{
        int p, q, r, m, n;
        char result;

        m = a[1]; n = b[1];
        p = q = r = 2;
        while ((p <= 2 * m) && (q <= 2 * n))
        {
            /*比較 a 與 b 的指數*/
            result = compare(a[p], b[q]);
            switch (result)
            {
                case '=':               /* a 的指數等於 b 的指數 */
                    c[r + 1] = a[p + 1] + b[q + 1];   /*係數相加*/
                    if (c[r + 1] != 0)
                    {
                        c[r] = a[p];   /*指數 assign 給 c */
                        r += 2;
                    }
                    p += 2; q += 2;   /*移至下一個指數位置*/
                    break;
                case '>':               /* a 的指數大於 b 的指數 */
                    c[r + 1] = a[p + 1];
                    c[r] = a[p];
                    p += 2; r += 2;
                    break;
                case '<':               /* a 的指數小於 b 的指數 */
                    c[r + 1] = b[q + 1];
                    c[r] = b[q];
                    q += 2; r += 2;
                    break;
            }
        }
        while (p <= 2 * m)
        {   /*將多項式 a 的餘項全部移至 c */
            c[r + 1] = a[p + 1];
            c[r] = a[p];
            p += 2; r += 2;
        }
```

```
            while (q <= 2 * n)
            {   /*將多項式 b 的餘項全部移至 c */
                c[r + 1] = b[q + 1];
                c[r] = b[q];
                q += 2; r += 2;
            }
            c[1] = r / 2 - 1;   /*計算 c 總共有多少非零項*/
        }

        static char compare(int x, int y)
        {
            if (x == y)
                return '=';
            else if (x > y)
                return '>';
            else
                return '<';
        }

        static void outputP(int[] p, int n)
        {
            int i;

            Console.Write("(");
            for (i = 1; i <= n; i++)
                Console.Write("{0, 3}", p[i]);
            Console.Write("  )");
        }

    }
}
```

輸出結果

```
A = (  3  4  5  2  3  0  2  )
B = (  3  3  6  2  2  0  1  )
C = (  4  4  5  3  6  2  5  0  3  )
```

(三) 奇數魔術方陣

C# 程式語言實作》

```
/*
File name: OddMagic.cs
February, 2018
Description: ODD Magic Matrix Implementation
奇數魔術方陣實作
 */
using System;

namespace OddMagic
```

```csharp
{
    class OddMagic
    {
        const int MAX = 15;   /*矩陣最大為 15 x 15 */
        static int[,] Square = new int[MAX, MAX];   /*定義整數矩陣*/
        static int N;   /*矩陣行列大小變數*/
        static void Main(string[] args)
        {
            int i, j;
            /*讀取魔術矩陣的大小 N, N 為奇數且 0 <= N <= 15 */
            do
            {
                Console.Write("\nEnter odd matrix size : ");
                N = Convert.ToInt16(Console.ReadLine());
                if (N % 2 == 0 || N <= 0 || N > 15)
                    Console.Write("Should be > 0 and < 15 odd number");
                else
                    break;
            } while (true);

            Magic();   /*將 square 變為 N x N 的魔術矩陣*/

            /*顯示魔術矩陣結果*/
            Console.Write("\nThe " + N + "*" + N + " Magic Matrix\n");
            Console.Write("-------------------------\n");
            for (i = 0; i < N; i++)
            {
                for (j = 0; j < N; j++)
                    Console.Write("{0, 4}", Square[i,j]);
                Console.WriteLine();
            }
            Console.ReadKey();
        }

        static void Magic()
        {
            int i, j, p, q, key;

            /*初始化矩陣內容, 矩陣全部清 0 */
            for (i = 0; i < N; i++)
                for (j = 0; j < N; j++)
                    Square[i, j] = 0;

            Square[0, (N - 1) / 2] = 1; /*將 1 放至最上列中間位置*/
            key = 2;
            i = 0;
            j = (N - 1) / 2;      /* i, j 記錄目前所在位置*/
            while (key <= N * N)
            {
                p = (i - 1) % N;   /* p, q 為下一步位置, i, j 各減 1 表往西北角移動*/
                q = (j - 1) % N;
```

```
            /* p < 0 (超出方陣上方)*/
            if (p < 0) p = N - 1; /* 則將 p 移至 N -1(最下列) */
            if (q < 0) q = N - 1; /* q < 0 (超出方陣左方) */
                              /* 則將 q 移至 N - 1(最右行) */
            if (Square[p, q] != 0)  /*判斷下一步是否已有數字*/
                i = (i + 1) % N;  /*已有則 i 往下 ( 填在原值下方*/
            else
            {
                i = p;   /*將下一步位置 assing 給目前位置 */
                j = q;
            }
            Square[i, j] = key;
            key++;
        }
    }
  }
}
```

輸出結果

```
Enter odd matrix size : 5
The 5*5 Magic Matrix
-------------------------
15   8    1    24   17
16   14   7    5    23
22   20   13   6    4
3    21   19   12   10
9    2    25   18   11

Enter odd matrix size : 7
The 7*7 Magic Matrix
-------------------------

28   19   10   1    48   39   30
29   27   18   9    7    47   38
37   35   26   17   8    6    46
45   36   34   25   16   14   5
4    44   42   33   24   15   13
12   3    43   41   32   23   21
20   11   2    49   40   31   22
```

(四) 生命細胞遊戲

C# 程式語言實作》

```
/*
File name: LifeGame.cs
February, 2018
Description: Game of Life Implementation
生命細胞遊戲實作
*/
```

```
using System;

namespace LifeGame
{
    class LifeGame
    {
        const int MAXROW = 10;
        const int MAXCOL = 25;
        const int DEAD = 0;
        const int ALIVE = 1;
        static int[,] map = new int[MAXROW, MAXCOL];
        static int[,] newmap = new int[MAXROW, MAXCOL];
        static int Generation;
        static void Main(string[] args)
        {
            int row, col;
            char ans;

            init();    /*起始 map */
            outputMap();
            do
            {
                /*  計算每一個(row, col)之 cell 的鄰居個數
                    依此個數決定其下一代是生是死。
                    將下一代的 map 暫存在 newmap 以防 overwrite map。*/
                for (row = 0; row < MAXROW; row++)
                    for (col = 0; col < MAXCOL; col++)
                        switch (Neighbors(row, col))
                        {
                            case 0:
                            case 1:
                            case 4:
                            case 5:
                            case 6:
                            case 7:
                            case 8:
                                newmap[row, col] = DEAD;
                                break;
                            case 2:
                                newmap[row, col] = map[row, col];
                                break;
                            case 3:
                                newmap[row, col] = ALIVE;
                                break;
                        }
                Copymap();  /*將 newmap copy to map */
                do
                {
                    Console.Write("\nContinue next Generation (y/n)? ");
                    ans = Char.ToUpper(Console.ReadLine().ToCharArray()[0]);
                    if (ans == 'Y' || ans == 'N')
```

```
                    break;
        } while (true);
        if (ans == 'Y') outputMap();
    } while (ans == 'Y');
    Console.Write("\n");
    Console.ReadKey();
}

static void init()
{
    int row, col;

    /*起始 map 狀態，一開始 cells 皆會 DEAD */
    for (row = 0; row < MAXROW; row++)
        for (col = 0; col < MAXCOL; col++)
            map[row, col] = DEAD;

    Console.Write("Game of life Program \n");
    Console.Write("Enter (x, y) where (x, y) is a living cell\n");
    Console.Write(" 0 <= x <= " + (MAXROW - 1) + " , 0 <= y <= " + (MAXCOL - 1)
        + "\n");
    Console.Write("Terminate with (x, y) = ( -1, -1)\n");
    /* 輸入活細胞之位置，以(-1, -1)結束輸入 */
    do
    {
        string ln = Console.ReadLine();
        row = Convert.ToInt32(ln.Split()[0]);
        col = Convert.ToInt32(ln.Split()[1]);
        if (0 <= row && row < MAXROW && 0 <= col && col < MAXCOL)
            map[row, col] = ALIVE;
        else
            Console.Write("(x, y) exceeds map ranage!\n");
    } while (row != -1 || col != -1);
}

static int Neighbors(int row, int col)
{
    int count = 0, c, r;
    /*  計算每一個 cell 的鄰居個數
        因為 cell 本身亦被當做鄰居計算
        故最後還要調整   */
    for (r = row - 1; r <= row + 1; r++)
        for (c = col - 1; c <= col + 1; c++)
        {
            if (r < 0 || r >= MAXROW || c < 0 || c >= MAXCOL)
                continue;
            if (map[r, c] == ALIVE)
                count++;
        }
    /*調整鄰居個數*/
    if (map[row, col] == ALIVE)
```

```
            count--;
        return count;
    }

    /*顯示目前細胞狀態*/
    static void outputMap()
    {
        int row, col;
        Console.Write("\n\n Game of life cell status\n");
        Console.Write("{0, 20}------Generation " + ++Generation + "-------\n", " ");
        for (row = 0; row < MAXROW; row++)
        {
            Console.Write("{0, 20}", " ");
            for (col = 0; col < MAXCOL; col++)
                if (map[row, col] == ALIVE)
                    Console.Write('@');
                else
                    Console.Write('-');
            Console.WriteLine();
        }
    }

    /*將 newmap copy 至 map 中*/
    static void Copymap()
    {
        int row, col;
        for (row = 0; row < MAXROW; row++)
            for (col = 0; col < MAXCOL; col++)
                map[row, col] = newmap[row, col];
    }
  }
}
```

📑 輸出結果

(略)，請自行執行程式。(你可以用此程式來測試 2.7 節的範例是否正確)。

資料如下：

範例一		範例二		範例三	
3	2	3	3	3	2
3	9	3	4	3	3
-1	-1	4	3	3	4
		4	4	-1	-1
		-1	-1		

同時也提供給您以下幾組測試資料：

```
(a) 3    8   (b) 4    5   (c) 3    8
    3    9       4    6       3    9
    3    10      4    7       3    10
    3    11      5    5       2    10
    3    12      5    6       4    10
   -1   -1       5    7       5    10
                 6    5      -1   -1
                 6    6
                -1   -1
```

2.9 動動腦時間

1. 假設有一陣列 A，其 A(0, 0)與 A(2, 2)的位址分別在(1204)$_8$ 與(1244)$_8$，求 A(3, 3)的位址(以 8 進位表示)。[2.1]

2. 有一三維陣列 A(–3：2, –2：4, 0：3)，以列為主排列，陣列的起始位址是 318，試求 A(1, 3, 2)所在的位址。[2.1]

3. 有一二維陣列 A(0：m–1, 0：n–1)，假設 A(3, 2)在 1110，而 A(2, 3)在 1115，若每個元素佔一個空間，請問 A(1, 4)所在的位址。[2.1]

4. 若將一對稱矩陣(symmetric matrix)視為上三角形矩陣來儲存，亦即 a_{11} 儲存在 A(1)，$a_{12} = a_{21}$ 儲存在 A(2)，a_{22} 在 A(3)，$a_{13} = a_{31}$ 在 A(4)，$a_{23} = a_{32}$ 在 A(5)，及 a_{ij} 在 A(k)地方。

$$\begin{bmatrix} a_{11} & a_{12} & a_{13} & a_{14} \\ a_{21} & a_{22} & a_{23} & a_{24} \\ a_{31} & a_{32} & a_{33} & a_{34} \\ a_{41} & a_{42} & a_{43} & a_{44} \end{bmatrix} \qquad \begin{bmatrix} a_{11} & a_{12} & a_{13} & a_{14} \\ & a_{22} & a_{23} & a_{24} \\ & & a_{33} & a_{34} \\ & & & a_{44} \end{bmatrix}$$

試求 A(i, j)儲存的位址(可用 MAX 與 MIN 函數來表示，其中 MAX 函數表示取 i, j 的最大值，MIN 函數則是取 i, j 最小值)。[2.5]

5. 有一正方形矩陣，其存放在一維陣列的形式如下：

$$\begin{bmatrix} A(1) & A(2) & A(5) & A(10) & \dots \\ A(4) & A(3) & A(6) & A(11) & \dots \\ A(9) & A(8) & A(7) & A(12) & \dots \\ A(16) & A(15) & A(14) & A(13) & \dots \\ M & M & M & M & \dots \end{bmatrix}$$

讓 a_{ij} 儲存在 A(k)，試求 A(i, j)所在的位址，可用 MAX 及 MIN 函數來表示。[2.5]

6. 試回答下列問題：[2.5]

    (a)　撰寫一演算法將 $A_{n \times n}$ 的下三角形儲存於一個 $B(1：n(n+1)/2)$ 的陣列中

    (b)　撰寫一演算法從上述的陣列 B 中取出 $A(i, j)$

7. 在 2.6 節我們談到一個很有趣的魔術方陣，首先在第一列的中間填上 1，之後往左上方走，再遵循一些規則便可完成。如今，若筆者將改變方向，填上 1 之後，往右上方走是否也可以完成魔術方陣呢？略述您的規則。[2.6]

8. 試完成下列生命細胞遊戲。[2.7]

    (a)

    (b)

3

堆疊與佇列

3.1 堆疊和佇列基本觀念

堆疊(stack)與佇列(queue)是資料結構常用到的主題，同時也是最容易的。堆疊是一有序串列 (order list)，其加入(insert)和刪除(delete)動作都在同一端，此端通常稱之為頂端 (top)。加入一元素於堆疊，此動作稱為推入(push)；與之相反的是從堆疊中刪除一元素，此動作稱為彈出(pop)。由於堆疊具有先進去的元素最後才會被搬出來的特性，所以又稱堆疊是一種後進先出(Last In First Out, LIFO)串列。

佇列亦是屬於線性串列(linear list)，與堆疊不同的是加入和刪除不在同一端，刪除的那一端為前端(front)，而加入的一端稱為後端(rear)。由於佇列具有先進先出(First In First Out, FIFO)的特性，因此也稱佇列為先進先出串列。例如您進入銀行抽取一張號碼牌，號碼愈小的會先被服務。假若佇列兩端皆可做加入或刪除的動作，則稱之為雙佇列(double-ended queue, deque)。堆疊、佇列如圖 3.1 之(a)、(b)所示。

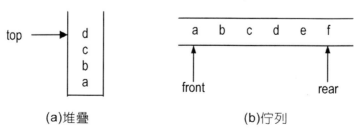

(a)堆疊　　　　　　　　　　　　　　(b)佇列

圖 3.1　堆疊與佇列

其中(a)堆疊有如只有一開口的容器，它有最大的容量限制，每次加入的元素都會往上堆，有如堆書本一般，因此，我們可想像其加入和刪除都在同一端。

而(b)的佇列有如一排隊的隊伍，最前面的是 front 所指的地方，因此 front 所指的位置一定會被先服務，而 rear 所指的地方是新加入的位置。這好比您上銀行一樣，依照您進入銀行的時間順序抽取號碼牌，服務的順序是先到先服務，這就是佇列的特性。

⌨ **練習題** --■

想一想還有那些例子可用來表示堆疊或佇列。

--■

3.2 堆疊的加入與刪除

在堆疊的運作上，堆疊的加入必須注意加入的元素是否會超出堆疊的最大容量，因此設定一變數查看它是否超出，每次 push 一個元素則 top 加 1；反之，pop 一個元素則 top 減 1。我們可以利用一陣列來表示堆疊，如：stack[MAX]，其中 MAX 表示堆疊 stack 的最大容量，而初始的 top 設為–1。

3.2.1 堆疊的加入

堆疊的加入應注意堆疊是否為滿的情況，若沒滿，則將輸入的資料放在堆疊的上方。其片段程式如下：

📄 **C# 片段程式》**

```
void push_f()
{
    if (top >= MAX-1)
        Console.Write("\n\nStack is full !\n");
    else {
        top++;
        Console.Write("\n\n Please enter au item to stack: ");
        stack[top] = Convert.ToInt32(Console.ReadLine ());
    }
}
```

》程式解說

在片段程式中 stack[]表示一堆疊陣列，MAX 為堆疊所能容納的元素個數，top 為目前堆疊最上面元素的註標或索引。當 top >= MAX–1 時，表示堆疊已滿(因為堆疊是從 stack[0]開始，stack[MAX–1]結尾，所以判斷式為 top >= MAX–1，而非 top >= MAX)；若堆疊還有空間，則 top++，並要求使用者輸入 item，直接存入堆疊 stack[top]。

3.2.2 堆疊的刪除

堆疊的刪除應注意堆疊是否為空的，若不是空的，則將資料刪除之。其片段程式如下：

📑 C# 片段程式》

```
void pop_f()
{
    if (top < 0)
        Console.Write("\n\n No item, stack is empty !\n");
    else {
        Console.Write("\n\n Item " + stack[top] + " is deleted\n");
        top--;
    }
}
```

》 程式解說

在片段程式中 stack[]表示一堆疊陣列，top 為目前堆疊最上面元素的註標或索引。當 top < 0 時，表示堆疊是空的(堆疊中 stack[0]是最底下的堆疊，而非 stack[1]，所以判斷為 top < 0，而不是 top <= 0)；若堆疊中還有 item，則輸出 stack[top]，並將 top--。

有關堆疊的加入和刪除之程式實作，請參閱 3.8 節。

⌨ 練習題

在堆疊的 push 和 pop 操作上，有一很重要的變數為 top，上述乃將 top 的初值設為 −1，若將它設為 0 時，請問 push 和 pop 應如何修改。

3.3 佇列的加入與刪除

佇列的運作，分別利用 rear 變數作用在加入的動作；front 變數作用在刪除的動作，佇列的加入要注意它是否超出最大的容量，rear 變數的初值為 −1。注意！先將 rear 加 1 之後，再加入資料喔！而 front 變數之初值為 0，刪除的動作是先刪除資料後再將 front 加 1。

3.3.1 佇列的加入

佇列的加入是作用在 rear 端，其片段程式如下：

C# 片段程式》

```csharp
void enqueueFunction()
{
    if (rear >= MAX-1)
        Console.Write("\n\nQueue is full !\n");
    else {
        rear++;
        Console.Write("\n\n Please enter item to insert: ");
        q[rear] = Console.ReadLine();
    }
}
```

》程式解說

在片段程式中，q[ ]為一佇列陣列，MAX 為佇列所能容納的元素個數，rear 為在 q[] 佇列中最後一個資料項目的註標。當 rear >= MAX-1 時，表示佇列已滿，因為佇列是由 q[0]開始，q[MAX-1]結尾，所以判斷式為 rear >= MAX-1，而非 rear >= MAX；若佇列中還有空間，則 rear++，並要求使用者輸入資料，將其存放於 q[rear]。

3.3.2 佇列的刪除

佇列的刪除是作用在 front 端，其片段程式如下：

C# 片段程式》

```csharp
void dequeueFunction()
{
    if (front > rear)
        Console.Write("\n\n No item, queue is empty !\n");
    else {
        Console.Write("\n\n Item " + q[front] + " deleted\n");
        front++;
    }
}
```

在片段程式中，q[ ]為一佇列陣列，front 為在 q[]佇列第一個資料項目的註標，rear 為在 q[]佇列最後一個資料項目的註標。當 front > rear 時，表示佇列是空的，無法做刪除工作；若佇列中還有 item 存在，則輸出 q[front]，並將 front++。

當佇列的表示方式是 Q(0：n-1)時，常常會發生佇列前端還有空位，但要加入元素時卻發現此佇列已滿的情形，如下圖所示：

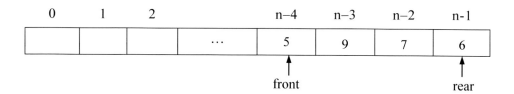

上述的佇列一般我們稱之為線性佇列(linear queue)，若此時要加入 8 於線性佇列中的話，卻產生佇列已滿的訊息，因為 rear 已大於等於 n-1。為了解決此一問題，佇列常常以環狀佇列(circle queue)的方式來表示 CQ(0：n-1)，如圖 3.2 所示：

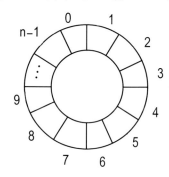

圖 3.2　環狀佇列形狀圖

3.3.3　環狀佇列的加入

環狀佇列開始的時候，將 front 與 rear 之初值均設為 MAX-1。其加入的片段程式如下：

C# 片段程式》

```csharp
void enqueueFunction()
{
    rear = (rear + 1) % MAX;
    if (front == rear) {
        if (rear == 0)
            rear = MAX-1 ; /* 退回原位 */
        else
            rear = rear-1 ; /* 退回原位 */
            Console.Write("\n\nQueue is full!\n");
    }
    else {
        Console.Write("\n\n Please enter item to insert: ");
        cq[rear] = Console.ReadLine();
    }
}
```

在程式中以 cq[ ]表示一環狀佇列，其中第 3 行 rear = (rear + 1) % MAX；主要的用意在於新進的元素可以填入佇列前端的空位。

假設 rear 在 MAX–1 的位置，若此時加入一元素的話，則會加在 cq[0]的位置，不會像線性佇列產生已滿的訊息，但我們可以利用 if (front == rear)來判斷環狀佇列是不是已滿了。

3.3.4 環狀佇列的刪除

環狀佇列之刪除與之前的線性佇列有所不同，其片段程式如下：

C# 片段程式》

```
void dequeueFunction()
{
    if (front == rear)
        Console.Write("\n\n Queue is empty !\n");
    else {
        front = (front + 1) % MAX;
        Console.Write("\n\n Item " + cq[front] + " deleted\n");
    }
}
```

》程式解説

在程式中 cq[ ]為一環狀佇列陣列，MAX 為 cq 可容納的最大元素個數，front 為佇列前端，rear 為後端，其刪除動作使用 front = (front + 1) % MAX 敘述來取得刪除的資料項目在佇列中的位置，當 rear == front 時，會印出 Queue is empty!來提示佇列中無任何資料項目存在。

讀者必須注意的是環狀佇列的加入是先找一位置，然後做判斷；但其刪除則是先做判斷，然後再找位置。還有一點要留意的是在環狀佇列永遠會空一個位置，乃是為了辨別是否已額滿或空的。如下圖：假設此環狀佇列 cq[]中有 10 個元素。

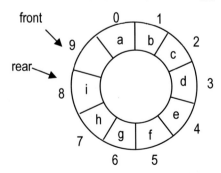

1. front 在 cq[9]，經過多次的加入後 rear 在 cq[8]。

2. 加一元素此時(8+1) % 10 = 9，因此 rear 指向 cq[9]的地方。

3. 此時 rear == front，因此輸出 Queue is full!，但是從圖得知 front 指的位置是空的。假設要繼續使用此空間的話，則下次在刪除環狀佇列的元素時會產生佇列是空的訊息(根據上述的片段程式，當 front == rear 時，會顯示 Queue is empty!)，這與有許多的元素在環狀佇列中有所不符了。所以環狀佇列會浪費一個空間。

假使一定非用此空間不可，有一種補救的方法，那就是加一 tag 變數，並設定 front = rear = MAX−1，tag = 0。

請看下面的片段程式：

📄 C# 片段程式》

```csharp
//環狀佇列的加入函數 - 使用 tag 變數
void enqueueFunction()
{
    if (front == rear && tag == 1)
        Console.Write("\n\nQueue is full !\n");
    else {
        rear = (rear + 1) % MAX;
        Console.Write("\n\n Please enter item to insert: ");
        cq[rear] = Console.ReadLine();
        if (front == rear)
            tag = 1;
    }
}
```

》程式解說

程式中，當 tag 為 0 時，表示 cq[front]中無 item 存在；tag 為 1 時，表示 cq[front]中有存放 item。所以當 front == rear 且 tag == 1 的情況下，表示佇列已滿，無法新增 item；若判斷為偽，則以(rear+1) % MAX 取得最新的 rear 值(當原來的 cq[rear]為佇列中最後一個元素時，則(rear+1) % MAX 會使新的 rear 值為 0，重新於佇列 cq[0]中存放新增的 item)，要求使用者輸入後存放於環狀佇列 cq[rear]中。若新增後 front 與 rear 相等，表示佇列已滿，將 tag 設定為 1。

📄 C# 片段程式》

```csharp
//環狀佇列的刪除函數 - 使用 tag 變數
void dequeueFunction()
{
    if (front == rear && tag == 0)    /* 當資料沒有資料存在，則顯示錯誤 */
        Console.Write("\n\n No item, queue is empty !\n");
    else {
```

```
        front = (front + 1) % MAX;
        Console.Write("\n\n Item " + cq[front] + " deleted\n");
        if (front == rear)
            tag = 0;
    }
}
```

》程式解說

在程式中當 front == rear 且 tag == 0 的情況下，表示佇列為空的，無法做刪除工作；若佇列中還存在 item，則以(front + 1) % MAX 取得 front 的新值(意義與佇列加入時之 rear 相同)，輸出 cq[front]。若此時 front 與 rear 相等，則表示輸出後佇列成為空佇列，將 tag 設定為 0。

此一演算法與不加 tag 變數的演算法，在說明時間和空間之間的取捨(trade off)，為了充分使用空間，因此加入 tag 變數的判斷，使得時間花得比較多，而不加 tag 變數的判斷，則會多浪費此一空間，但時間花得比較少。

練習題

試撰寫一環狀佇列並加上 tag 變數完成資料的加入和刪除。

3.4 其他型式的佇列

除了上述討論的線性佇列和環狀佇列外，本節將討論另外二種佇列，一為雙向佇列(deque)，二為優先權佇列(priority queue)。Deque 乃是 double-ended queue 的縮寫，表示佇列的兩端皆可做為加入和刪除，不同於前述的佇列。

舉個範例來說，假使有 5 個資料循序輸入 1，2，3，4，5，則其排列可為 12345，12354，…等等，今以 42315 說明之。

如 42315 的排列情形如下：

首先，1 加進來

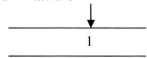

2 再加進來

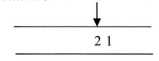

3 加進來，放在另一端

2 1 3

4 加進來，放在另一端

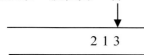

4 2 1 3

此時輸出 4

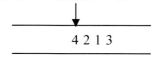

2 1 3

再輸出 2

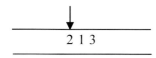

1 3

再輸出 3

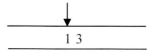

1

此時輸出排列已為 423 接下來不管是先輸出 1 再加入 5 及輸出 5，或先加入 5 再輸出 1 和 5，其輸出排列皆為 42315。

從上述的運作：

讀者是否已察覺到兩端皆可用來加入和刪除的動作。

不是所有的排列皆能如願以償的，如 52341 就無法以此順序輸出。由於 5 需先輸出，故必需將 1，2，3，4 加入 deque，此時的安排如下：

加入 1

1

加入 2

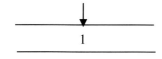

1 2

因為 2 為第 2 次輸出，故加入 3 必需放在另一端

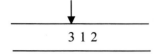

3 1 2

加入 4 也是加在和 3 的同一端

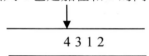

4 3 1 2

此時發現 3 在 4 和 1 之間，因此 3 無法在 4 輸出之前輸出，故 52341 的排列無法達成。

另一種佇列為優先權的佇列，表示每一資料依照優先權的高低插在佇列的適當位置，因此它破壞了先進先出的規則，而是優先權愈高的，它所放的位置就愈前面，表示它較快會被執行。

此種優先權佇列可以建立一棵堆積(heap)的樹狀結構(在第六章會論及到)，進而利用此堆積樹狀結構來做堆積的排序，將資料由小至大或由大至小排序之。(請參閱第九章的排序與搜尋)

⌨ 練習題

試問下列三種排列可否可以雙向佇列完成之。循序輸入 1，2，3，4，5。

51234，51324，51342

3.5 多個堆疊

在這之前的章節，我們已經有提到有關於堆疊的一些基本觀念，像是堆疊的加入、刪除…等等，其所針對的都只是單一的堆疊。其實這個觀念還可以擴大到多個堆疊，而這就是我們這一節所要探討的主題。

對於多個堆疊，其實它和單一堆疊的觀念大致上是相同的，例如多個堆疊的加入和刪除也是在同一端。而這種方式在日常生活中也是常常看到的，例如：公司可能會將硬碟容量分割成很多個部份來分給每個員工一些硬碟容量來收發電子郵件。其實不僅僅是如此，還有很多的例子就留給各位讀者去發現哦！

3.5.1 多個堆疊的加入

首先我們先就多個堆疊來說明，如圖 3.3 所示。

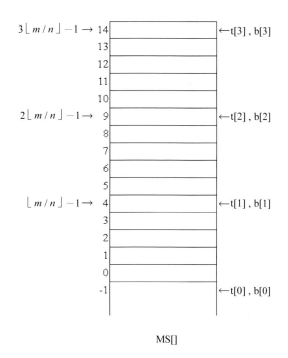

圖 3.3 多個堆疊的形狀圖

圖 3.3 中，MS[] 為多個堆疊陣列，其範圍為(0：m-1)共 m 個元素，其中 t[0]表示第 1 個堆疊的 top 位置，b[0]表示第 1 個堆疊的 bottom 位置；同理，t[1]表示第 2 個堆疊的 top 位置，b[1]就是表示第 2 個堆疊的 bottom 位置。

每一個堆疊的起始位置，可用 t[k]=b[k]=(k-1)* $\lfloor m/n \rfloor$ -1 這個公式算出，此處的 k 表示第幾個堆疊的意思，$1 \leq k \leq n$，$\lfloor m/n \rfloor$ 表示取小於 m/n 的最大正整數。m 為堆疊的最大容量，n 為堆疊的個數。例如：有一多個堆疊共有 15 個位置，劃分 3 個堆疊，則第 1 個堆疊則為 MS[0]到 MS[4]，而第 2 個堆疊的起始位置為 MS[4]，依此類推。當然囉，第 1 個堆疊的起始位置 -1，如圖 3.3 所示。

對於多個堆疊的加入，特別要注意的是要加入的那個堆疊是否已經滿了？那我們要如何知道某個堆疊是否已滿了呢？請看下面片段程式：

C# 片段程式》

```
//多個堆疊的加入函數
void pushFunction(int i)
{
    if (t[i-1] == b[i])
        Console.Write("stack is full !!!");
    else
        MS[++t[i-1]] = x;
}
```

》**程式解説**

在上面的片段程式中，會先判斷堆疊是否已滿？若在堆疊未滿的情形下，當要加入一個元素到堆疊 i 時，會先將其 t[i-1] 的指標向上移一個位置，然後才將元素加入。這是因為當要加入元素之前，t[i-1] 的指標是先指在上一次被加入元素的位置，所以要向上指到一個空的位置來讓元素加入，這也是為什麼使用前置加(++t[i-1])的原因。當 t[i-1] == b[i]時，表示此堆疊已經滿了，這是因為某個堆疊的最上面的位置正好會等於它下一個堆疊最下面的位置，所以當某個堆疊的 t[i-1]指標等於另一個堆疊的 b[i]時，就表示這個堆疊已經滿了。

3.5.2　多個堆疊的刪除

對於多個堆疊的刪除，我們所要留意的就是此堆疊是否是空的？請看下面片段程式：

```
C#程式語言片段程式：多個堆疊的刪除函數
void popFunction(int i)
{
    if (t[i-1] == b[i-1]) {
        Console.Write("stack is empty !!!");
    }
    else {
        x = MS[t[i-1]--] ;
        Console.Write(x + " is deleted !!!");
    }
}
```

》**程式解説**

在上面的片段程式中，和加入一樣我們會先判斷在堆疊裡是否有元素？若是在有的情形下，當要刪除一個元素時，會先將元素的內容給 x，然後才將堆疊的 t[i]指標向下移一個位置。因為刪除元素是將指標向下移動一個元素，因此要先將元素印出來後才能移動指標，這就是為什麼使用後置減(t[i]--)的原因。而 t[i-1] == b[i-1]就是判斷堆疊是否是空的。因為當堆疊在沒有元素時，其 t 和 b 的指標都是指在同一的位置，所以當 t[i-1] == b[i-1]時，就是表示此堆疊是空的。

有關多個堆疊的加入與刪除之程式實作，請參閱 3.8 節。

⌨ **練習題**

1.　若堆疊的範圍為(1：m)且第 1 個堆疊的 top 和 bottom 註標分別為 t[1]和 b[1]，餘此類推，試畫出如圖 3.3 的多個堆疊的形狀圖，並說明每一堆疊的範圍。

2.　撰寫以上題為已知條件的 push 和 pop 片段程式。

3.6　堆疊與佇列的應用

由於堆疊具有先進後出的特性，因此凡具有後來先處理的性質，皆可使用堆疊來解決。例如函數的呼叫(function calls)。假設有一主程式 X 呼叫函數 Y，此時將 statement A 的位址加入(push)堆疊，在函數 Y 呼叫函數 Z 時，將 statement B 的位址加入堆疊。當函數 Z 執行完時，從堆疊彈出返回函數 Y 的 statement B 位址，當函數 Y 執行完再從堆疊彈出返回主程式 X 的位址，如下圖所示。

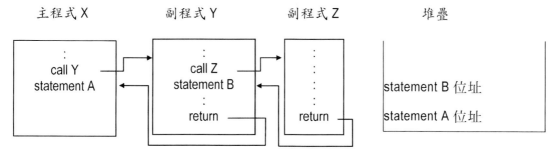

假如所要解決的問題是有先進先出的性質時，則宜用佇列來解決，例如作業系統的工作安排(job scheduling)，先決條件是不考慮特權(priority)的話。

堆疊還有一些很好的用途，像是如何將算術運算式由中序表示式(infix)變為後序表示式(postfix)。一般的算術運算式皆是以中序法來表示，亦即運算子(operator)置於運算元(operand)的中間(假若只有一個運算元，則運算子置於運算元的前面)。而後序法表示是運算子在其運算元的後面，如：

A * B / C，此乃中序表示式，而其後序表示式是 AB * C /

為什麼需要由中序表示式變為後序表示式呢？因為運算子有優先順序與結合性，以及又有括號先處理的問題，為了簡化起見，不必有上述問題的困擾，因此編譯程式將一般的中序表示式先轉化為後序表示式，之後再由左至右逐一處理之。

其實算術運算式由中序表示式變為後序表示式可依下列三步驟進行即可：

1. 將式子中的運算單元適當的加以括號，此時須考慮運算子的運算優先順序。

2. 將所有的運算子移到其對應括號的右邊。

3. 將所有的括號去掉。

如將 A * B / C 化為後序表示式：

1. ((A * B) + C)

2. ((A * B) + C) => ((AB)*C) +

3. AB *C +

再舉一範例，將 A – B / C + D * E–F % G 化為後序表示式：

1. (((A – (B / C)) + (D * E)) – (F % G))

2. (((A(BC) /) – (DE)*) + (FG)%) –

3. ABC / – DE*+FG% –

一般運算子的運算優先順序如下：

運算子	優先順序(數字愈大，表示優先順序愈高)
+ (正), – (負), !	6
* , / , %	5
+ (加), – (減)	4
<, <= , > , >=	3
&&	2
‖	1

將算術運算式由中序表示改變為後序表示式，除了上述的方法，也可以利用堆疊的觀念來完成。首先要了解算術運算子的 in-stack 與 in-coming 的優先順序。

符號	in-stack priority	in-coming priority
)	—	—
＋(正), －(負), !	3	3
* , ／, %	2	2
＋(加), －(減)	1	1
(	0	4

開始時堆疊是空的，假設運算式中的運算子和運算元是 token，當 token 是運算元，不必考慮，一律輸出，但是如果進來的 token 是運算子，而且若此時在堆疊中運算子的 in-stack priority(ISP)大於或等於欲進入堆疊運算子的 in-coming priority(ICP)，則輸出放在堆疊的運算子，繼續執行到 ISP < ICP，再將欲進來的運算子放入堆疊中。

首先以 A+B*C 來說明，其情形如下：

token	stack	output	說明
none		none	
A		A	由於 A 是運算元，故直接輸出。
+	+	A	
B	+	AB	B 是運算元，故直接輸出。

token	stack	output	說明
*	[*/+]	AB	由於 * 的 in-coming priority 大於 + 的 in-stack priority
C	[*/+]	ABC	C 是運算元，故直接輸出。
none	[+]	ABC*	pop 堆疊頂端的資料 *
none	[ ]	ABC*+	再 pop 堆疊頂端的資料+

再舉一例，如 A * (B + C) * D

token	stack	output	說明
none	[ ]	none	
A	[ ]	A	由於 A 是運算元，故直接輸出。
*	[*]	A	
(	[(/*]	A	由於(的 in-coming priority 大於 * 的 in-stack priority
B	[(/*]	AB	B 是運算元，故直接輸出。
+	[+/(/*]		+ 的 in-coming priority 大於 (的 in-stack priority
C	[+/(/*]	ABC	C 是運算元，故直接輸出。
)	[*]	ABC+	) 的 in-coming priority 小於+ 的 in-stack priority，故輸出 +，之後再去掉 (
*	[*]	ABC+*	此處輸出的 * ，是在堆疊裡的 *
D	[*]	ABC+*D	D 是運算元，故直接輸出。
none	[ ]	ABC+*D*	輸出堆疊中的 *

注意左括號的 in-coming priority 很高，而 in-stack priority 很低，當下一個 token 為右括號時，由於此右括號的 in-coming priority 比其他 token 來得低，此時在堆疊中的 operator 將被一一的 pop 出來，直到 pop 出左括號為止，而 pop 出來的左、右括號將被省略去。

將運算式由中序表示式換為後序表示式的片段程式如下：

C# 片段程式》

```
//中序表示式轉後序表示式函數
public InToPost()
    {
        int rear = -1, top = 0, ctr;
        char[] stack_t = new char[MAX];   // 用以儲存還不必輸出的運算子

        string ln = Console.ReadLine();
        for (int i=0; i<ln.Length; i++)
        {
            infix_q[i] = ln.ElementAt(i);
        }
        rear = ln.Length;
        infix_q[rear] = '#';   // 於佇列結束時加入#為結束符號
        Console.Write("Postfix expression: ");
        stack_t[top] = '#'; // 於堆疊最底下加入#為結束符號
        for (ctr = 0; ctr <= rear; ctr++)
        {
            switch (infix_q[ctr])
            {
                // 輸入為)，則內輸出堆疊內運算子，直到堆疊內為(
                case ')':
                    while (stack_t[top] != '(')
                        Console.Write(stack_t[top--]);
                    top--;
                    break;
                // 輸入為#，則將堆疊內還未輸出的運算子輸出
                case '#':
                    while (stack_t[top] != '#')
                        Console.Write(stack_t[top--]);
                    break;
                // 輸入為運算子，若小於 TOP 在堆疊中所指運算子，則將堆疊
                // 所指運算子輸出，若大於等於 TOP 在堆疊中所指運算子，則
                // 將輸入之運算子放入堆疊
                case '(':
                case '^':
                case '*':
                case '/':

                case '+':
                case '-':
                    while (compare(stack_t[top], infix_q[ctr]))
                        Console.Write(stack_t[top--]);
                    stack_t[++top] = infix_q[ctr];
                    break;
                // 輸入為運算元，則直接輸出
                default:
                    Console.Write(infix_q[ctr]);
```

```
                    break;
            }
        }
        Console.WriteLine();
    }
```

》程式解說

在程式中先設定一堆疊 stack_t[ ]用來存放從運算式 infix_q[ ]中讀入的運算子或是運算元，並以 for 迴圈來控制每一個運算子或運算元的讀入動作，並於堆疊底下置入'#'表示結束，共有四種情況。

1. 輸入為)，則輸出堆疊內之所有運算子，直到遇到 (為止。

2. 輸入為 # ，則將輸出堆疊內還未輸出之運算子輸出。

3. 輸入為運算子，其優先權若小於 stack_t[top]中的運算子，則將 stack_t[top]輸出，若優先權大於或等於 stack_t[top]存放的運算子，則將輸入之運算子放入堆疊中。

4. 輸入為運算元，則直接輸出。

其中運算子的優先權是用以下兩個陣列來建立的：

1. char infix_priority[9] = {'#' , ')' , '+' , '–' , '*' , '/' , '^' , ' ' , '(' }；為在運算式中的優先權；

2. char stack_priority[8] = {'#' , '(' , '+' , '–' , '*' , '/' , '^' , ' '}；為在堆疊中的優先權；

運算子優先權的比較是由 compare 函數來做的，在代表優先權的兩個陣列中，將每一個運算子在陣列中所在的註標值除以 2，即為運算子的優先權，如 infix_priority[]中，) 為 infix_priority[1]其優先順序為 1 / 2 等於 0 ；+ 為 infix_priority[2]，其優先順序為 2 / 2 等於 1，依此類推。所以在 compare 函數中，找到兩運算子在陣列中的註標值，分別除以 2 來比較即可得知優先順序孰高。

有關中序表示式轉為後序表示式的完整程式，請參閱 3.8 節之程式集錦。

練習題

將下列中序表示式轉為後序表示式

1. a > b && C > d && e < f

2. (a + b) * c / d + e – 8

3.7 如何計算後序表示式？

當我們將中序表示式轉為後序表示式後，就可以很容易將此式子的值計算出來，其步驟如下：

1. 將此後序表示式以一字串表示之。

2. 每次取一 token，若此 token 為一運算元則將它 push 到堆疊，若此 token 為一運算子，則自堆疊 pop 出二個運算元並做適當的運算，若此 token 為 '\0' 則執行步驟 4。

3. 將步驟 2 的結果再 push 到堆疊，執行步驟 2。

4. 彈出堆疊的資料，此資料即為此後序表示式計算的結果。我們以下例說明之，如有一中序表示式為 10+8−6*5 轉為後序表示式為 10 8 + 6 5 * −，今將利用上述的規則執行之。

因為 10 為一運算元，故將它 push 到堆疊，同理 8 也是，故堆疊有 2 個資料分別為 10 和 8

| 8 |
| 10 |

(1) 之後的 token 為 +，故 pop 堆疊的 8 和 10 做加法運算，結果為 18，再次將 18 push 到堆疊

| 18 |

(2) 接下來將 6 和 5 push 到堆疊

| 5 |
| 6 |
| 18 |

(3) 之後的 token 為 *，故 pop 5 和 6 做乘法運算為 30，並將它 push 到堆疊

| 30 |
| 18 |

(4) 之後的 token 為−，故 pop 30 和 18，此時要注意的是 18 減去 30，答案為−12(是下面的資料減去上面的資料)。對於+和*，此順序並不影響，但對−和/就非常重要。

(5) 將 −12 push 到堆疊，由於此時已達字串結束點'\0'，故彈出堆疊的資料−12，此為計算後的結果。

練習題

有一中序表示式如下：

　　5/3*(1–4)+3–8

請將它轉為後序表示式，再求出其結果為何。

3.8 程式集錦

(一) 堆疊加入與刪除

C# 程式語言實作》

```csharp
/* File name : Stack.cs */
/* February, 2018 */

using System;

namespace Stack
{
    class Stack
    {
        private static int MAX = 5;
        private string[] item = new string[MAX];
        private int top;

        public Stack()
        {
            top = -1;
        }

        public void push_f()
        {
            if (top >= MAX - 1)    // 當堆疊已滿，則顯示錯誤
                Console.Write("\nStack is full !\n");
            else
            {
                top++;
                Console.Write("\n Please enter item to insert: ");
                item[top] = Console.ReadLine();
            }
        }

        public void pop_f()
        {
            if (top < 0)   // 當堆疊沒有資料存在，則顯示錯誤
                Console.Write("\n No item, stack is empty !\n");
```

```csharp
        else
        {
            Console.Write("\n Item " + item[top] + " deleted\n");
            top--;
        }
    }

    public void list_f()
    {
        int count = 0, i;

        if (top < 0)
            Console.Write("\n No item, stack is empty!\n");
        else
        {
            Console.Write("\n  ITEM\n");
            Console.Write(" ------------------\n");
            for (i = 0; i <= top; i++)
            {
                Console.Write(item[i] + "\n");
                count++;
            }
            Console.Write(" ------------------\n");
            Console.Write("  Total item: " + count + "\n");
        }
    }
}

class Program
{
    static void Main(string[] args)
    {
        Stack obj = new Stack();
        string option;

        while (true)
        {
            Console.Write("\n *****************************\n");
            Console.Write("          <1> insert (push)\n");
            Console.Write("          <2> delete (pop)\n");
            Console.Write("          <3> list\n");
            Console.Write("          <4> quit\n");
            Console.Write(" *****************************\n");
            Console.Write(" Please enter your choice...");
            option = Console.ReadLine();
            switch (option)
            {
                case "1":
                    obj.push_f();
                    break;
                case "2":
```

```
                    obj.pop_f();
                    break;
                case "3":
                    obj.list_f();
                    break;
                case "4":
                    Environment.Exit(0);
                    break;
            }
        }
    }
}
}
```

輸出結果

```
***************************
      <1> insert (push)
      <2> delete (pop)
      <3> list
      <4> quit
***************************
Please enter your choice...1

Please enter item to insert: iPhone


***************************
      <1> insert (push)
      <2> delete (pop)
      <3> list
      <4> quit
***************************
Please enter your choice...1

Please enter item to insert: iPad


***************************
      <1> insert (push)
      <2> delete (pop)
      <3> list
      <4> quit
***************************
Please enter your choice...1

Please enter item to insert: iMac


***************************
      <1> insert (push)
      <2> delete (pop)
      <3> list
      <4> quit
```

```
****************************
Please enter your choice...1

Please enter item to insert: iPod

****************************
        <1> insert (push)
        <2> delete (pop)
        <3> list
        <4> quit
****************************
Please enter your choice...3

 ITEM
------------------
 iPhone
 iPad
 iMac
 iPod
------------------
 Total item: 4

****************************
        <1> insert (push)
        <2> delete (pop)
        <3> list
        <4> quit
****************************
Please enter your choice...2

Item iPod deleted

****************************
        <1> insert (push)
        <2> delete (pop)
        <3> list
        <4> quit
****************************
Please enter your choice...2

Item iMac deleted

****************************
        <1> insert (push)
        <2> delete (pop)
        <3> list
        <4> quit
****************************
Please enter your choice...3

 ITEM
```

```
-----------------
 iPhone
 iPad
-----------------
 Total item: 2

*****************************
        <1> insert (push)
        <2> delete (pop)
        <3> list
        <4> quit
*****************************
Please enter your choice...4
```

(二) 多個堆疊的加入與刪除

C# 程式語言實作》

```csharp
/* File name: Mstack.cs */
/* February, 2018 */

using System;

namespace Mstack
{
    class Mstack
    {
        public const int MAX = 10;
        public const int UNIT = 2;
        public string[] MS = new string[MAX];
        public int[] t = new int[MAX / UNIT];
        public int[] b = new int[MAX / UNIT];

        public int getMAX()
        {
            return MAX;
        }

        public int getUNIT()
        {
            return UNIT;
        }

        public void pushFunction(int number1)
        {
            if (t[number1 - 1] == b[number1])
            {
                Console.Write(" Stack" + number1 + " is full !\n");
                Console.Write(" Please choose another Stack to insert !!\n");
            }
```

```
            else
            {
                Console.Write(" Please enter item to insert: ");
                MS[++t[number1 - 1]] = Console.ReadLine();
                Console.Write(" You insert " + MS[t[number1 - 1]] + " to #" + number1 +
                    " stack !!\n");
            }
        }

        public void popFunction(int number2)
        {
            if (t[number2 - 1] == b[number2 - 1])
                Console.Write("\n No item, stack" + number2 + " is empty !\n");
            else
            {
                Console.Write("\n Item " + MS[t[number2 - 1]] + " in Stack " + number2
                    + " is deleted\n");
                t[number2 - 1]--;
            }
        }

        public void listFunction(int number3)
        {
            int count = 0, i, startNumber = 0;
            if (t[number3 - 1] == b[number3 - 1])
                Console.Write("\n No item, stack is empty\n");
            else
            {
                startNumber = (number3 - 1) * (MAX / UNIT) - 1;
                Console.Write("\n  ITEM\n");
                Console.Write(" ------------------\n");
                for (i = startNumber + 1; i <= t[number3 - 1]; i++)
                {
                    Console.Write(" {0}\n", MS[i]);
                    count++;
                    if (count % 20 == 0) Console.ReadKey();
                }
                Console.Write(" ------------------\n");
                Console.Write("  Total item: " + count + "\n");
            }
        }
    }
    class Program
    {
        static void Main(string[] args)
        {
            int option, i;
            int number1, number2, number3;
            Mstack obj = new Mstack();
            int MAX = obj.getMAX();
            int UNIT = obj.getUNIT();
```

```
tor (i = 0; i <= UNIT - 1; i++)
{
    if (UNIT == 1)
    {
        obj.t[i + 1] = MAX - 1;
        obj.b[i + 1] = MAX - 1;
        obj.t[i] = i * (MAX / UNIT) - 1;
        obj.b[i] = i * (MAX / UNIT) - 1;
    }
    else
    {
        obj.t[i] = i * (MAX / UNIT) - 1;
        obj.b[i] = i * (MAX / UNIT) - 1;
    }
}
while (true)
{
    Console.Write("\n ***************************\n");
    Console.Write("         <1> insert (push)\n");
    Console.Write("         <2> delete (pop)\n");
    Console.Write("         <3> list\n");
    Console.Write("         <4> quit\n");
    Console.Write(" ***************************\n");
    Console.Write(" Please enter your choice...");
    option = Convert.ToInt16(Console.ReadLine());
    switch (option)
    {
        case 1:
            Console.Write("\n The total number of Stack is " + UNIT +
                " !!");
            Console.Write("\n Please enter the number of stack ?");
            number1 = Convert.ToInt16(Console.ReadLine());
            if (number1 > UNIT)
                Console.Write(" Sorry, the number is out of Stack total
                    number !!\n");
            else
                obj.pushFunction(number1);
            break;
        case 2:
            Console.Write("\n Please enter the number of stack ?");
            number2 = Convert.ToInt16(Console.ReadLine());
            if (number2 > UNIT)
                Console.Write(" Sorry, the number is out of Stack total
                    number !!\n");
            else
                obj.popFunction(number2);
            break;
        case 3:
            Console.Write("\n Please enter the number of stack ?");
            number3 = Convert.ToInt16(Console.ReadLine());
```

```
                            if (number3 > UNIT)
                                Console.Write(" Sorry, the number is out of Stack total
                                    number !!\n");
                            else
                                obj.listFunction(number3);
                            break;
                        case 4:
                            Console.WriteLine();
                            Console.WriteLine("Press any key to continue");
                            Console.ReadKey();
                            Environment.Exit(0);
                            break;
                    }
                }
            }
        }
}
```

輸出結果

```
****************************
        <1> insert (push)
        <2> delete (pop)
        <3> list
        <4> quit
****************************
Please enter your choice...1

The total number of Stack is 2 !!
Please enter the number of stack ?1
Please enter item to insert: 100
You insert 100 to #1 stack !!


****************************
        <1> insert (push)
        <2> delete (pop)
        <3> list
        <4> quit
****************************
Please enter your choice...1

The total number of Stack is 2 !!
Please enter the number of stack ?2
Please enter item to insert: 50
You insert 50 to #2 stack !!


****************************
        <1> insert (push)
        <2> delete (pop)
        <3> list
        <4> quit
```

```
****************************
Please enter your choice...1

The total number of Stack is 2 !!
Please enter the number of stack ?1
Please enter item to insert: 46
You insert 46 to #1 stack !!

****************************
        <1> insert (push)
        <2> delete (pop)
        <3> list
        <4> quit
****************************
Please enter your choice...3

Please enter the number of stack ?1

 ITEM
------------------
 100
 46
------------------
 Total item: 2

****************************
        <1> insert (push)
        <2> delete (pop)
        <3> list
        <4> quit
****************************
Please enter your choice...3

Please enter the number of stack ?2

 ITEM
------------------
 50
------------------
 Total item: 1

****************************
        <1> insert (push)
        <2> delete (pop)
        <3> list
        <4> quit
****************************
Please enter your choice...2

Please enter the number of stack ?1
```

```
Item 46 in Stack 1 is deleted

****************************
        <1> insert (push)
        <2> delete (pop)
        <3> list
        <4> quit
****************************
Please enter your choice...3

Please enter the number of stack ?1

 ITEM
------------------
 100
------------------
 Total item: 1

****************************
        <1> insert (push)
        <2> delete (pop)
        <3> list
        <4> quit
****************************
Please enter your choice...4

Press any key to continue
```

(三) 環狀佇列加入與刪除

C# 程式語言實作》

```csharp
/* File name: CQueue.cs */
/* February, 2018 */
// 使用環狀佇列加上 TAG 處理資料--新增、刪除、輸出

using System;

namespace CQueue
{
    class CQueue
    {
        private const int MAX = 5;
        private int front;
        private int rear;
        private int tag; /* TAG 為記憶 FRONT 所在是否有儲存資料
                            0 時為沒有存放資料，1 時為有存放資料 */
        private string[] item = new string[MAX];

        public CQueue()
```

```
{
    front = MAX - 1;
    rear = MAX - 1;
    tag = 0;
}

public void enqueue_f()
{
    if (front == rear && tag == 1) // 當佇列已滿，則顯示錯誤
        Console.Write("\n 佇列已滿 !\n");
    else
    {
        rear = (rear + 1) % MAX;
        Console.Write("\n 請輸入一個物件: ");
        item[rear] = Console.ReadLine();
        if (front == rear) tag = 1;
    }
}

public void dequeue_f()
{
    if (front == rear && tag == 0)    // 當資料沒有資料存在，則顯示錯誤
        Console.Write("\n 佇列是空的 !\n");
    else
    {
        front = (front + 1) % MAX;
        Console.Write("\n " + item[front] + "已被刪除\n");
        if (front == rear) tag = 0;
    }
}

public void list_f()
{
    int count = 0, i;

    if (front == rear && tag == 0)
        Console.Write("\n 佇列是空的\n");
    else
    {
        Console.Write("\n  ITEM\n");
        Console.Write(" ------------------\n");
        for (i = (front + 1) % MAX; i != rear; i = ++i % MAX)
        {
            Console.WriteLine("  " + item[i]);
            count++;
        }
        Console.WriteLine("  " + item[i]);
        Console.Write(" ------------------\n");
        Console.Write("  總共有: " + ++count + "\n");
    }
}
```

```
    }
    class Program
    {
        static void Main(string[] args)
        {
            CQueue obj = new CQueue();
            string option;

            while (true)
            {
                Console.Write("\n ****************************\n");
                Console.Write("        <1> 插入 (enqueue)\n");
                Console.Write("        <2> 刪除 (dequeue)\n");
                Console.Write("        <3> 列出\n");
                Console.Write("        <4> 退出\n");
                Console.Write(" ****************************\n");
                Console.Write(" 請輸入選項...");
                option = Console.ReadLine();
                switch (option)
                {
                    case "1":
                        obj.enqueue_f();
                        break;
                    case "2":
                        obj.dequeue_f();
                        break;
                    case "3":
                        obj.list_f();
                        break;
                    case "4":
                        Environment.Exit(0);
                        break;
                }
            }
        }
    }
}
```

📑 輸出結果

```
****************************
        <1> 插入 (enqueue)
        <2> 刪除 (dequeue)
        <3> 列出
        <4> 退出
****************************
請輸入選項...1

請輸入一個物件: iPhone 8

****************************
```

```
          <1> 插入 (enqueue)
          <2> 刪除 (dequeue)
          <3> 列出
          <4> 退出
****************************
請輸入選項...1

請輸入一個物件: iWatch

****************************
          <1> 插入 (enqueue)
          <2> 刪除 (dequeue)
          <3> 列出
          <4> 退出
****************************
請輸入選項...3

 ITEM
------------------
 iPhone 8
 iWatch
------------------
 總共有: 2

****************************
          <1> 插入 (enqueue)
          <2> 刪除 (dequeue)
          <3> 列出
          <4> 退出
****************************
請輸入選項...1

請輸入一個物件: iPad

****************************
          <1> 插入 (enqueue)
          <2> 刪除 (dequeue)
          <3> 列出
          <4> 退出
****************************
請輸入選項...3

 ITEM
------------------
 iPhone 8
 iWatch
 iPad
------------------
 總共有: 3


****************************
```

```
                    <1> 插入 (enqueue)
                    <2> 刪除 (dequeue)
                    <3> 列出
                    <4> 退出
****************************
請輸入選項...2

iPhone 8 已被刪除

****************************
                    <1> 插入 (enqueue)
                    <2> 刪除 (dequeue)
                    <3> 列出
                    <4> 退出
****************************
請輸入選項...3

  ITEM
------------------
 iWatch
 iPad
------------------
  總共有: 2

****************************
                    <1> 插入 (enqueue)
                    <2> 刪除 (dequeue)
                    <3> 列出
                    <4> 退出
****************************
請輸入選項...4
```

(四) 將數學式子由中序表示式轉為後序表示式

📑 C# 程式語言實作》

```csharp
/* File name: InToPost.cs */
/* February, 2018 */
/* 將數學式子由中序表示法轉為後序表示法 */
using System;
using System.Linq;

namespace InToPost
{
    class InToPost
    {
        private const int MAX = 20;
        private char[] infix_q = new char[MAX]; // 儲存使用者輸入中序式的佇列

        public InToPost()
```

```
{
    int rear = -1, top = 0, ctr;
    char[] stack_t = new char[MAX];   // 用以儲存還不必輸出的運算子

    string ln = Console.ReadLine();
    for (int i=0; i<ln.Length; i++)
    {
        infix_q[i] = ln.ElementAt(i);
    }
    rear = ln.Length;
    infix_q[rear] = '#';   // 於佇列結束時加入#為結束符號
    Console.Write("Postfix expression: ");
    stack_t[top] = '#'; // 於堆疊最底下加入#為結束符號
    for (ctr = 0; ctr <= rear; ctr++)
    {
        switch (infix_q[ctr])
        {
            // 輸入為 ) , 則內輸出堆疊內運算子, 直到堆疊內為 (
            case ')':
                while (stack_t[top] != '(')
                    Console.Write(stack_t[top--]);
                top--;
                break;
            // 輸入為#, 則將堆疊內還未輸出的運算子輸出
            case '#':
                while (stack_t[top] != '#')
                    Console.Write(stack_t[top--]);
                break;
            // 輸入為運算子, 若小於 TOP 在堆疊中所指運算子, 則將堆疊
            // 所指運算子輸出, 若大於等於 TOP 在堆疊中所指運算子, 則
            // 將輸入之運算子放入堆疊
            case '(':
            case '^':
            case '*':
            case '/':

            case '+':
            case '-':
                while (compare(stack_t[top], infix_q[ctr]))
                    Console.Write(stack_t[top--]);
                stack_t[++top] = infix_q[ctr];
                break;
            // 輸入為運算元, 則直接輸出
            default:
                Console.Write(infix_q[ctr]);
                break;
        }
    }
    Console.WriteLine();
}
```

```
        // 比較兩運算子優先權，若輸入運算子小於堆疊中運算子，則傳回值為 1，否則為 0
        public bool compare(char stack_o, char infix_o)
        {
            // 在中序表示法佇列及暫存堆疊中，運算子的優先順序表，其優先權值為 INDEX/2
            char[] infix_priority = { '#', ')', '+', '-', '*', '/', '^', ' ', '(' };
            char[] stack_priority = { '#', '(', '+', '-', '*', '/', '^', ' ' };
            int index_s = 0, index_i = 0;

            while (stack_priority[index_s] != stack_o)
                index_s++;
            while (infix_priority[index_i] != infix_o)
                index_i++;
            return index_s / 2 >= index_i / 2 ? true : false;
        }
    }

    class Program
    {
        static void Main(string[] args)
        {
            Console.Write("\n*******************************\n");
            Console.Write("        -- Usable operator --\n");
            Console.Write(" ^: Exponentiation\n");
            Console.Write(" *: Multiply        /: Divide\n");
            Console.Write(" +: Add              -: Subtraction\n");
            Console.Write(" (: Left Brace      ): Right Brace\n");
            Console.Write("*******************************\n");
            Console.Write("Please enter infix expression: ");
            InToPost obj = new InToPost();
            Console.ReadKey();
        }
    }
}
```

📇 輸出結果

```
*******************************
     -- Usable operator --
 ^: Exponentiation
 *: Multiply        /: Divide
 +: Add              -: Subtraction
 (: Left Brace      ): Right Brace
*******************************
Please enter infix expression: a+b*(c-d)/e^f-g*h
Postfix expression: abcd-*ef^/+gh*-

(再執行一次的結果)

*******************************
     -- Usable operator --
 ^: Exponentiation
```

```
 *: Multiply      /: Divide
 +: Add          -: Subtraction
 (: Left Brace   ): Right Brace
********************************
Please enter infix expression: a*b-c^d*e/(f+g)
Postfix expression: ab*cd^e*fg+/-
```

3.9 動動腦時間

1. 有一鐵路交換網路(switching network)如下[3.1]：

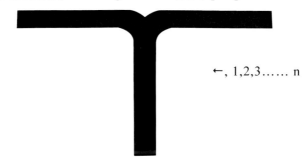

←, 1,2,3…… n

   火車廂置於右邊，各節皆有編號如 1，2，3，…，n，每節車廂可以從右邊開進堆疊，然後再開到左邊，如 n = 3，若將 1，2，3 按順序開入堆疊，再駛到左邊，此時可得到 3，2，1 的順序，請問：

   (1) 當 n = 3 及 n = 4 時，分別有哪幾種排列的方式？那幾種排列的方式不可能發生？

   (2) 當 n = 6 時，325641 這樣的排列是否可能發生？那 154623 的排列又是如何？

   (3) 找出一公式，當有 n 個車廂時，共有幾種排列方式？

2. 試問此雙向佇列循序輸入 1，2，3，4，5，6，7，能否得到下列的輸出排列？並說明其過程與理由。[3.4]

   (1) 1234567

   (2) 3412576

   (3) 5174236

3. 將下列中序運算式轉換為前序與後序運算式(以下的運算式所用的運算子皆為 C# 語言所提供的，因此請利用其運算子的運算優先順序和結合性處理之)。[3.6]

   (1) A * B % C

   (2) –A + B – C + D

   (3) A / – B + C

(4)　(A + B) * D + E / (F + A * D) + C

(5)　A / (B * C) + D * E – A * C

(6)　A && B || C || !(E > F)

(7)　A / B * C + D % E – A / C * F

(8)　(A * B) * (C * D) % E * (F – G) / H – I – J * K / L

(9)　A * (B + C) * D

提示：前序與後序的操作二者剛好相反，如

　　　　A + B * C　後序為 (A + (B * C)) → ABC * +
　　　　　　　　　前序為 (A + (B * C)) → + A * BC

4.　能否再舉一些課本上沒有提到有關堆疊與佇列的應用實例。[3.6]

5.　有一後序表示式如下[3.7]：

36 10 5 3 / 6 – * + 3 5 3 / * +

請問此後序表示式最後計算的結果為何。

6.　試撰寫計算後序表示式結果的演算法。[3.7]

7.　有一中序表示式如下[3.6, 3.7]：

10/3*(2–5)+8*9–10

試將它轉為後序表示式，之後再求其結果，請寫出過程。

8.　您是否可以撰寫一片段程式來改良環狀佇列的執行效率。[3.3]

9.　在程式集錦(四)InToPost.cs 中，若輸入-a*b+c，其輸出結果為 ab*-c+，這是不正確的答案，聰明的你能否將此程式修正一下。[3.6]

4

鏈結串列

4.1 單向鏈結串列

以陣列方式存放資料時，若要插入(insert)或刪除(delete)某一節點(node)就倍感困難了，如在陣列中已有 a, b, d, e 四個元素，現將 c 加入陣列中，並按字母順序排列，方法就是 d, e 往後一格，然後 c 插入；而刪除一元素，也必需挪移元素才不會浪費空間，因此採用鏈結串列(linked list)來解決此一問題。以鏈結串列存資料不必要有連續空間，而陣列就必需要用連續空間。

通常利用陣列的方式存放資料時，一般我們所配置的記憶體皆會比實際所要的空間多，因此會造成空間的浪費，而鏈結串列就不會，因為鏈結串列乃視實際的需要才配置記憶體。

鏈結串列在加入與刪除皆比陣列來得簡單容易，因為只要利用指標加以處理就可以了。但無可否認，在搜尋上，陣列比鏈結串列來得快，因為我們從陣列的索引(index)或註標(subscript)便可得到您想要的資料；而鏈結串列需要花較多的時間去比較方可找到正確的資料。

假設鏈結串列中每個節點(node)的資料結構有二欄，分別是資料(data)欄和鏈結(next)欄，| data | next |，若將節點結構定義為 struct node 型態，則表示如下：

```
class Node {
    int data;
    Node next;
}
Node head = null, tail, current, prev, x, p, ptr;
```

如串列 A={a, b, c, d}，其以鏈結串列表示的資料結構如下：

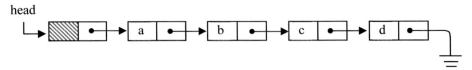

我們在此假設鏈結串列的第一個節點(亦即 head 所指向的節點)，其 data 欄不放任何資料。

讓我們來看看鏈結串列中的加入與刪除動作，這些動作又可分為前端、尾端或隨機加入某一節點。

4.1.1 加入動作

1. 加入於串列的前端

   假設有一串列如下：

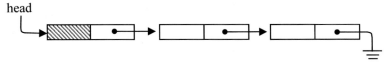

   有一節點 x 將加入於串列的前端，其步驟如下：

   (1)　x = new Node();

   　　　x.next = null;

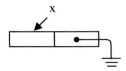

   (2) x.next = head.next;

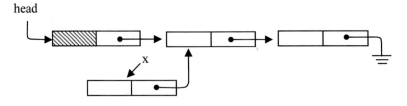

   (3) head.next = x;

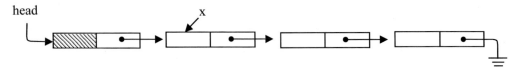

2. 加入於串列的尾端

假設有一串列如下：

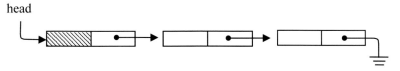

有一節點 x 欲加入於串列的尾端，其步驟如下：

(1)　x = new Node();

　　　x.next = null;

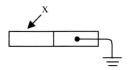

(2)　current = head.next;

　　　while (current.next != null)

　　　　　current = current.next;

　　　current.next = x;

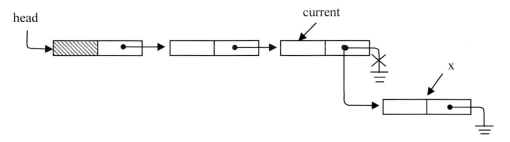

3. 隨機加入某一節點：

假設有一單向的鏈結串列是依鍵值由大至小建立的，則隨機加入一節點的片段程式如下：

📋 C# 片段程式》

```
//隨機加入單向鏈結串列的某一節點
prev = head;
current = head.next;
while ((current != null) && (current.score > ptr.score)) {
    prev = current;
    current = current.next;
}
ptr.next = current;
prev.next = ptr;
```

》程式解説

假設有一串列如下：

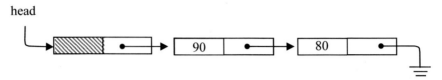

經由

```
while ((current != null) && (current.score >= ptr.score)) {
    prev = current;
    current = current.next;
}
```

比較，得知 ptr 節點應加在 prev 所指節點的後面，經由

(1)　ptr.next = current;

其圖形如下：

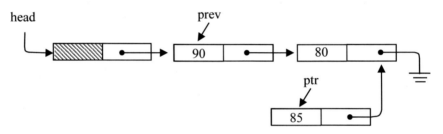

(2)　prev.next = ptr;

就可將 85 加入到串列中。

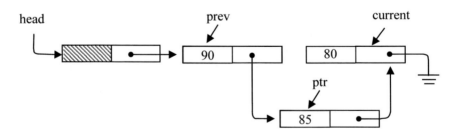

二個步驟即可完成。

4.1.2　刪除動作

1. 刪除串列前端的節點

    假設有一串列如下：

    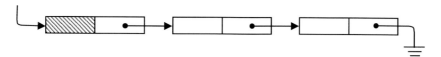

    只要幾個步驟便可達成目的：

    (1)　current = head.next;

    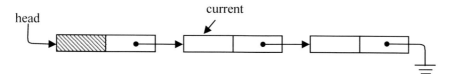

    (2)　head.next = current.next;

    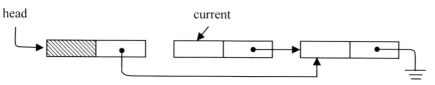

    (3)　current = null;

    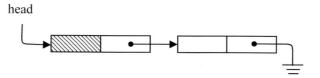

    　　　經由 current = null 便可將 current 節點回收。

2. 刪除串列的尾端節點

    假設有一串列如下：

    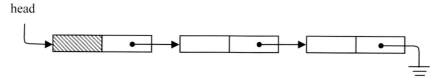

    此時必須先追蹤串列的尾端節點在那兒，步驟如下：

(1)　current = head.next;

　　　// 找出尾端節點

　　　while (current.next != null) {

　　　　　prev = current;

　　　　　current = current.next;

　　　}

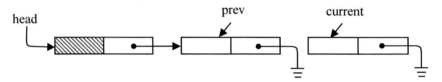

(2)　prev.next = null;

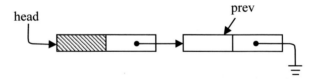

(3)　current = null;

3.　隨機刪除某一節點

　　　隨機刪除單向鏈結串列的某一節點之片段程式如下：

📑 C# 片段程式》

```
//隨機刪除單向鏈結串列的某一節點
prev = head;
current = head.next;
while ((current != null) && !current.name.Equals(delName)) {
    prev = current;
    current = current.next;
}
if (current != null) {
    prev.next = current.next;
    current = null;
    Console.Write(" " + delName + " student record deleted\n");
}
else
    Console.Write(" Student " + delName + " not found\n");
```

》程式解說

隨機刪除某一節點必須利用二個指標 prev 和 current，分別指到即將被刪除節點 (current)及前一節點(prev)，因此 prev 永遠跟著 current。如有一串列如下：

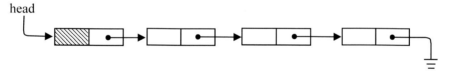

當條件符合 !current.name.Equals(delName) 時，current 和 prev 各指定為適當的節點。假設如下所示：

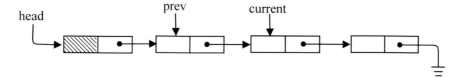

接下來

(1)   prev.next = current.next;

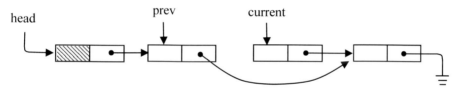

(2)   current = null;

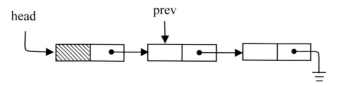

有關單向鏈結串列的加入與刪除之完整程式，請參閱 4.5 節。

4.1.3 將兩串列相連接

假設有二個串列 x 和 y，今將此兩個串列相連起來，使其成為一個串列，並以 z 指標指向此串列，其動作就是將 x 串列的尾端節點接 y 節點的前端。

📑 C# 片段程式》

```
//鏈結串列的相連
void concatenate(Node x, Node y, Node z)
{
    Node xtail = new Node();
    if (x == null)
        z = y;
```

```
    else if (y == null)
        z = x;
    else {
        z = x;
        xtail = x.next;
        while (xtail.next != null)
            xtail = xtail.next;
        xtail.next = y.next;
        y = null;
    }
}
```

》程式解說

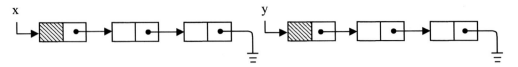

此程式將 x 與 y 串列合併為 z 串列，其程序如下：

1. if (x == null)

    z = y;

    表示當 x 串列是空的時候，直接將 y 串列指定給 z 串列。

2. if (y == null)

    z = x;

    表示當 y 串列是空的時候，直接將 x 串列指定給 z 串列。

3. z = x;

    xtail = x.next;

    其意義如下圖所示：

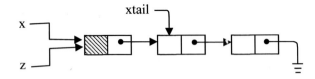

    while (xtail.next != null)

        xtail = xtail.next;

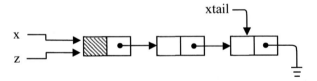

```
xtail.next = y.next;
y = null;
```

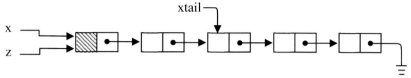

4.1.4 將一串列反轉

顧名思義，串列的反轉乃是將原先的串列首變為串列尾，同理，串列尾變為串列首。
若有一串列乃是由小到大排列，此時若想由大到小排列，只要將串列反轉即可。

C# 片段程式》

```csharp
//鏈結串列的反轉
void invert(Node head)
{
    Node current, prev, forward;
    forward = head.next;
    current = null;
    while (forward != null) {
        prev = current;
        current = forward;
        forward = forward.next;
        current.next = prev;
    }
    head.next = current;
}
```

》 程式解說

此程式為鏈結串列反轉函數，須使用三個指標 prev、current 與 forward 指向前中後
三個節點，來做反轉的工作，其直到所有節點都反轉完畢，執行步驟如下：

1. forward = head.next;
    current = null;

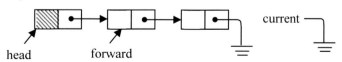

2. while (forward!= null) {
        prev = current;
        current = forward;
        forward = forward.next;

```
    current.next = prev;
}
```

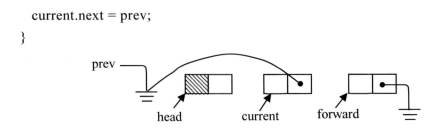

由於此時 forward != null，while 迴圈會繼續執行，直到

forward == null，

其結果如下：

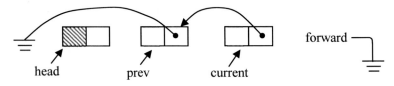

3. head.next = current;

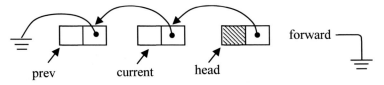

4.1.5　計算串列的長度

串列長度指的是此串列共有多少個節點，要計算此值很簡單，只要指標指到的節點若非 null，則利用一變數做累加，直到指標指到 null 為止。

C# 片段程式》

```
//計算串列長度
int length(Node head)
{
    Node current;
    current = head.next;
    int leng = 0;
    while (current != null) {
        leng++;
        current = current.next;
    }
    return leng;
}
```

》程式解說

計算串列長度十分簡單，唯一要注意的是，while 迴圈的條件判斷為 current != null，而非 current.next != null，讀者必須知道這二者的差異。

練習題

1. 有一鏈結串列若只有 head 指標，並沒有 tail 指標，今欲刪除此串列的最後節點，試撰寫其片段程式。

2. 試說明下列二個片段程式，最後 current 指標的指向那裡？

   (a) int a(Node head)

   ```
   {
       Node current;
       current=head;
       while (current != null)
           current=current.next;
   }
   ```

   (b) int b(Node head)

   ```
   {
       Node current;
       current=head;
       while(current.next != null)
           current=current.next;
   }
   ```

4.2 環狀鏈結串列

假若將鏈結串列最後一個節點的指標指向第一個節點時，此串列稱為環狀串列 (circular list)，如下圖所示：

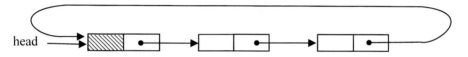

環狀串列可以從任一節點來追蹤所有節點，我們也假設環狀串列第一個節點的 data 欄不放資料。

4.2.1 加入動作

1. 加入一節點於環狀串列前端

   今假設有一環狀串列如下：

   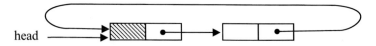

   現將 ptr 節點加入於環狀串列的前端，其步驟如下：

   (1) ptr.next = head.next;

   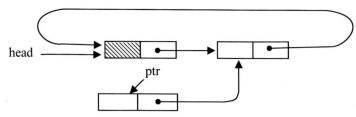

   (2) head.next = ptr;

   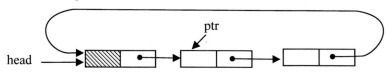

2. 加入一節點於環狀串列的尾端

   今假設有一環狀串列如下：

   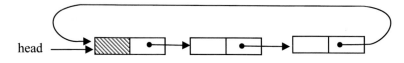

   現將 ptr 節點加入於環狀串列的尾端，其步驟如下：

   (1) 首先要尋找環狀串列的尾端

   p = head.next;

   while (p.next != head)

   　　p = p.next;

   其圖形如下：

   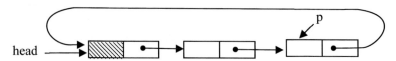

(2)　p.next = ptr;

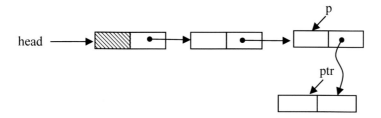

(3)　ptr.next = head;

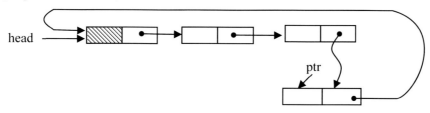

3.　隨機加入一節點於環狀串列

　　假設環狀串列是依鍵值由大至小建立的，則隨機加入某一節點的片段程式如
下：

C# 片段程式》

```
//隨機加入環狀鏈結串列的某一節點
prev = head;
current = head.next;
while ((current != head) && (current.score >= ptr.score)) {
    prev = current;
    current = current.next;
}
ptr.next = current;
prev.next = ptr;
```

》程式解説

此片段程式和隨機加入一節點於單向鏈結串列大同小異，其差別在於迴圈判斷式為

　　　while ((current != head) && (current.score >= ptr.score))

其餘的部份和單向鏈結串列相同，在此不再贅述。

4.2.2 刪除的動作

1. 刪除環狀串列的前端

    有一環狀串列如下：

    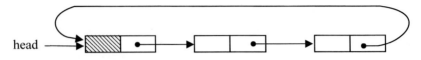

    其運作過程以及對應的環狀串列為

    (1) current = head.next;

    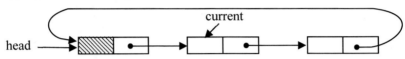

    (2) head.next = current.next;

    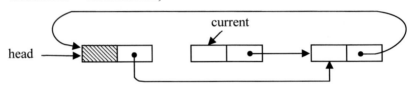

    (3) current = null;

    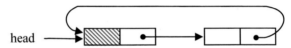

2. 刪除環狀串列的尾端

    有一環狀串列如下：

    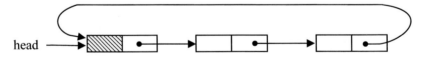

    其運作過程及其對應的環狀串列如下：

    (1) 首先找出環狀串列的尾端

        current = head.next;
        while (current.next != head) {
            prev = current;
            current = current.next;
        }

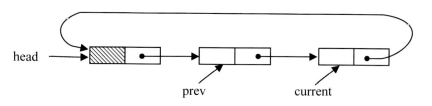

(2) prev.next = current.next;

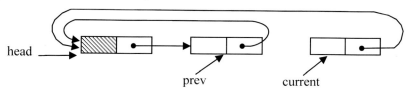

(3) current = null;

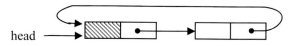

3. 隨機刪除環狀串列的某一節點

　　隨機刪除某一節點的片段程式如下：

C# 片段程式》

```
//隨機刪除環狀鏈結串列的某一節點
current = head.next;
while ((current != head) && delName.Equals(current.name)) {
    prev = current;
    current = current.next;
}
if (current != null) {
    prev.next = current.next;
    current = null;
    Console.Write(" " + delName + " student record deleted\n");
}
else
    Console.Write(" Student " + delName + " not found\n");
```

》程式解說

此片段程式和隨機刪除單向鏈結串列的某一節點大同小異，其差別在於迴圈的判斷
式為

　　while ((current != head) && delName.Equals(current.name))

其餘的部份和單向鏈結串列相同，在此不再贅述。

4.2.3 兩個環狀串列之相連

假設有兩個環狀串列如下：

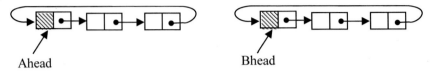

1. 先追蹤第一個環狀串列的尾端

   Atail = Ahead.next;

   while (Atail.next != Ahead)

       Atail = Atail.next;

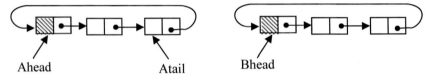

2. Atail.next = Bhead.next;

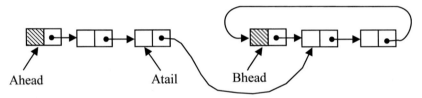

3. 追蹤第二個環狀串列的尾端

   Btail = Bhead.next;

   while (Btail.next != Bhead)

       Btail = Btail.next;

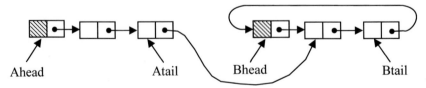

4. Btail.next = Ahead;

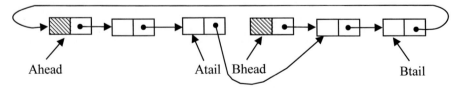

5.　Bhead = null;

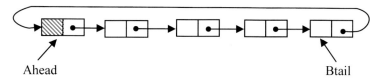

　　　　Ahead　　　　　　　　　　　　　　　　Btail

有關環狀鏈結串列的加入與刪除之程式實作，請參閱 4.5 節。

練習題

1.　假設環狀串列如下

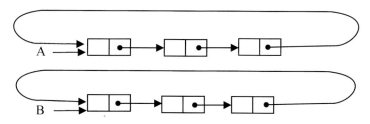

此二串列只有串列首的指標 A 和 B，試撰寫將 A 和 B 相連的片段程式。

4.3 雙向鏈結串列

單向鏈結串列只能單方向的找尋串列中的節點，並且在加入或刪除某一節點 x 時，必先知道 x 的前一節點。當我們將單向鏈結串列的最後一個節點的指標指到此串列的第一個節點時，此串列稱為環狀串列。

雙向鏈結串列(doubly linked list)乃是每個節點皆具有三個欄位，一為左鏈結(LLINK)，二為資料(DATA)，三為右鏈結(RLINK)，其資料結構如下：

其中 LLINK 指向前一個節點，而 RLINK 指向後一個節點。通常在雙向鏈結串列加上一個串列首，此串列首的資料欄不存放資料。如下圖所示：

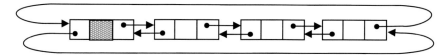

雙向鏈結串列具有下列兩點特性：

1.　假設 ptr 是任何節點的指標，則

　　ptr = ptr.llink.rlink = ptr.rlink.llink;

2. 若此雙向鏈結串列是空串列，則只有一個串列首。

3. 雙向鏈結串列的優點為：(1)加入或刪除時，無需知道其前一節點的位址；(2)可以從任一節點找到其前一節點或後一節點；(3)可以將某一節點遺失的左或右指標適時的加以恢復之；而其缺點為：(1)增加一個指標空間；(2)加入時需改變四個指標，而單向只需改變二個指標即可；(3)刪除時需改變兩個指標，而單向只要改變一個即可。

4.3.1 加入動作

1. 加入於雙向鏈結串列的前端

   假設有一雙向鏈結串列如下：

   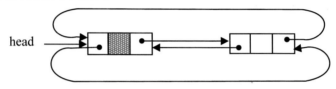

   今欲將 ptr 所指向的節點加入於雙向鏈結串列的前端，

   (1) 經由下列敘述

   first = head.rlink;

   ptr.rlink = first;

   ptr.llink = head;

   其示意圖如下：

   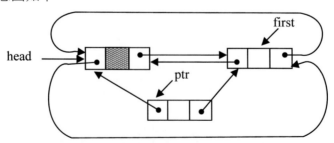

   此時 ptr 的 rlink 和 llink 就可指向適當的節點。

   (2) 之後將 ptr 指定給 head 的 rlink 及 first 的 llink

   head.rlink = ptr;

   first.llink = ptr;

其示意圖如下：

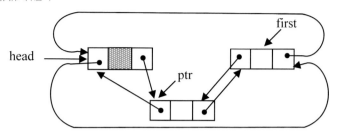

就可完成加入的動作。

2.　加入於雙向鏈結串列的尾端

假設有一串列如下：

(1)　首先利用

　　　tail = head.llink;

　　　找到串列的尾端。

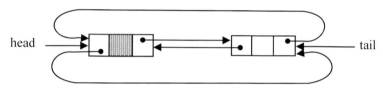

(2)　ptr.rlink = tail.rlink;

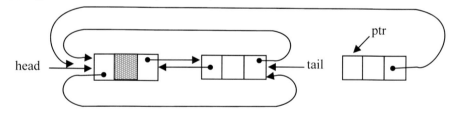

(3)　tail.rlink = ptr;

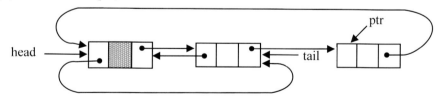

(4)　ptr.llink = tail;

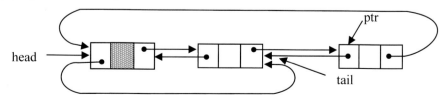

(5)　head.llink = ptr;

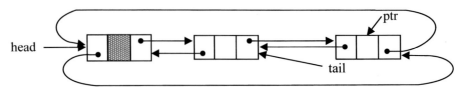

(6)　tail = ptr;

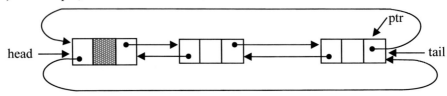

3.　隨機加入一節點於雙向鏈結串列

假設雙向鏈結串列是依鍵值由大至小建立的，則隨機加入某一節點的片段程
式如下：

C# 片段程式》

```
//隨機加入雙向鏈結串列的某一節點
prev = head;
current = head.rlink;
while ((current != head) && (current.score > ptr.score)) {
    prev = current;
    current = current.rlink;
}
ptr.rlink = current;
ptr.llink = prev;
prev.rlink = ptr;
current.llink = ptr;
```

》程式解說

假設有一雙向鏈結串列如下：

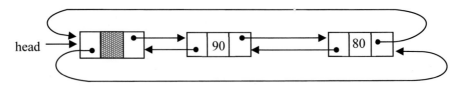

今欲將含有 85 的節點加入於上述雙向鏈結串列中，

1.　首先必須利用

prev = head;

current = head.rlink;

```
while ((current != head) && (current.score >= ptr.score)) {
        prev = current;
        current = current.rlink;
}
```

這些敘述找到欲插入節點的位置，如下圖所示：

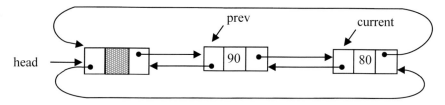

2. 經由下列敘述就可達成加入的動作，

```
ptr.rlink = current;
ptr.llink = prev;
prev.rlink = ptr;
current.llink = ptr;
```

最後的圖形如下：

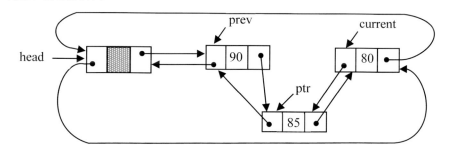

4.3.2 刪除的動作

1. 刪除串列前端的節點

此處前端的節點乃指 head 後面的第一個節點，假設 head 節點沒有存放資料。

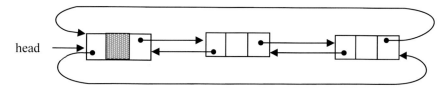

步驟如下：

(1) current = head.rlink;

(2)　head.rlink = current.rlink;

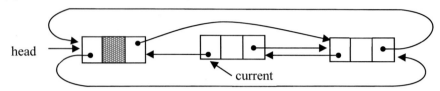

(3)　current.rlink.llink = current.llink;

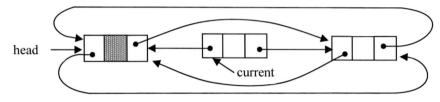

(4)　current = null;

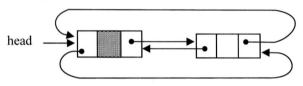

2.　刪除串列尾端的節點

(1)　首先

tail = head.llink;

將 tail 指向串列的尾端。其示意圖如下：

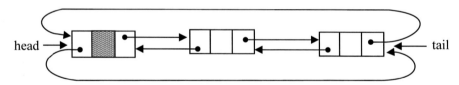

(2)　然後執行下一敘述

tail.llink.rlink = tail.rlink;

得到的示意圖如下：

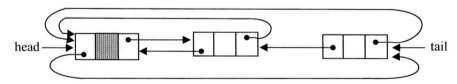

(3)　再執行下一敘述

head.llink = tail.llink;

其示意圖如下：

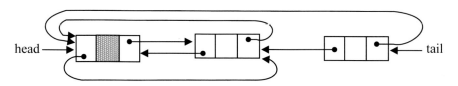

(4) 最後，將 tail 所指向記憶體，呼叫 tail = null 來回收；

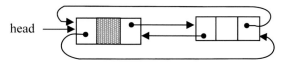

3. 隨機刪除雙向鏈結串列的某一節點

隨機刪除某一節點的片段程式如下：

C# 片段程式》

```
//隨機刪除雙向鏈結串列的某一節點
prev = head;
current = head.rlink;
while ((current.rlink != head) && !current.name.Equals(delName)) {
    prev = current;
    current = current.rlink;
}
prev.rlink = current.rlink;
current.rlink.llink = prev;
current = null;
Console.Write(" " + delName + " student record deleted\n");
if (current == head)
    Console.Write(" Student " + delName + " not found\n");
```

》程式解說

1. 使用

   while((currcnt.rlink!=hcad) && !current.name.Equals(delName))

   來搜尋資料，找到符合的資料後，利用

   prev.rlink = current.rlink;

   current.rlink.llink = prev;

   current = null;

   這三個敘述即可刪除該筆資料。

2. 使用

   if(current == head)

   　　Console.Write(" Student " + delName + " not found\n");
   這個敘述來判斷此資料是否存在。

有關雙向鏈結串列的加入與刪除之程式實作，請參閱 4.5 節。

⌨ **練習題** --- ▪

1. 有一雙向鏈結串列如下：

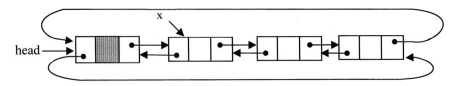

　　試撰寫出將一節點 newNode 加在 x 節點的後面之片段程式。

2. 同 1 之鏈結串列，試撰寫如何將 x 節點刪除之片段程式。

4.4 鏈結串列的應用

4.4.1 以鏈結串列表示堆疊

1. 加入一個節點於堆疊中：由於堆疊的運作都在同一端，因此可將它視為將節點加入於串列的前端。

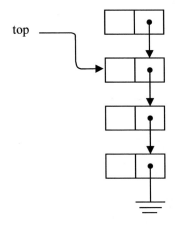

📑 **C# 片段程式》**

```
//堆疊的加入
void push_stack(int data, Node ptr, Node top)
{
    ptr = new Node(); /* 新建立的節點 */
    ptr.item = data;
    ptr.next = top;
    top = ptr;
}
```

》**程式解説**

在程式中 item 為新加入的資料，堆疊的加入就相當於單向鏈結串列中的加入前端，將 ptr 加入於 top 之前。

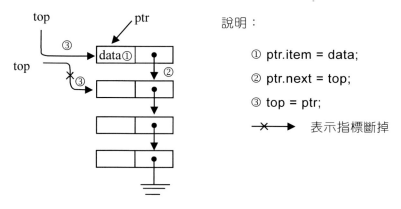

說明：

① ptr.item = data;

② ptr.next = top;

③ top = ptr;

—✕—➤　表示指標斷掉

2. 刪除堆疊頂端的節點：其運作類似刪除串列的前端節點。

📑 **C# 片段程式》**

```
//堆疊的刪除
void pop_stack(int data, Node top)
{
    Node clear;
    if (top == null) {
      Console.Write("stack-empty");
    }
    else {
        clear = top;
        data = top.item;
        top = top.next;
        clear = null;
    }
}
```

》**程式解説**

堆疊的刪除就如同刪除單向鏈結串列於前端，在刪除前必須先以 if(top == null)來測試堆疊是否為空的，若為空的則顯示堆疊內沒有資料後結束函數的執行。

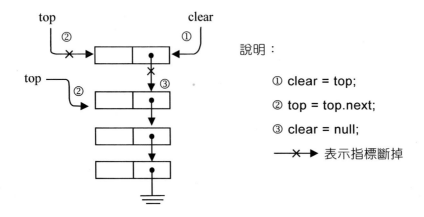

說明：

① clear = top;

② top = top.next;

③ clear = null;

———✕→ 表示指標斷掉

4.4.2 以鏈結串列表示佇列

1. 加入一節點於佇列中：類似將節點加入於串列的尾端。

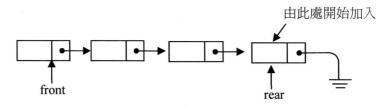

由此處開始加入

front　　rear

C# 片段程式》

```
//佇列的加入
void enqueue(int data, Node front, Node rear)
{
    ptr = new Node();
    ptr.item = data;
    ptr.next = null;
    if (rear == null)
        front = rear = ptr;
    else
        rear.next = ptr;
    rear = ptr;
}
```

》程式解説

佇列的加入就相當於加入鏈結串列的後端，在程式中會判斷 rear 是否指向 null，若為真，則表示新增的資料為佇列的第一筆資料，若為假，則將 rear.next 指向新增節點即可。加入的步驟如下：

(a) 當 rear != null 時

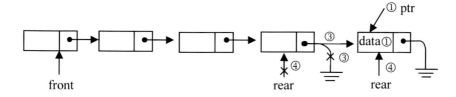

說明：　① ptr.item = data;
　　　　② ptr.next = null;
　　　　③ rear.next = ptr;
　　　　④ rear = ptr;

(b) 當 rear == null 時

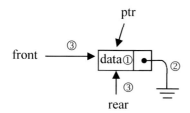

說明：　① ptr.item = data;
　　　　② ptr.next = null;
　　　　③ front = rear = ptr;

2.　刪除佇列的第一個節點：類似刪除串列的前端節點。

C# 片段程式》

```
//佇列的刪除
void dequeue(int data, Node front)
{
    Node clear;
    if (front == null) {
        Console.Write("queue-empty");
    }
    else {
        data = front.item;
        clear = front;
        front = front.next;
        clear = null;
    }
}
```

》程式解説

佇列的刪除就相當於刪除鏈結串列於前端，當 front 等於 null，表示佇列內沒有資料存在，否則 front != null，則比照刪除前端的方式來處理，如下圖所示：

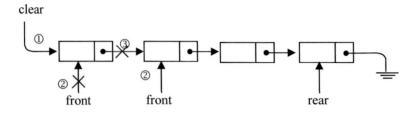

說明： ① clear = front;

② front = front.next;

③ clear = null;

4.4.3 多項式相加

多項式相加可以利用鏈結串列來完成。多項式以鏈結串列來表示的話，其資料結構如下：

COEF 表示變數的係數，EXP 表示變數的指數，而 LINK 為指到下一節點的指標。

假設有一多項式 $A = 3x^{14}+2x^8+1$，以鏈結串列表示如下：

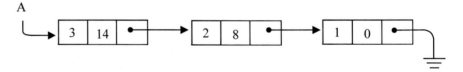

兩個多項式相加其原理如下圖所示：

$A = 3x^{14}+2x^8+1$, $B = 8x^{14}-3x^{10}+10x^6$，p、q 指標分別指到 A、B 多項式的第一個節點。

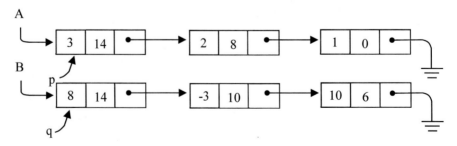

此時 A、B 兩多項式的第一個節點 EXP 皆相同 (EXP(p) = EXP(q))，所以相加後放入 C 串列，同時 p、q 的指標指向下一個節點。

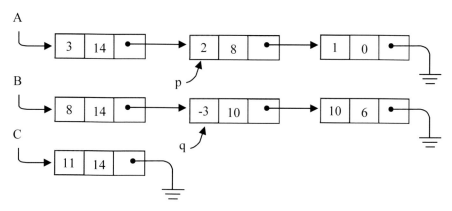

EXP(p) = 8 < EXP(q) = 10。因此將 B 多項式的第二個節點加入 C 多項式，並且 q 指標指向下一個節點。

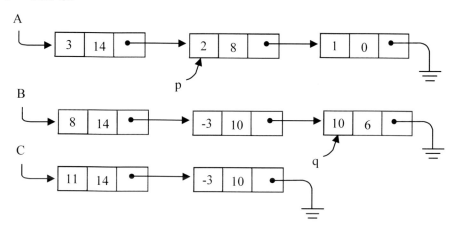

由於 EXP(p) = 8 > EXP(q) = 6。所以將 A 多項式的第二個節點加入 C 多項式，p 指標指向下一個節點。

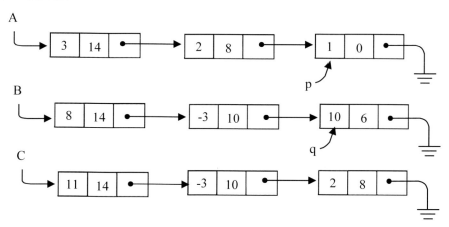

依此類推最後 C 多項式為

$$C = 11x^{14} - 3x^{10} + 2x^{8} + 10x^{6} + 1$$

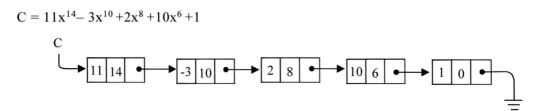

📋 C# 片段程式》

```
//多項式相加
public void poly_add()
{
    Poly current_n1, current_n2, prev;

    current_n1 = eq_h1;
    current_n2 = eq_h2;
    prev = null;
    while (current_n1 != null || current_n2 != null)
    {// 當兩個多項式皆相加完畢則結束
        ptr = new Poly();
        ptr.next = null;
        // 第一個多項式指數大於第二個多項式
        if (current_n1 != null && (current_n2 == null ||
                              current_n1.exp > current_n2.exp))
        {
            ptr.coef = current_n1.coef;
            ptr.exp = current_n1.exp;
            current_n1 = current_n1.next;
        }
        else
            // 第一個多項式指數小於第二個多項式
            if (current_n1 == null || current_n1.exp < current_n2.exp)
        {
            ptr.coef = current_n2.coef;
            ptr.exp = current_n2.exp;
            current_n2 = current_n2.next;
        }
        else
        { // 兩個多項式指數相等，進行相加
            ptr.coef = current_n1.coef + current_n2.coef;
            ptr.exp = current_n1.exp;
            if (current_n1 != null) current_n1 = current_n1.next;
            if (current_n2 != null) current_n2 = current_n2.next;
        }

        if (ptr.coef != 0)
        { // 當相加結果不等於 0，則放入答案多項式中
            if (ans_h == null) ans_h = ptr;
            else prev.next = ptr;
```

```
            prev = ptr;
        }
        else
        {
            ptr = null;
        }
    }
}
```

》 程式解説

在程式中，eq_h1、eq_h2 與 ans_h 分別指向第一個多項式、第二個多項式與答案多項式的開頭，並以 current_n1 與 current_n2 來分別搜尋這兩個多項式，共有三種情況：

1. 若第一個多項式的指數大於第二個多項式，則將第一個多項式中 current_n1 所指向節點的內容取出，放入答案多項式中。

2. 若第二個多項式的指數大於第一個多項式，則將第二個多項式中 current_n2 所指向節點的內容取出，放入答案多項式中。

3. 當第一個多項式與第二個多項式的指數相同時，將兩多項式的係數相加後，放入答案多項式中；若兩多項式係數相加後的結果為 0，此種情形下，可以不用將此項放入答案中。

4. 當某個多項式已經加入完畢，則將另一個未完多項式加入答案多項式中。

有關多項式相加之程式實作，請參閱 4.5 節。

練習題

利用環狀串列來表示堆疊的加入和刪除。

4.5　程式集錦

(一) 單向鏈結串列的加入與刪除

C# 程式語言實作 》

```
/* File name: SingleList.cs */
/* February, 2018 */
/* 單向鏈結串列，按照分數由大至小排序--新增、刪除、修改、輸出 */

using System;

namespace SingleList
```

```
{
    class Student {
        public string name;
        public int score;
        public Student next;
    }

    class SingleList
    {
        private Student ptr, head, current, prev;

        public SingleList()
        {
            head = new Student();
            head.next = null;
        }

        public void insert_f()
        {
            ptr = new Student();
            Console.Write(" Student name : ");
            ptr.name = Console.ReadLine();
            Console.Write(" Student score: ");
            ptr.score = Convert.ToInt16(Console.ReadLine());
            current = new Student();
            prev = head;
            current = head.next;
            while ((current != null) && (current.score > ptr.score))
            {
                prev = current;
                current = current.next;
            }
            ptr.next = current;
            prev.next = ptr;
        }

        public void delete_f()
        {
            string del_name;

            if (head.next == null)
                Console.Write(" No student recond\n"); // 無資料顯示錯誤
            else
            {
                Console.Write(" Delete student name: ");
                del_name = Console.ReadLine();
                prev = head;
                current = head.next;
                while ((current != null) && !current.name.Equals(del_name))
                {
                    prev = current;
```

```
            current = current.next;
        }
        if (current != null)
        {
            prev.next = current.next;
            current = null;
            Console.Write(" " + del_name + " student record(s) deleted\n");
        }
        else
            Console.Write(" Student " + del_name + " not found\n");
    }
}

public void modify_f()
{
    string n_temp;
    int s_temp;

    if (head.next == null)
        Console.Write(" No student recond\n"); // 無資料顯示錯誤
    else
    {
        Console.Write(" Modify student name: ");
        n_temp = Console.ReadLine();
        prev = head;
        current = head.next;
        while ((current != null) && !current.name.Equals(n_temp))
        {
            prev = current;
            current = current.next;
        }
        if (current != null)
        {
            Console.Write(" ************************\n");
            Console.Write("  Student name : " + current.name + "\n");
            Console.Write("  Student score: " + current.score + "\n");
            Console.Write(" ************************\n");
            Console.Write(" Please enter new score: ");
            s_temp = Convert.ToInt16(Console.ReadLine());
            prev.next = current.next;
            current = null;
            //重新加入
            ptr = new Student();
            ptr.name = n_temp;
            ptr.score = s_temp;
            ptr.next = null;
            prev = head;
            current = head.next;
            while ((current != null) && (current.score > ptr.score))
            {
                prev = current;
```

```
                    current = current.next;
                }
                ptr.next = current;
                prev.next = ptr;

                Console.Write(" " + n_temp + " student record modified\n");
            }
            else       // 找不到資料則顯示錯誤
                Console.Write(" Student " + n_temp + " not found\n");
        }
    }

    public void display_f()
    {
        int count = 0;

        if (head.next == null)
            Console.Write(" No student record\n");
        else
        {
            Console.Write(" {0,-10}{1,12}{2,5}\n", "NAME", " ", "SCORE");
            Console.Write(" ---------------------------\n");
            current = head.next;
            while (current != null)
            {
                Console.Write(" {0,-10}{1,12}{2,5}\n", current.name, " ",
                    current.score);
                count++;
                current = current.next;
            }
            Console.Write(" ---------------------------\n");
            Console.Write(" Total " + count + " record(s) found\n");
        }
    }
}

class Program
{
    static void Main(string[] args)
    {
        SingleList obj = new SingleList();
        string option1;

        while (true)
        {
            Console.Write("\n****************************************\n");
            Console.Write("                  1.insert\n");
            Console.Write("                  2.delete\n");
            Console.Write("                  3.display\n");
            Console.Write("                  4.modify\n");
            Console.Write("                  5.quit\n");
```

```
                Console.Write("**************************************\n");
                Console.Write("   Please enter your choice (1-5)...");
                option1 = Console.ReadLine();
                Console.Write("\n");
                switch (option1)
                {
                    case "1":
                        obj.insert_f();
                        break;
                    case "2":
                        obj.delete_f();
                        break;
                    case "3":
                        obj.display_f();
                        break;
                    case "4":
                        obj.modify_f();
                        break;
                    case "5":
                        Environment.Exit(0);
                        break;
                }
            }
        }
    }
}
```

📑 輸出結果

```
**************************************
            1.insert
            2.delete
            3.display
            4.modify
            5.quit
**************************************
  Please enter your choice (1-5)...1

 Student name : Leon
 Student score: 83

**************************************
            1.insert
            2.delete
            3.display
            4.modify
            5.quit
**************************************
  Please enter your choice (1-5)...1

 Student name : May
```

```
 Student score: 90

**************************************
                1.insert
                2.delete
                3.display
                4.modify
                5.quit
**************************************
    Please enter your choice (1-5)...1

 Student name : Joyce
 Student score: 84

**************************************
                1.insert
                2.delete
                3.display
                4.modify
                5.quit
**************************************
    Please enter your choice (1-5)...3

   NAME                 SCORE
   ---------------------------
   May                  90
   Joyce                84
   Leon                 83
   ---------------------------
 Total 3 record(s) found

**************************************
                1.insert
                2.delete
                3.display
                4.modify
                5.quit
**************************************
    Please enter your choice (1-5)...4

 ModifyFunction student name: Leon
 ************************
   Student name : Leon
   Student score: 83
 ************************
 Please enter new score: 87
 Leon student record modified

**************************************
                1.insert
                2.delete
```

```
                3.display
                4.modify
                5.quit
**************************************
   Please enter your choice (1-5)...3

   NAME               SCORE
   --------------------------
   May                  90
   Leon                 87
   Joyce                84
   --------------------------
Total 3 record(s) found

**************************************
                1.insert
                2.delete
                3.display
                4.modify
                5.quit
**************************************
   Please enter your choice (1-5)...2

Delete student name: Leon
Leon student record(s) deleted

**************************************
                1.insert
                2.delete
                3.display
                4.modify
                5.quit
**************************************
   Please enter your choice (1-5)...3

   NAME               SCORE
   --------------------------
   May                  90
   Joyce                84
   --------------------------
Total 2 record(s) found

**************************************
                1.insert
                2.delete
                3.display
                4.modify
                5.quit
**************************************
   Please enter your choice (1-5)...5
```

》程式解説

1. class Student { }; 敘述

   宣告鏈結串列中每個節點的結構,有兩個欄位 ── name 與 score,分別代表學生的姓名及分數;有指向 Student 物件的指標 ──next,代表下一個鏈結。

2. insert_f( ) 函數

   此函數要求使用者輸入插入資料,並以 ptr = new Student(); 建立 ptr 物件。

3. sort_f ( ) 函數

   此函數是用來處理插入資料的排序工作,它會將資料按照分數的高低插入鏈結串列中,詳細的運作請參閱 4.1 節之單向鏈結串列之加入。

4. delete_f( ) 函數

   此函數是用來處理資料的刪除工作。首先,程式會先要求使用者輸入欲刪除之學生姓名,接著從鏈結串列中找到適當的資料並加以刪除;若沒有找到欲刪除之資料,表示資料不存在於鏈結串列中。

5. modify_f( ) 函數

   此函數是用來處理資料的修改工作,利用 while ((current != null) && !current.name.Equals(n_temp)) 來搜尋資料,若搜尋之後 current != null 則表示找到欲修改資料,印出原資料內容後,要求更新資料;若沒有找到欲修改之資料,則表示資料不存在於鏈結串列中。

(二) 環狀鏈結串列的加入與刪除

C# 程式語言實作》

```
/* File name : CircleList.cs */
/* February, 2018 */
//環狀鏈結串列的加入與刪除

using System;

namespace CircleList
{
    class Student
    {
        public string name { get; set; }
        public int score { get; set; }
        public Student next { get; set; }
    }

    class CircleList
    {
```

```
private Student ptr, head, currentN, prev;

public CircleList()
{
    head = new Student();
    head.next = head;
}

public void insertFunction()
{
    ptr = new Student();
    Console.Write("\n Student name : ");
    ptr.name = Console.ReadLine();
    Console.Write(" Student score: ");
    ptr.score = Convert.ToInt16(Console.ReadLine());
    sortFunction();
}

public void sortFunction()
{
    //插入資料
    prev = head;
    currentN = head.next;
    if (currentN != head)
    {
        while ((currentN != head) && (currentN.score > ptr.score))
        {
            prev = currentN;
            currentN = currentN.next;
        }
    }
    ptr.next = currentN;
    prev.next = ptr;
}

public void deleteFunction()
{
    string delName;

    Console.Write("\n Delete student name: ");
    delName = Console.ReadLine();
    if (head.next == head) Console.Write(" No student record\n");
    else
    {
        prev = head;
        currentN = head.next;
        while ((currentN != head) && !currentN.name.Equals(delName))
        {
            prev = currentN;
            currentN = currentN.next;
        }
```

```
        if (currentN != head)
        {
            prev.next = currentN.next;
            currentN = null;
            Console.Write(" Student " + delName + " has been deleted\n");
        }
        else    /* 找不到資料則顯示錯誤 */
            Console.Write(" Student " + delName + " not found\n");
    }
}

public void modifyFunction()
{
    string nTemp;
    int sTemp;

    if (head.next == head)
    {
        Console.Write(" No student record\n");
    }
    else
    {
        Console.Write("\n ModifyFunction student name: ");
        nTemp = Console.ReadLine();
        prev = head;
        currentN = head.next;
        while ((currentN != head) && !currentN.name.Equals(nTemp))
        {
            prev = currentN;
            currentN = currentN.next;
        }
        if (currentN != head)
        {
            Console.Write(" ************************\n");
            Console.Write("  Student name : " + currentN.name + "\n");
            Console.Write("  Student score: " + currentN.score + "\n");
            Console.Write(" ************************\n");
            Console.Write(" Please enter new score: ");
            sTemp = Convert.ToInt16(Console.ReadLine());
            prev.next = currentN.next;
            currentN = null;
            ptr = new Student();
            ptr.name = nTemp;
            ptr.score = sTemp;
            ptr.next = null;
            prev = head;
            currentN = head.next;
            if (currentN != head)
            {
                while ((currentN != head) && (currentN.score > ptr.score))
                {
```

```
                    prev = currentN;
                    currentN = currentN.next;
                }
            }
            ptr.next = currentN;
            prev.next = ptr;
            Console.Write(" Student " + nTemp + " has been modified\n");
        }
        else      /* 找不到資料則顯示錯誤 */
            Console.Write(" Student " + nTemp + " not found\n");
    }
}

public void displayFunction()
{
    int count = 0;

    if (head.next == head)
    {
        Console.Write(" No student record\n");
    }
    else
    {
        Console.Write("\n  {0,-10}{1,10}{2,5}\n", "NAME", " ", "SCORE");
        Console.Write(" --------------------------\n");
        currentN = head.next;
        do
        {
            Console.Write("  {0,-10}{1,10}{2,5}\n", currentN.name, " ",
                currentN.score);
            count++;
            currentN = currentN.next;
            if (count % 20 == 0) Console.ReadKey();
        } while (currentN != head);
        Console.Write(" --------------------------\n");
        Console.Write(" Total " + count + " record(s) found\n");
    }
}
}

class Program
{
    static void Main(string[] args)
    {
        CircleList obj = new CircleList();
        string option1;

        while (true)
        {
            Console.Write("\n *************************************\n");
            Console.Write("                1.insert\n");
```

```
                Console.Write("                    2.delete\n");
                Console.Write("                    3.display\n");
                Console.Write("                    4.modify\n");
                Console.Write("                    5.quit\n");
                Console.Write(" ***************************************\n");
                Console.Write("    Please enter your choice (1-5)...");
                option1 = Console.ReadLine();
                switch (option1)
                {
                    case "1":
                        obj.insertFunction();
                        break;
                    case "2":
                        obj.deleteFunction();
                        break;
                    case "3":
                        obj.displayFunction();
                        break;
                    case "4":
                        obj.modifyFunction();
                        break;
                    case "5":
                        Environment.Exit(0);
                        break;
                }
            }
        }
    }
}
```

輸出結果

```
***************************************
            1.insert
            2.delete
            3.display
            4.modify
            5.quit
***************************************
  Please enter your choice (1-5)...1

Student name : Karen
Student score: 90

***************************************
            1.insert
            2.delete
            3.display
            4.modify
            5.quit
***************************************
```

```
    Please enter your choice (1-5)...1

Student name : Bob
Student score: 85


***********************************
                1.insert
                2.delete
                3.display
                4.modify
                5.quit
***********************************
    Please enter your choice (1-5)...1

Student name : Susan
Student score: 88


***********************************
                1.insert
                2.delete
                3.display
                4.modify
                5.quit
***********************************
    Please enter your choice (1-5)...3

NAME                SCORE
---------------------------

  Karen                90
  Susan                88
  Bob                  85
---------------------------
Total 3 record(s) found


***********************************
                1.insert
                2.delete
                3.display
                4.modify
                5.quit
***********************************
    Please enter your choice (1-5)...4

ModifyFunction student name: Susan
**************************
  Student name : Susan
  Student score: 88
**************************
Please enter new score: 92
Student Susan has been modified
***********************************
```

```
                1.insert
                2.delete
                3.display
                4.modify
                5.quit
****************************************
   Please enter your choice (1-5)...3

   NAME              SCORE
   --------------------------
   Susan                92
   Karen                90
   Bob                  85
   --------------------------
Total 3 record(s) found


****************************************
                1.insert
                2.delete
                3.display
                4.modify
                5.quit
****************************************
   Please enter your choice (1-5)...2

Delete student name: Bob
Student Bob has been deleted

****************************************
                1.insert
                2.delete
                3.display
                4.modify
                5.quit
****************************************
   Please enter your choice (1-5)...3

   NAME              SCORE
   --------------------------
   Susan                92
   Karen                90
   --------------------------
Total 2 record(s) found

****************************************
                1.insert
                2.delete
                3.display
                4.modify
                5.quit
****************************************
   Please enter your choice (1-5)...5
```

》程式解説

1. class Student { } 敘述

   宣告每一個鏈結的結構，有兩個欄位 – name 與 score，分別代表學生的姓名及分數；有指向 Student 的指標 – next，代表下一個鏈結。

2. sortFunction( ) 函數

   此函數是用來處理插入資料的排序工作，它會將資料按照分數的高低插入鏈結串列中，詳細的運作請參閱 4.2 節之環狀鏈結串列之加入。

3. deleteFunction( ) 函數

   此函數是用來處理資料的刪除工作。首先，程式會先要求使用者輸入欲刪除之學生姓名，接著從鏈結串列中找到適當的資料並加以刪除；若沒有找到欲刪除之資料，表示資料不存在於鏈結串列中。

4. modifyFunction( ) 函數

   此函數是用來處理資料的修改工作，利用 while ((currentN != head) && !currentN.name.Equals(nTemp)) 來搜尋資料，若搜尋之後 currentN != head 則表示找到欲修改資料，印出原資料內容後，要求更新資料；若沒有找到欲修改之資料，表示資料不存在於鏈結串列中。

(三) 雙向鏈結串列的加入與刪除

C# 程式語言實作 》

```
/* File name: DoubleLinkList.cs */
/* February, 2018 */
/* 雙向鏈結串列，按照分數由大至小排序--新增、刪除、修改、輸出 */

using System;

namespace DoubleList
{
    class Student {
        public string name;
        public int score;
        public Student llink;
        public Student rlink;
    }

    class DoubleLinkList
    {
        Student ptr, head, tail, prev, current;

        public DoubleLinkList()
        {
```

```csharp
            ptr = new Student();
        ptr.llink = ptr;
        ptr.rlink = ptr;
        head = ptr;
        tail = ptr;
    }

    public void insertFunction()
    {
        ptr = new Student();

        Console.Write(" Student name : ");
        ptr.name = Console.ReadLine();
        Console.Write(" Student score: ");
        ptr.score = Convert.ToInt16(Console.ReadLine());
        prev = head;
        current = head.rlink;
        while ((current != head) && (current.score >= ptr.score))
        {
            prev = current;
            current = current.rlink;
        }
        ptr.rlink = current;
        ptr.llink = prev;
        prev.rlink = ptr;
        current.llink = ptr;
    }

    public void deleteFunction()
    {
        string del_name;

        if (head.rlink == head)
            Console.Write(" No student recond\n"); // 無資料顯示錯誤
        else
        {
            Console.Write(" Delete student name: ");
            del_name = Console.ReadLine();
            prev = head;
            current = head.rlink;
            while ((current != head) && !current.name.Equals(del_name))
            {
                prev = current;
                current = current.rlink;
            }
            if (current != head)
            {
                prev.rlink = current.rlink;
                current.rlink.llink = prev;
                current = null;
                Console.Write(" " + del_name + " student record(s) deleted\n");
```

```
            }
            else
                Console.Write(" Student " + del_name + " not found\n");
        }
    }



    public void modifyFunction()
    {
        string n_temp;
        int s_temp;

        if (head.rlink == head)
            Console.Write(" No student recond\n"); // 無資料顯示錯誤
        else
        {
            Console.Write(" Modify student name: ");
            n_temp = Console.ReadLine();
            prev = head;
            current = head.rlink;
            while ((current != head) && !current.name.Equals(n_temp))
            {
                prev = current;
                current = current.rlink;
            }
            if (current != head)
            {
                Console.Write(" *************************\n");
                Console.Write("  Student name : " + current.name + "\n");
                Console.Write("  Student score: " + current.score + "\n");
                Console.Write(" *************************\n");
                Console.Write(" Please enter new score: ");
                s_temp = Convert.ToInt16(Console.ReadLine());
                prev.rlink = current.rlink;
                current.rlink.llink - prev;
                current = null;
                //重新加入
                ptr = new Student();
                ptr.name = n_temp;
                ptr.score = s_temp;
                ptr.rlink = head;
                prev = head;
                current = head.rlink;
                while ((current != head) && (current.score > ptr.score))
                {
                    prev = current;
                    current = current.rlink;
                }
                ptr.rlink = current;
                ptr.llink = prev;
```

```
                    prev.rlink = ptr;
                    current.llink = ptr;

                    Console.Write(" " + n_temp + " student record modified\n");
                }
                else        // 找不到資料則顯示錯誤
                    Console.Write(" Student " + n_temp + " not found\n");
            }
        }


        public void displayFunction()
        {
            int count = 0;

            if (head.rlink == head) Console.Write(" No student record\n");
            else
            {
                Console.Write("  {0,-10}{1,10}{2,5}\n", "NAME", " ", "SCORE");
                Console.Write(" --------------------------\n");
                current = head.rlink;
                while (current != head)
                {
                    Console.Write("  {0,-10}{1,10}{2,5}\n", current.name, " ",
                        current.score);
                    count++;
                    current = current.rlink;
                }
                Console.Write(" --------------------------\n");
                Console.Write(" Total " + count + " record(s) found\n");
            }
        }

    }

class Program
{
    static void Main(string[] args)
    {
        DoubleLinkList obj = new DoubleLinkList();
        string option1;

        while (true)
        {
            Console.Write(" \n***************************************\n");
            Console.Write("                1.insert\n");
            Console.Write("                2.delete\n");
            Console.Write("                3.display\n");
            Console.Write("                4.modify\n");
            Console.Write("                5.quit\n");
            Console.Write(" ***************************************\n");
            Console.Write("   Please enter your choice (1-5)...");
```

```
                option1 = Console.ReadLine();
                Console.Write("\n");
                switch (option1)
                {
                    case "1":
                        obj.insertFunction();
                        break;
                    case "2":
                        obj.deleteFunction();
                        break;
                    case "3":
                        obj.displayFunction();
                        break;
                    case "4":
                        obj.modifyFunction();
                        break;
                    case "5":
                        Environment.Exit(0);
                        break;
                }
            }
        }
    }
}
```

📑 輸出結果

```
*************************************
            1.insert
            2.delete
            3.display
            4.modify
            5.quit
*************************************
  Please enter your choice (1-5)...1

Student name : Neil
Student score: 76

*************************************
            1.insert
            2.delete
            3.display
            4.modify
            5.quit
*************************************

  Please enter your choice (1-5)...1

Student name : Mandy
Student score: 90
```

```
*************************************
             1.insert
             2.delete
             3.display
             4.modify
             5.quit
*************************************
  Please enter your choice (1-5)...1

Student name : Herry
Student score: 87

*************************************
             1.insert
             2.delete
             3.display
             4.modify
             5.quit
*************************************
  Please enter your choice (1-5)...3

  NAME                  SCORE
  ---------------------------
  Mandy                 90
  Herry                 87
  Neil                  76
  ---------------------------
Total 3 record(s) found

*************************************
             1.insert
             2.delete
             3.display
             4.modify
             5.quit
*************************************
  Please enter your choice (1-5)...4

Modify student name: Neil
************************
  Student name : Neil
  Student score: 76
************************
Please enter new score: 88
Neil student record modified

*************************************
             1.insert
             2.delete
             3.display
```

```
                4.modify
                5.quit
**************************************
  Please enter your choice (1-5)...3

NAME              SCORE
--------------------------
Mandy              90
Neil               88
Herry              87
--------------------------
Total 3 record(s) found


**************************************
            1.insert
            2.delete
            3.display
            4.modify
            5.quit
**************************************
  Please enter your choice (1-5)...2

Delete student name: Neil
Neil student record(s) deleted

**************************************
            1.insert
            2.delete
            3.display
            4.modify
            5.quit
**************************************
  Please enter your choice (1-5)...3

NAME              SCORE
--------------------------
Mandy              90
Herry              87
--------------------------
Total 2 record(s) found

**************************************
            1.insert
            2.delete
            3.display
            4.modify
            5.quit
**************************************
  Please enter your choice (1-5)...5
```

》程式解說

1. class Student { } 敘述

   宣告每一個鏈結的結構，有兩個欄位 – name 與 score，分別代表學生的姓名及分數；有指向 Student 的指標 –llink 與 rlink，分別為雙向鏈結串列中的左鏈結與右鏈結。

2. DoubleLinkList() 建構函數

   設一空鏈結，為雙向鏈結串列的開頭，將其左鏈結與右鏈結指向自己本身。

3. insertFunction( )函數

   此函數是用來處理插入資料的排序工作，它會將資料按照分數的高低插入鏈結串列中，詳細的運作請參閱 4.3 節之雙向鏈結串列之加入。

4. deleteFunction( )函數

   此函數是用來處理資料的刪除工作。首先，程式會先要求使用者輸入欲刪除之學生姓名，接著從鏈結串列中找到適當的資料並加以刪除；若沒有找到欲刪除之資料，表示資料不存在於鏈結串列中。

5. modifyFunction( )函數

   此函數是用來處理資料的修改工作，利用 while ((currentN != head) && !currentN.name.Equals(nTemp)) 來搜尋資料，若搜尋之後 currentN != head 則表示找到欲修改資料，印出原資料內容後，要求更新資料；若沒有找到欲修改之資料，表示資料不存在於鏈結串列中。

(四) 多項式相加

C# 程式語言實作》

```
/* File name: PolyAdd.cs */
/* February, 2018 */
/* 多項式相加--使用降冪排列輸入兩個格式為 ax^b 的多項式相加 */

using System;

namespace PolyAdd
{
    class Poly
    {
        public int coef;    // 多項式係數
        public int exp;     // 多項式指數
        public Poly next;
    }

    class PolyAdd
```

```
{
    private Poly ptr, ans_h, eq_h1, eq_h2;

    public PolyAdd()
    {
        ans_h = eq_h1 = eq_h2 = null;
    }

    public void input_message()
    {
        Console.Write("\n***************************************\n");
        Console.Write(" -- Polynomial add using format ax^b --\n");
        Console.Write("***************************************\n");
        Console.WriteLine("Please enter the first equation: ");
        this.eq_h1 = input(this.eq_h1);
        Console.WriteLine("Please enter the second equation: ");
        this.eq_h2 = input(this.eq_h2);
    }

    public Poly input(Poly eq_h)
    {
        Poly prev = null;

        do
        {
            ptr = new Poly();
            ptr.next = null;
            Console.Write("請輸入係數：");
            ptr.coef = Convert.ToInt16(Console.ReadLine());
            if (ptr.coef == 0)
            {
                return eq_h;
            }
            Console.Write("請輸入指數：");
            ptr.exp = Convert.ToInt16(Console.ReadLine());
            if (eq_h == null)
                eq_h = ptr;
            else
            {
                prev.next = ptr;
            }
            prev = ptr;
        } while (true);
    }

    public void poly_add()
    {
        Poly current_n1, current_n2, prev;

        current_n1 = eq_h1;
        current_n2 = eq_h2;
```

```
            prev = null;
        while (current_n1 != null || current_n2 != null)
        {// 當兩個多項式皆相加完畢則結束
            ptr = new Poly();
            ptr.next = null;
            // 第一個多項式指數大於第二個多項式
            if (current_n1 != null && (current_n2 == null ||
                                    current_n1.exp > current_n2.exp))
            {
                ptr.coef = current_n1.coef;
                ptr.exp = current_n1.exp;
                current_n1 = current_n1.next;
            }
            else
                // 第一個多項式指數小於第二個多項式
                if (current_n1 == null || current_n1.exp < current_n2.exp)
            {
                ptr.coef = current_n2.coef;
                ptr.exp = current_n2.exp;
                current_n2 = current_n2.next;
            }
            else
            { // 兩個多項式指數相等，進行相加
                ptr.coef = current_n1.coef + current_n2.coef;
                ptr.exp = current_n1.exp;
                if (current_n1 != null) current_n1 = current_n1.next;
                if (current_n2 != null) current_n2 = current_n2.next;
            }

            if (ptr.coef != 0)
            {   // 當相加結果不等於0，則放入答案多項式中
                if (ans_h == null) ans_h = ptr;
                else prev.next = ptr;
                prev = ptr;
            }
            else
            {
                ptr = null;
            }
        }
    }

    public void show_ans()
    {
        Poly this_n;

        this_n = ans_h;
        Console.Write("The answer equation: ");
        while (this_n != null)
        {
            Console.Write(this_n.coef + "x^" + this_n.exp);
```

```
                    if (this_n.next != null && this_n.next.coef >= 0)
                        Console.Write("+");
                    this_n = this_n.next;
                }
                Console.Write("\n");
        }
    }

    class Program
    {
        static void Main(string[] args)
        {
            PolyAdd obj = new PolyAdd();
            obj.input_message();
            obj.poly_add();
            obj.show_ans();
            Console.ReadKey();
        }
    }
}
```

輸出結果

```
*************************************
 -- Polynomial add using format ax^b --
*************************************
Please enter the first equation:
請輸入係數：3
請輸入指數：3
請輸入係數：2
請輸入指數：2
請輸入係數：5
請輸入指數：1
請輸入係數：0
Please enter the second equation:
請輸入係數：5
請輸入指數：3
請輸入係數：6
請輸入指數：2
請輸入係數：1
請輸入指數：1
請輸入係數：3
請輸入指數：0
請輸入係數：0
The answer equation: 8x^3+8x^2+6x^1+3x^0
```

》程式解說

1. Poly { }敘述

   宣告多項式的結構。結構中宣告了兩個欄位 – coef 與 exp，分別為多項式的係數與指數；宣告了一個指標 next，指向多項式的下一項。

2. input( )函數

   此函數的功用為輸入欲相加的多項式，呼叫函數時需傳遞多項式的開頭位址給 input( )函數。

   整個多項式的輸入是以 do while 迴圈來完成，各項的輸入分別輸入係數和指數，直到輸入係數為 0 為止。例如，分別鍵入 3、2、5、1、-3、0、0，即多項式 $3x^2+5x^1 - 3x^0$。其鏈結如下：

   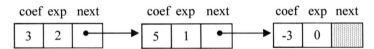

3. poly_add()函數

   此函數的功用，是將兩多項式相加，函數中 if else 敘述的作用是判斷多項式相加的方式，假設 current_n1 指向第一個多項式，current_n2 指向第二個多項式。

   多項式的儲存是採降冪排列，共有三種情況：

   (1) 目前第一個多項式的指數大於第二個多項式，且第一個多項式還未相加完畢，則將 current_n1 所指的項放入相加後的串列。

   (2) 目前第二個多項式的指數大於第一個多項式，且第二個多項式還未相加完畢，則將 current_n2 所指的項放入相加後的串列。

   (3) 兩個多項式的指數相等，將兩個多項式的 coef 值相加，若結果非 0 則加入串列。如：

   第一個多項式：

   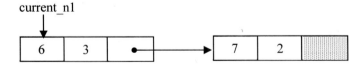

   第二個多項式

   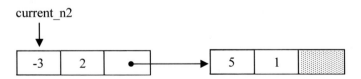

其相加過程如下:

(1) 第一個多項式 current_n1 的 exp 值大於 current_n2 的 exp 值,則將 current_n1 放入串列後,將 current_n1 指向下一項。

(2) 兩個多項式的 exp 相等,則將 current_n1 與 current_n2 的 coef 值相加後放入串列,current_n1 與 current_n2 皆指向下一項。

(3) 第一個多項式已相加完畢,則將 current_n2 放入串列,current_n2 指向下一項。

(4) 兩多項式皆相加完畢(current_n1 與 current_n2 皆指向 null),多項式相加結束。

4. show_ans( )函數

   多項式是以 Console.Write(this_n.coef + "x^" + this_n.exp);敘述依序輸出。由於正數並不會輸出加號,所以當 coef 值為正且不是第一項時,其加號是用之下的 if 敘述輸出。

4.6 動動腦時間

1. 試比較陣列與鏈結串列之優缺點。[4.1]

2. 試分析回收一個單鏈結串列和一個環狀串列所有節點的 Big-O。[4.1, 4.2]

3. 試比較分析單鏈結串列與雙鏈結串列有何優缺點。[4.1, 4.3]

4. 請利用單向鏈結串列來表示兩個多項式,例如 $A = 4x^{12} + 5x^8 + 6x^3 + 4$,$B = 3x^{12} + 6x^7 + 2x^4 + 5$[4.4]

   (1) 試設計此兩多項式的資料結構。

   (2) 寫出兩多項式相加的運算過程。

   (3) 分析此演算法的 Big-O。

5. 試撰寫計算環狀串列之長度的片段程式。[4.2]

6. 利用環狀串列來表示佇列的加入和刪除。[4.2, 4.4]

7. 試撰寫利用環狀串列來表示兩個多項式相加的片段程式。[4.2]

8. 試撰寫雙向鏈結串列的加入和刪除前端節點的演算法,此處假設前端 head 節點有存放資料。[4.3]

9. 試撰寫回收整個雙向鏈結串列之片段程式。[4.3]

10. 試撰寫一小型的通訊錄資料庫(Database),此資料庫是由單向鏈結串列所構成,並利用 C# 程式執行之。此程式有加入、刪除、查詢及顯示等功能。[4.1]

5

遞迴

5.1 遞迴的運作方式

一個呼叫它本身的函數稱為遞迴(Recursive)。在撰寫程式中，也常常會應用遞迴來處理某些問題，而這些問題通常有相同規則的性質，如求 n 階層

$$n! = n * (n-1)!$$
$$(n-1)! = (n-1) * (n-2)!$$
$$(n-2)! = (n-2) * (n-3)!$$
$$:$$
$$:$$
$$1! = 1$$

從上述得知其規則為某一數 A 的階層為本身 A 乘以(A–1)階層，導循此規則即可求出其結果。

C# 片段程式》

```
//以遞迴方式計算 n!
int factorial(int n)
{
    int ans = 0;
    if(n == 1)
        ans = 1;
    else
        ans = n * factorial(n-1);
    return ans;
}
```

》程式解說

在撰寫遞迴時，千萬要記住必須有一結束點，使得函數得以往上追溯回去。如上例中，當 n == 1 時，1! = 1 即為結束點。

為了能讓讀者更能體會遞迴的運作，我們以圖形來表示 n 階層的做法；假設 n = 4，其步驟如下(注意箭頭所指的方向)：

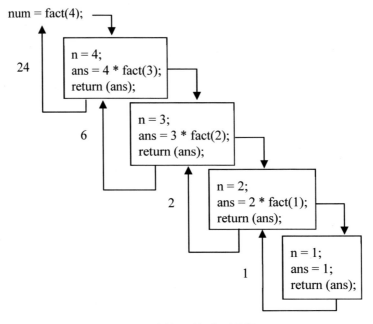

圖 5.1　計算 4!的遞迴過程

fact(4)表示要計算 4!的值，此時會呼叫 ans = 4 * fact(3)；敘述，但此敘述中又有 fact(3)，表示要計算 3!，因此它又會去呼叫 ans = 3 * fact(2)；敘述，同樣的 fact(2) 也會呼叫 ans = 2 * fact(1)；敘述，由於我們設定當 n == 1 時，便傳回 ans 值回上一層，注意！此時的 ans 是傳給 fact(1)的，也因如此，使得 2 * fact(1)能加以計算出結果，將結果存於 ans 後，又往上傳給 fact(2)，因為 fact(2) 是呼叫它的，…，依此類推，最後的 4! 便可知道其答案為 4 * fact(3)，即 4*6 等於 24。

上述的片段程式是以遞迴的方式執行之，而以非遞迴的方式之片段程式如下：

C# 片段程式》

```
//以非遞迴方式計算 n 階層
long Factorial(long n)
{
    long sum = 1;
    int  i;
    if (n == 0 || n == 1)   /* 當 n=0 或 n=1 時, 0!=1, 1!=1 */
        return (1);         /*故直接傳回 1 */
    else {
```

```
        for (i = 2; i<= n; i++) /* sum 記錄目前階乘之和 */
            sum *= i;              /* sum 與 i 相乘之和放回 sum 中 */
    }
    return (sum);
}
```

》程式解說

我們利用了二種處理方式，一為遞迴呼叫方式，二為非遞迴呼叫方式，二種方式的最終答案是一樣的，但撰寫的方式則不同，請讀者比較之。有關 n! 的完整程式，請參閱 5.5 節。

再舉一例，費氏數列(Fibonacci number)表示某一數為其前二個數的和，假設 $n_0=1$，$n_1=1$ 則

$n_2= n_1+n_0=1+1=2$

$n_3= n_2+n_1=2+1=3$

   :
   :

所以 $n_i= n_{i-1}+n_{i-2}$

其片段程式如下：

C# 片段程式》

```
//以遞迴方式計算費氏數列
int fibonacci(int n)
{
    int ans = 0;
    if (n == 0 || n == 1)
        ans = 1;
    else
        ans = fibonacci(n-1) + fibonacci(n-2);
    return(ans);
}
```

除了以遞迴的方式可以計算費氏數列外，當然也可以利用非遞迴的方式執行之，其片段程式如下：

C#片段程式》

```
//以非遞迴方式計算費氏數列
long Fibonacci(long n)
{
    long backitem1;      /*前一項值*/
    long backitem2;      /*前二項值*/
    long thisitem = 0;       /*目前項數值*/
    long i;
    if (n == 0)      /* 費氏數列第 0 項為 0 */
```

```
        return (0);
    else if (n == 1)      /* 第二項為 1 */
        return (1);
    else {
        backitem2 = 0;
        backitem1 = 1;
        /* 利用迴圈將前二項相加後放入目前項 */
        /* 之後改變前二項的值至到第 n 項求得 */
        for (i = 2; i <= n; i++) {
            /* F(i) = F(i-1) + F(i-2) */
            thisitem = backitem1 + backitem2;
            /*改變前二項之值*/
            backitem2 = backitem1;
            backitem1 = thisitem;
        }
        return (thisitem);
    }
}
```

其實編譯程式在整理遞迴時，會藉助堆疊將呼叫本身函數的下一個敘述位址儲存起來，待執行結束點後，再將堆疊的資料一一彈出來處理。

有關費氏數列之程式實作，請參閱 5.5 節。

練習題

請利用遞迴和非遞迴的方法求兩整數的 gcd(最大公因數)。

5.2 一個典型的遞迴範例：河內塔

十九世級在歐洲有一遊戲稱為河內塔(Towers of Hanoi)。此遊戲乃由法國數學家 Edouard Lucas 於 1883 年所提出的，它有 64 個大小不同的金盤子，三個鑲鑽的柱子分別為 A、B、C，今想把 64 個金盤子從 A 柱子移至 C 柱子，但可以借助 B 柱子，遊戲規則為：

1. 每次只能搬一個盤子；

2. 盤子有大小之分，而且大盤子在下，小盤子在上。

假設有 n 個金盤子(1, 2, 3, ..., n–1)，數字愈大表示重量愈重，其搬移的演算法如下：

1. 假使 n = 1，則

2. 搬移第一個盤子從 A 至 C

否則

1. 搬移 n–1 個盤子從 A 至 B

2. 搬移第 n 個盤子從 A 至 C

3. 搬移 n–1 個盤子從 B 至 C

以 C 撰寫的程式如下：

C# 片段程式》 河內塔

```
void tower(int n, char from, char aux, char to)
{
    if (n == 1)
        Console.Write("Move disk 1 from " + from + " to" + to + "\n");
    else {
        /* 將 from 標記中的 n-1 個金盤子，藉助 to 標記的柱子，搬到 aux 標記的柱子 */
        tower(n-1, from, to, aux);
        Console.Write("Move disk " + n + " from " + to + " to" + " \n");
        tower(n-1, aux, from, to);        /*將 n-1 個盤子從 aux，藉助 from，搬到 to */
    }
}
```

》程式解說

程式 tower 函數中有四個參數，表示有 n 個金盤子，從 from 標記的柱子，藉由標記 aux 的柱子，搬移到 to 標記的柱子上。

假設以 3 個金盤子為例：從 A 柱子搬到 C 柱子，而 B 為輔助的柱子。

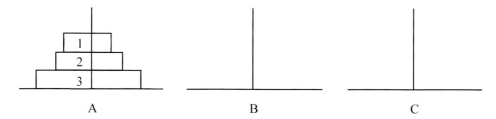

》說明

1. 將 1 號金盤子從 A 搬到 C

2. 將 2 號金盤子從 A 搬到 B，結果如下圖所示：

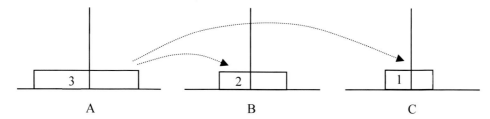

3. 將 1 號金盤子從 C 搬到 B

4. 將 3 號金盤子從 A 搬到 C，結果如下圖所示：

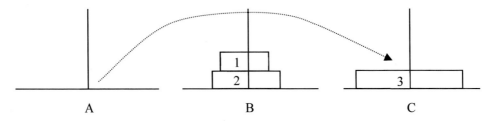

5. 將 1 號金盤子從 B 搬到 A

6. 將 2 號金盤子從 B 搬到 C，結果如下圖所示：

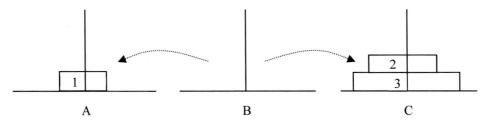

7. 將 1 號金盤子由從 A 搬到 C，結果如下圖所示：

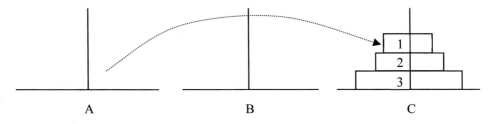

　　完成了！

程式的追蹤如下：

tower(3, A, B, C)

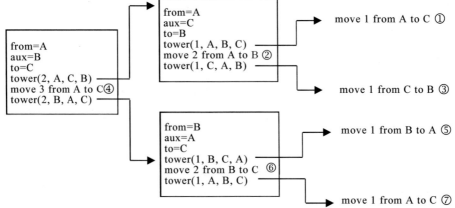

圖中的①，②，③，...，⑦表示其輸出順序，從此圖也可以更加明確的了解遞迴的運作過程。

有關河內塔之程式實作，請參閱 5.5 節。

⌨ **練習題** ┈┈┈┈┈┈┈┈┈┈┈┈┈┈┈┈┈┈┈┈┈┈┈┈┈┈┈┈┈┈┈┈┈┈ ■

延續上一程式(Hanoi.cs)，自行揣摩有 4 個金盤子的處理過程。

┈┈┈ ■

5.3 另一個範例：八個皇后

這個遊戲的規則是，皇后之間不可在同一列(row)、同一行(column)，也不可以在同一個對角線(diagonal)上。在這前提下，您是否可以為這些皇后們分派到適當的位置，讓他們能和平相處呢？假設左上角為(第一列、第一行)。

八個皇后的問題，除了牽涉到遞迴，還包含了往回追蹤(Backtracking)的問題，何謂往回追蹤？其意義乃是當一皇后無適當位置可放時，此時必須往回調整前一皇后的位置，以此類推，我們以四個皇后為，如下情形：

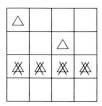

此時第三個皇后沒有適當的位置可放，因此必須移動第二個皇后，讓她往後一個位置，如：

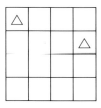

此時第三個皇后便可放在第三列的第二行。如：

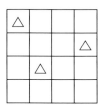

底下筆者將以四個皇后做為講題，你可以應用相同的方法擴充到八個或 n 個皇后，當然，八個皇后需要 8*8 的陣列。

從左上角的第一列、第一行開始，經過下列的調整，最後四個皇后所在的位置如下所示：

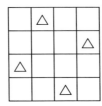

調整過程如下：

<1, 1>允許 /* 因為只有一個皇后 */

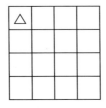

(a)

    <2, 1>不允許 /* 因為第一個皇后在第一行 */

    <2, 2>不允許 /* 和第一個皇后在同一對角線上 */

    <2, 3>允許

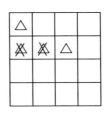

(b)

    <3, 1>不允許 /* 和第一個皇后在同一行 */

    <3, 2>不允許 /* 和第二個皇后在同一對角線上 */

    <3, 3>不允許 /* 和第二個皇后在同一行 */

    <3, 4>不允許 /*和第二個皇后在同一對角線上*/

(c)

往回到 <1, 1>

<2, 4>允許

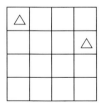

(d)

<3, 1>不允許 /* 和第二個皇后在同一行 */

<3, 2>允許

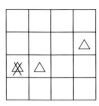

(e)

<4, 1>不允許 /* 和第一個皇后在同一行 */

<4, 2>不允許 /* 和第三個皇后在同一行 */

<4, 3>不允許 /* 和第三個皇后在同一對角線上 */

<4, 4>不允許 /* 和第二個皇后在同一行 */

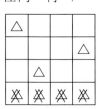

(f)

往回到<2, 4>

<3, 3>不允許 /* 和第二個皇后在同一對角線上 */

<3, 4>不允許 /* 和第二個皇后在同一行 */

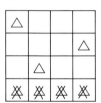

(g)

往回到<開始>的位置

<1, 2>允許

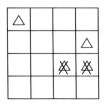

(h)

<2, 1>不允許 /* 和第一個皇后在同一對角線上 */
<2, 2>不允許 /* 和第一個皇后在同一行 */
<2, 3>不允許 /* 和第一個皇后在同一對角線上 */
<2, 4>允許

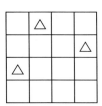

(i)

<3, 1>允許

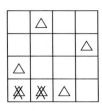

(j)

<4, 1>不允許 /* 和第三個皇后在同一行 */
<4, 2>不允許 /* 和第三個皇后在同一對角線上 */
<4, 3>允許

(k)

此時我們找到了第一個答案，那就是第一個皇后在<1, 2>、第二個皇后在<2, 4>、第三個皇后在<3, 1>、第四個皇后在<4, 3>。

上述行走的路徑，若以樹狀圖表示如下：

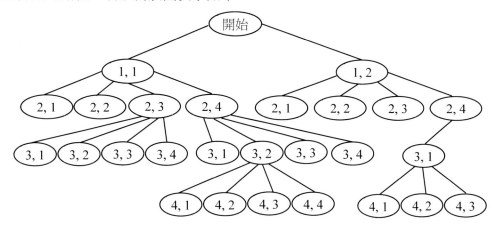

此圖表第 1 個皇后在(1, 1)，當第 2 個皇后找到(2, 3)時，第 3 個皇后怎麼找都找不到這當的位址，因此往回追溯，將第 2 個安置在(2, 4)，而第 3 個皇后安置在(3, 2)，但第 4 個皇后在此時怎麼找也找不到這當的位置，故往回追溯，將調整第 3 個皇后的位置，在無法滿足第 3 個皇后的位置，最後返回調整第 1 個皇后的位置為(1, 2)，反覆的執行，最後 4 個皇后分別安置在(1, 2)，(2, 4)，(3, 1)及(4, 3)。當然不只這個答案，(1,3)、(2,1)、(3,4)及(4,2)也可成立。

如何判斷皇后 i 和皇后 j 有無在同一行或在同一對角線呢？假設 col(i)表示第 i 個皇后(在第 i 個列，每一皇后按順序由第一列開始排起)所在的那一行，若

$$col(i) = col(j)$$

表示第 i 個皇后和第 k 個皇后在同一行上。若

$$col(i) - col(k) = |i-k|$$

則表示在同一對角線上，此處加絕對值表示 i–k 或 k–i 皆可。

有關 4 個皇后的程式實作，請參閱 5.5 節。

⌨ 練習題

除了上述的位置可滿足 4 個皇后的問題外，是否還有其他的位置也可以讓 4 個皇后和平相處。

5.4 何時不要使用遞迴？

遞迴雖然可以使用少數幾行的敘述就可解決一複雜的問題，但有些問題會花更多的時間來處理，因此我們將要探討"何時不要使用遞迴"這一主題。

來看前面曾提及的費氏數列的計算方法，某一數乃是前二位數的和，如

$F_0 = 1, F_1 = 1, F_2 = F_1+F_0 = 2$
依此類推

$$F_n = F_{n-1}+F_{n-2} \text{ 對 } n \geq 2 \text{ 而言}$$

以遞迴處理時，其遞迴樹(recursive tree)如下：

假設 n = 6

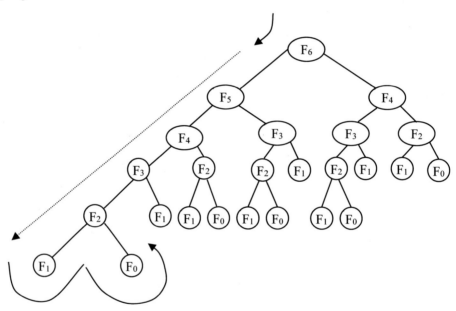

從上圖得知，F_4、F_3、F_2、F_1 重複執行多次，像這種遞迴樹長得像灌木，而且重覆的動作又多，在這種情況不適合使用遞迴。此處可證明 F_n 其時間的複雜度是 $2^{n/2}$ 指數(exponential)型態。

表 5.1 是比較費氏數列以遞迴和非遞迴在不同數目下所需花費的時間。摘自 Richard Neapolitan 與 Kumarss Naimipour 所著的《Foundations of Algorithms》一書(John Barnette 出版社，1998)。

表 5.1 **費氏數列利用遞迴和非遞迴所花費時間之比較**

(1 *ns* = 10⁻⁹ second；1 *μs* = 10⁻⁶ second)

n	n+1	非遞迴	遞迴
40	41	41 ns	1048 μs
60	61	61 ns	1 s
80	81	81 ns	18 min
100	101	101 ns	13 days
120	121	121 ns	36 years
160	161	161 ns	3.8 x 107 years
200	201	201 ns	4 x 1013 years

從此表可知，不當的使用遞迴去解決某一問題，可能導致需花更多時間。

再來看處理 n! 的程式，本章開始時已對 n!的遞迴有所交待了，其遞迴樹如下：以 5!為例

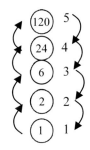

圓圈內的值表示其某一階層的結果，而圓圈右邊表示 5!會先呼叫 4!，而 4!也會先去呼叫 3!，以此類推，最後 1!為 1，此時將 1 傳給 2!以計算 2!，…，最後，5!為 120。

從右邊往下做，直到 1 之後，再往上面繼續做，這種遞迴樹不像一棵灌木(長得很強壯，不是瘦高型)，而是一種簡單的喬木型式。這種情形也个太適合用遞迴，而以非遞迴的方式處理較佳，分析如下：

遞迴	非遞迴
``int fact(int n)
{
int ans = 0;
if (n == 1)
ans = 1;
else
ans = n*fact(n-1);
return ans;
}```	```int fact(int n)
{
int i, ans = 1;
for (i=2; i<=n ; i++)
ans *= i;
return ans;
}```

由於非遞迴使用了較多的區域變數(local variable)，所以直覺上以為遞迴會較好，其實不然，因為遞迴使用了更多的空間來存放暫時的結果，所以實際上遞迴花了更多的時間，因此，類似上述這種遞迴樹相當簡單，有如一條通道的，建議您還是使用非遞迴較佳。

而在遞迴樹長得有如一棵灌木(如費氏數列的圖)但重覆的動作很少時，此時大可利用遞迴來解決您的問題。如前述八個皇后的樹狀圖。

5.5 程式集錦

(一) 利用遞迴方式計算 n!

C# 程式語言實作》

```
/* File name: Factor.cs */
/* February, 2018 */
// 以遞迴方式計算 N 階乘

using System;

namespace Factor
{
    class Factor
    {
        public long Factorial(long n)
        {
            if (n == 1 || n == 0)
                return (1);
            else
                return (n * Factorial(n - 1));
        }

    }

    class Program
    {
        static void Main(string[] args)
        {
            Factor obj = new Factor();
            char ch;
            int n;

            Console.Write("-----Factorial counting Using Recursive----");

            do
            {
                Console.Write("\nEnter a number( 0 <= n <= 12 ) to count n!: ");
```

```
        n = Convert.ToInt16(Console.ReadLine());
        // n 值在一般系統中超過 13 會產生 overflow 得到不正確的值
        if (n < 0 || n > 12)
            Console.Write("input out of range !\n");
        else
            Console.Write(n + "! = " + obj.Factorial(n) + "\n");
        Console.Write("Continue (y/n) ?");
        ch = Char.ToUpper(Console.ReadLine().ToCharArray()[0]);
    } while (ch == 'Y');
    }
  }
}
```

輸出結果

```
-----Factorial counting Using Recursive----
Enter a number( 0<=n<=12 ) to count n!: 5
5! = 120
Continue (y/n) ? n
```

》程式解說

ex：n = 3 時，遞迴函數執行如下：

> if (n == 1)
>
>   return (1);
>
> else
>
>   return(3* Factorial(3–1));
>
>   return(2* Factorial(2–1));
>
>   return(1) ;

當執行到 return(1)時，便將此結果，傳回給 Factorial(2–1)，如虛線所示，之後，又將 2*Factorial(2–1)計算出來的結果傳回給 Factorial(3–1)，最後 3*Factorial(3–1)所計算的結果就是 3!的答案。此處要記得設定結束點，否則程式會形成無窮的呼叫。

(二) 利用非遞迴方式計算 n!

C# 程式語言實作》

```csharp
/* File name: FactorIterative.cs */
/* February, 2018 */
// 利用非遞迴方式(迴圈)計算 N 階乘

using System;

namespace FactorIterative
{
    class FactorIterative
    {
        public long Factorial(long n)
        {
            long sum = 1;
            int i;

            if (n == 0 || n == 1)      // 當n=0 或 n=1 時,0!=1,1!=1
                return (1);        // 故直接傳回 1
            else
            {
                for (i = 2; i <= n; i++) // sum 記錄目前階乘之和
                    sum *= i;            // sum 與 i 相乘之和放回 sum 中
            }
            return (sum);
        }

    }

    class Program
    {
        static void Main(string[] args)
        {
            FactorIterative obj = new FactorIterative();
            char ch;
            int n;

            Console.Write("-----Factorial counting using Iterative-----");
            do
            {
                Console.Write("\nEnter a number(0 <= n <= 12) to count n! : ");
                n = Convert.ToInt16(Console.ReadLine());
                if (n < 0 || n > 12)
                    Console.Write("Input out of range!\n");
                else
                    Console.Write(n + "! = " + obj.Factorial(n) + "\n");
                Console.Write("Continue (y/n)? ");
                ch = Char.ToUpper(Console.ReadLine().ToCharArray()[0]);
            } while (ch == 'Y');
```

```
        }
    }
}
```

📄 輸出結果

```
-----Factorial counting using Iterative-----
Enter a number(0 <= n <= 12) to count n! : 10
10! = 3628800
Continue (y/n)? n
```

(三) 利用遞迴方式計算費氏數列

📱 C# 程式語言實作》

```csharp
/* File name: Fib.cs */
/* February, 2018 */
/* 利用遞迴方式求費氏數列 */
/*
 費氏數列為 0,1,1,2,3,5,8,12,21,…
 其中某一項為前二項之和,且第 0 項為 0,第 1 項為 1
*/

using System;

namespace Fib
{
    class Fib
    {
        public long Fibonacci(long n)
        {
            if (n == 0)      // 第 0 項為 0
                return (0);
            else if (n == 1) // 第 1 項為 1
                return (1);
            else    // 遞迴呼叫函數 第 N 項為第 n-1 與第 n-2 項之和
                return (Fibonacci(n - 1) + Fibonacci(n - 2));
        }

    }
    class Program
    {
        static void Main(string[] args)
        {
            Fib obj = new Fib();
            char ch;
            int n;

            Console.Write("-----Fibonacii numbers Using Recursive-----");
            do
            {
```

```
                Console.Write("\nEnter a number(n>=0) : ");

                n = Convert.ToInt16(Console.ReadLine());
                // n 值大於 0
                if (n < 0)
                    Console.Write("Number must be > 0\n");
                else
                    Console.Write("Fibonacci(" + n + ") = " + obj.Fibonacci(n) + "\n");
                Console.Write("Contiune (y/n) ? ");
                ch = Char.ToUpper(Console.ReadLine().ToCharArray()[0]);
            } while (ch == 'Y');
        }
    }
}
```

📋 輸出結果

```
-----Fibonacii numbers Using Recursive-----
Enter a number(n>=0) : 15
Fibonacci(15) = 610
Contiune (y/n) ? y
Enter a number(n>=0) : 25
Fibonacci(25) = 75025
Contiune (y/n) ? n
```

》程式解説

費氏數列為 0, 1, 1, 2, 3, 5, 8, 13, 21，其中某一項為前二項之和，且第 0 項為 0，第 1 項為 1。

(四) 利用非遞迴方式計算費氏數列

📋 C# 程式語言實作》

```
/* File name: FibIterative.cs */
/* February, 2018 */
/* 利用非遞迴方式(迴圈)計算費氏數列 */
/*
 費氏數列為 0,1,1,2,3,5,8,13,21,…；其中某一項為前二項之和，且第 0 項為 0，第 1 項為 1
*/

using System;

namespace FibIterative
{
    class FibIterative
    {
        public long Fibonacci(long n)
        {
            long backitem1;      // 前一項的值
```

```
        long backitem2;      // 前二項的值
        long thisitem - 0;        // 目前項數的值
        long i;

        if (n == 0)           // 費氏數列第 0 項為 0
            return 0;
        else if (n == 1)     // 第二項為 1
            return 1;
        else
        {
            backitem2 = 0;
            backitem1 = 1;
            // 利用迴圈將前二項相加後放入目前項
            // 之後改變前二項的值
            for (i = 2; i <= n; i++)
            {
                // F(i) = F(i-1) + F(i-2)
                thisitem = backitem1 + backitem2;
                // 改變前二項之值
                backitem2 = backitem1;
                backitem1 = thisitem;
            }
            return thisitem;
        }
    }
}

class Program
{
    static void Main(string[] args)
    {
        FibIterative obj = new FibIterative();
        char ch;
        int n;

        Console.Write("-----Fibonacci numbers Using Iterative-----");
        do
        {
            Console.Write("\nEnter a number(n>=0) : ");

            n = Convert.ToInt16(Console.ReadLine());
            // n 值大於 0
            if (n < 0)
                Console.Write("Input number must be > 0!\n");
            else
                Console.Write("Fibonacci(" + n + ") = " + obj.Fibonacci(n) + "\n");
            Console.Write("Continue (y/n) ? ");
            ch = Char.ToUpper(Console.ReadLine().ToCharArray()[0]);
        } while (ch == 'Y');
    }
```

```
        }
    }
```

輸出結果

```
-----Fibonacci numbers Using Iterative-----
Enter a number(n>=0) : 10
Fibonacci(10) = 55
Continue (y/n) ? y
Enter a number(n>=0) : 20
Fibonacci(20) = 6765
Continue (y/n) ? n
```

(五) 利用遞迴方式解決河內塔問題

C# 程式語言實作》

```csharp
/* File name: Hanoi.cs */
/* February, 2018 */
// 利用遞迴方式玩河內塔遊戲

using System;

namespace Hanoi
{
    class Hanoi
    {
        public void HanoiTower(int n, char a, char b, char c)
        {
            if (n == 1)
                Console.Write("Move disk 1 from " + a + " -> " + c + "\n");
            else
            {
                // 將A上n-1個盤子借助C移至B
                HanoiTower(n - 1, a, c, b);
                Console.Write("Move disk " + n + " from " + a + " -> " + c + "\n");
                // 將B上n-1個盤子借助A移至C
                HanoiTower(n - 1, b, a, c);
            }
        }
    }

    class Program
    {
        static void Main(string[] args)
        {
            Hanoi obj = new Hanoi();
            int n;

            char A = 'A', B = 'B', C = 'C';
            Console.Write("-----Hanoi Tower Implementaion----\n");
```

```
                // 輸入共有幾個盤子在 A 柱子中
                Console.Write("How many disks in A ? ");

                n = Convert.ToInt16(Console.ReadLine());
                if (n == 0)
                    Console.Write("no disk to move\n");
                else
                    obj.HanoiTower(n, A, B, C);
            Console.WriteLine("Press any key to continue");
                Console.ReadKey();
            }
        }
}
```

輸出結果

```
-----Hanoi Tower Implementation----
How many disks in A ? 3
Move disk 1 from A -> C
Move disk 2 from A -> B
Move disk 1 from C -> B
Move disk 3 from A -> C
Move disk 1 from B -> A
Move disk 2 from B -> C
Move disk 1 from A -> C
Press any key to continue
```

》程式解說

河內塔問題之目的乃在三根柱子中，將 n 個盤子從 A 柱子搬到 C 柱中，每次只移動一盤子，而且必須遵守每個盤子都比其上面的盤子還要大的原則。

河內塔問題的想法必須針對最底端的盤子。我們必須先把 A 柱子頂端 n–1 個盤子想辦法(借助 C 柱)移至 B 柱子然後才能將最底端的盤子移至 C 柱。此時 C 有最大的盤子，B 總共 n–1 個盤子，A 柱則無。只要再借助 A 柱子，將 B 柱 n–1 個盤子移往 C 柱即可：

```
HanoiTower(n-1, A, C, B); /* 將 A 頂端 n-1 個金盤子藉助 C 移至 B */
HanoiTower(n-1, B, A, C); /* 將 B 上的 n-1 個金盤子藉助 A 移至 C */
```

(六) 利用遞迴方式解決 4 個皇后問題

C# 程式語言實作》

```
/* File name: Queen4.cs */
/* February, 2018 */
// 利用遞迴法求出 8 個皇后問題之解

using System;
```

```
namespace Queen4
{
    class Queen4
    {
        private static int MAXQUEEN = 4;

        /*存放 8 個皇后之列位置,陣列註標為皇后的行位置*/
        private int[] queen = new int[MAXQUEEN];

        private int totalSolution = 0;

        public void place(int q)
        {
            int i;

            i = 0;
            while (i < MAXQUEEN)
            {
                if (!attack(i, q))
                { /*皇后未受攻擊*/
                    queen[q] = i;   /*儲存皇后所在的列位置*/
                                    /*判斷是否找到一組解 */
                    if (q == 3)
                        output_solution();   /*列出此組解*/
                    else
                        place(q + 1);   /*否則繼續擺下一個皇后*/
                }
                i++;
            }
        }

        /* 測試在(row,col)上的皇后是否遭受攻擊
           若遭受攻擊則傳回值為 1,否則傳回 0 */
        public bool attack(int row, int col)
        {
            int i;
            bool atk = false;
            int offset_row, offset_col;
            i = 0;
            while (!atk && i < col)
            {
                offset_col = Math.Abs(i - col);
                offset_row = Math.Abs(queen[i] - row);
                /*判斷兩皇后是否在同一列,皇后是否在對角線上*/
                /*若皇后同列或在對角線上則產生攻擊,atk ==true */
                atk = (queen[i] == row) || (offset_row == offset_col);
                i++;
            }
            return atk;
        }
```

```
/*列出 8 個皇后之解*/
public void output_solution()
{
    int x, y;
    totalSolution += 1;
    Console.Write("Solution #{0, 3}\n\t", totalSolution);


    for (x = 0; x < MAXQUEEN; x++)
    {
        for (y = 0; y < MAXQUEEN; y++)
            if (x == queen[y])
                Console.Write("Q");
            else
                Console.Write("-");
        Console.Write("\n\t");
    }
    Console.Write("\n");
}
}

class Program
{
    static void Main(string[] args)
    {
        Queen4 obj = new Queen4();
        obj.place(0);   /*從第 0 個皇后開始擺放至棋盤*/
        Console.ReadKey();
    }
}
}
```

輸出結果

請讀者檢視輸出結果是否與範例所列的答案相同。

```
Solution #  1
    --Q-
    Q---
    ---Q
    -Q--

Solution #  2
    -Q--
    ---Q
    Q---
    --Q-
```

5.6 動動腦時間

1. 發揮您的想像力，舉一、二個範例，並詳細說明其遞迴的作法。[5.1]

2. 承上題，將您所舉的範例實際以 C# 語言執行之。[5.1]

3. 在 5.2 節中，若有 3 個金盤子，則需 7 次的搬移，請導出若有 n 個金盤子，則需多少次的搬移。[5.2]

4. 在 5-2 節中假設 A 和 C 柱子不能直通，需經過 B 柱子才可以，則共需多少次的搬移。[5.2]

6

樹狀結構

6.1 樹狀結構的一些專有名詞

我們利用圖 6.1 來說明樹的一些專有名詞。

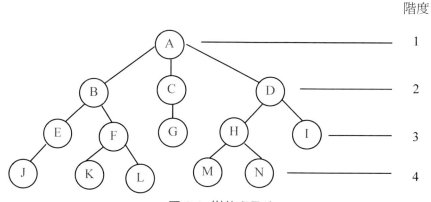

圖 6.1 樹的表示法

1. 節點(node)與邊(edge)：圖中圓圈表示節點，代表某項資料，而圓圈與圓圈之間的直線表示邊，是指由一節點到另一節點的分支。如圖 6.1 有 14 個節點，其節點的資料是英文字母。

2. 祖先(ancestor)節點與子孫(descendant)節點：若從節點 X 有一條路徑通往節點 Y，則 X 是 Y 的祖先節點，Y 是 X 的子孫節點。如圖 6.1，節點 A 可通往 K，故稱 A 是 K 的祖先節點，而 K 是 A 的子孫節點。其實我們可以說樹根是所有節點的祖先節點，而所有節點是樹根的子孫節點。

3. 父節點(parent node)與子節點(children node)：若節點 X 到節點 Y 有一條路徑直接通往的話，則稱 X 為 Y 的父節點，Y 為 X 的子節點。如圖 6.1，A 為 B、C、D 的父節點，B、C、D 為 A 的子節點。

4. 兄弟節點(sibling node)：同父節點的子節點。如圖 6.1，B、C、D 為兄弟節點。但 E、F、G 並不互為兄弟節點，因為 G 的父節點為 C，但 E、F 的父節點為 B。

5. 非終點節點(non–terminal node)：有子節點的節點。如圖 6.1，除了 J、K、L、G、M、N、I 外，其餘的節點皆為非終點節點。

6. 終點節點(terminal node)或樹葉節點(leaf node)：沒有子節點的節點稱為終點節點，如圖 6.1，J、K、L、G、M、N、I 皆為樹葉節點。

7. 分支度(degree)：一個節點的分支度是它擁有的子節點的個數。如圖 6.1，A 的分支度為 3，而 B 為 2。而一棵樹的分支度是指其所有節點中所擁有的最大分支度，如圖 6.1，這棵樹的分支度為 3。

8. 階度(level)：樹中節點世代的關係，一代為一個階度，樹根的階度為 1，如圖 6.1 所示，此樹階度為 4。

9. 高度(height)：樹中某節點的高度表示此節點至樹葉節點的最長路徑(Path)長度，如圖 6.1 的 A 節點高度為 3，C 節點的高度為 1，而樹的高度為此棵樹中具有最大高度的稱之。如圖 6.1，此棵樹的高度為 3。

10. 深度(depth)：某個節點的深度為樹根至此節點的路徑長度，如圖 6.1 的 C 節點其深度為 1，而 M、N 節點深度為 3，同理 E 節點深度為 2。

11. 樹林(forest)是由 n 個(n ≥ 0)互斥樹(disjoint trees)所組合而成的，若移去樹根將形成樹林。如圖 6.1，若移去節點 A，則形成三棵樹林。

樹的表示方法除了以圖 6.1 表示外，亦可以(A(B(E(J), F(K, L)), C(G), D(H(M, N), I)) 來表示，如節點 D 有 2 個子節點分別是 H、I；而節點 H 又有 2 個子節點 M、N；節點 C 有一子節點 G；節點 B 有二個子節點 E 和 F；節點 E 有一個子節點 J；而節點 F 又有二個子節點 K、L；最後節點 A 有三個子節點 B、C、D。

前面提及一個節點的分支度即為它擁有的子節點數。由於每個節點分支度不一樣，所以儲存的欄位長度是變動的，為了方便儲存起見，必須使用固定長度，即取決這棵樹那一節點所擁有的最多子節點數，假設為 n，因此節點的資料結構如下：

DATA	LINK1	LINK2	...	LINKn

假設有一棵 k 分支度的樹，總共有 n 個節點，那麼它需要 nk 個 LINK 欄位。除了樹根以外，每一節點均被一 LINK 所指向，所以共用了 n–1 個 LINK，造成了 nk – (n–1) = nk – n + 1 個 LINK 浪費掉。據估計大約有三分之二的 LINK 都是空的。由於此原因，所以將樹化為二元樹(binary tree)是有必要的。此處的 LINK 相當於指標。

有一棵樹其分支度為 8，並且有 25 個節點，試問此棵樹需要多少個 LINK 欄位，實際上用了幾個，並浪費了多少個 LINK。

6.2 二元樹

二元樹是經常出現而且非常重要的一種樹狀結構，其定義如下：二元樹是由節點所組成的有限集合，這個集合若不是空集合，就是由樹根、右子樹(righ subtree)及左子樹(left subtree)所組合而成。其中右子樹和左子樹可以為空集合。

二元樹與一般樹不同的地方是：

1. 二元樹的節點個數可以是零，而一般樹至少由一個節點所組成。

2. 二元樹有排列順序的關係，而一般樹則沒有。

3. 二元樹中每一節點的分支度至多為 2，而一般樹則無此限制。

如圖 6.2 之(a)與(b)是不一樣的兩棵二元樹，圖 6.2 (a)，右子樹是空集合，而圖 6.2(b)，左子樹是空集合。

圖 6.2 不同的二棵二元樹

讓我們再看看下面三棵二元樹：

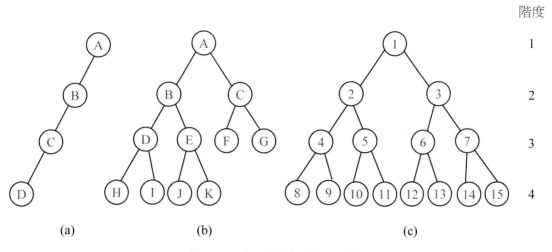

圖 6.3 三棵不同性質的二元樹

6-3

其中圖 6.3 之(a)稱為左斜樹(left skewed tree)，因為每一節點的右子樹皆為空集合，當然右斜樹就是左子樹皆為空集合。有一棵階度等於 k 的二元樹，若含有 2^k-1 個節點數時，則稱之為滿枝二元樹(fully binary tree)，如圖 6.3 之(c)。若含有的節點數少於 2^k-1，而其節點排列的順序同滿枝二元樹，則稱之為完整二元樹(complete binary tree)，如圖 6.3 之(b)。圖 6.3 之(c)其階度為 4，因為有 $2^4-1 = 15$ 個節點，故稱此棵樹為滿枝二元樹，而(b)節點數少於 15 個，而且每個節點的排列順序如同(c)之排列順序，注意！按照阿拉伯數字喔。

我們再來看看有關二元樹的一些現象：

1. 一棵二元樹在第 i 階度的最多節點數為 2^{i-1}，$i \geq 1$。

2. 一棵階度為 k 的二元樹，最多的節點數為 2^k-1，$k \geq 1$。

3. 一棵二元樹，若 n_0 表示所有的樹葉節點，n_2 表示所有分支度為 2 的節點，則 $n_0 = n_2 + 1$。

圖 6.3 之(c)所示第 4 階度的最多節點數為 $2^{(4-1)} = 8$，全部節點數為 $2^4-1 = 15$ 個。

假設 n_1 是分支度為 1 的節點數，n 是節點總數。由於二元樹所有節點的分支度皆小於等於 2，因此 $n = n_0 + n_1 + n_2$。除了樹根外每一節點有分支(branch)指向它本身，若有 B 個分支個數，則 $n = B+1$；每一分支皆由分支度為 1 或 2 的節點引出，所以 $B = n_1 + 2n_2$，將它代入 $n = B+1 => n = n_1 + 2n_2 + 1$。而 n 也等於 $n_0 + n_1 + n_2$，故 $n_0 + n_1 + n_2 = n_1 + 2n_2 + 1$ $\therefore$ $n_0 = n_2 + 1$，由此得証。圖 6.3 之(c)樹葉節點有 8 個，$n_2 = 7$ $\therefore$ $n_0 = n_2 + 1$ $=> 8 = 7+1$。

如果有一 n 個節點的完整二元樹，以循序的方式編號，如圖 6.3(c)所示，則任何一個節點 i，$1 \leq i \leq n$，具有下列關係：

1. 若 $i=1$，則 i 為樹根，且沒有父節點。若 $i \neq 1$，則第 i 個節點的父節點為 $\lfloor i/2 \rfloor$ ($\lfloor i/2 \rfloor$ 表示小於或等於 i/2 的最大正整數)。

2. 若 $2i \leq n$，則節點 i 的左子節點(left children node)在 2i。若 $2i > n$，則沒有左子節點。

3. 若 $2i+1 \leq n$，則節點 i 的右子節點(right children node)在 2i+1。若 $2i+1 > n$，則沒有右子節點。

練習題

1. 有一棵樹如右：

 試回答下列問題(yes 或 no)

 (a)　它是一棵二元樹

 (b)　它是一棵滿枝二元樹

 (c)　它是一棵完整二元樹

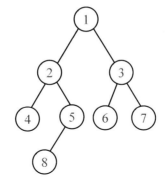

2. 假設樹根的階度為 1，而且整棵二元樹的階度為 8，試回答下列問題

 (a)　此棵二元樹總共有幾個節點。

 (b)　第 6 階度最多有多少節點。

 (c)　假使樹葉節點共有 128 個，則分支度為 2 的節點有多少個。

6.3　二元樹的表示方法

如何將二元樹的節點儲存在一維陣列中呢？我們可以想像此二元樹為滿枝二元樹，第 i 階度具有 2^{i-1} 個節點，依此類推。假若是三元樹，第 i 階度具有 3^{i-1} 個節點。圖 6.4 之(a)、(b)、(c)分別是圖 6.3 之(a)、(b)、(c)儲存在一維陣列的表示法。

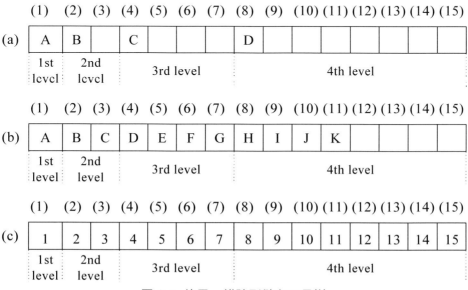

圖 6.4　使用一維陣列儲存二元樹

上述的循序表示法，對完整二元樹或滿枝二元樹相當合適，其他的二元樹則會造成許多空間的浪費，而且在刪除或加入某一節點時，往往需要移動很多節點位置。此時我們可以利用鏈結方式來解決這些問題，將每一節點劃分三個欄位，左鏈結(left link)以 LLINK 表示，資料(data)以 DATA 表示，右鏈結(right link)以 RLINK 表示。如圖 6.5 所示：

圖 6.5 二元樹的資料結構

依據圖 6.5 每一節點表示法可以將圖 6.3 之(b)畫成圖 6.6

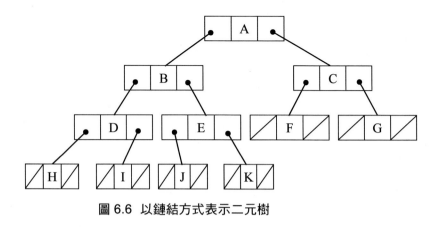

圖 6.6 以鏈結方式表示二元樹

練習題

若以一維陣列儲存一棵三元樹，則每一階度所儲存的節點應如何表示之。

6.4 二元樹追蹤

二元樹的追蹤(traversal)可分成三種：

1. 中序追蹤(inorder)：先拜訪左子樹，然後拜訪樹根，再拜訪右子樹。

2. 前序追蹤(preorder)：先拜訪樹根，然後拜訪左子樹，再拜訪右子樹。

3. 後序追蹤(postorder)：先拜訪左子樹，然後拜訪右子樹，再拜訪樹根。

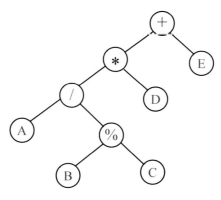

圖 6.7　一棵二元樹

圖 6.7 以中序追蹤資料排列是 A/B%C*D+E，前序追蹤資料排列是+*/A%BCDE，而後序追蹤資料排列是 ABC%/D*E+。我們可以清楚的看出一般數學運算表示式是以中序方式排列的。底下是以遞迴運作的三種追蹤之片段程式：

C# 片段程式》

```
//中序追蹤
void inorder(Node tree)
{
    if (tree != null) {
        inorder(tree.llink);
        Console.Write(tree.data);
        inorder(tree.rlink);
    }
}
```

C# 片段程式》

```
//前序追蹤
void preorder(Node tree)
{
    if (tree != null) {
        Console.Write(tree.data;
        preorder(tree.llink);
        preorder(tree.rlink);
    }
}
```

C# 片段程式》

```
//後序追蹤
void postorder(Node tree)
{
    if (tree != null) {
        postorder(tree.llink);
        postorder(tree.rlink);
        Console.Write(tree.data);
    }
}
```

除了上述以遞迴呼叫方式完成三種追蹤方式，當然也可以利用非遞迴呼叫方式來執行，此時必須藉助堆疊了。從第五章遞迴的概念，其實遞迴也是利用堆疊來輔助只是我們看不到而已，而非遞迴呼叫，使用者必須加以明示之。

為了讓大家更容易的看出二元樹是如何的追蹤樹中的每一節點，我們底下就以中序追蹤之非遞迴呼叫方法來解說，期使您對它有進一步的認識，假如有一棵二元樹如圖 6.7 所示，首先我們先寫出：

```
//二元樹中序追蹤以非遞迴呼叫的演算法如下
procedure inorder(T)
begin
    i←-1;
    loop
        while T≠0 do
            begin
                    if i>(n-1) then call STACK-FULL
                    STACK[i]←T;
                    i←i+1;
                    T←LLINK(T);
                end
            if i >= 0 then
                begin
                    i←i-1;
                    T←STACK[i];
                    print(DATA(T));
                    T←RLINK(T)
                end
            else
                return
    forever
end
```

演算法中的 T 為一指標，指向一要追蹤二元樹的樹根，i 為一變數，幫助一些必要的判斷，如 i>n 表示目前堆疊已經是滿了，值得一提的是 while 迴圈，當此棵二元樹不是空的(T≠0)，則將目前 T 所指的節點放入堆疊(STACK[i]←T;)，然後，再往左邊的節點走(T←LLINK(T);)，當 T=0 時則表示此棵的二元樹的左邊節點已無了，如右圖的粗線所示：

上述的二元樹利用此 while 迴圈已將+*/A放入堆疊了。

而 T=0，即 T 指向空的地方。接下來，判斷 i 是否為 0，若為 0，表示堆疊無資料就結束此函數的執行，反之，若非 0，則表示有資料在堆疊中，此時彈出一資料 A，並將它印出，而且將此節點的右子節點指定給 T，由於 while 迴圈，外有一 loop…forever，表示此為無窮迴圈，因此，當它踫到 forever 此敘述時，又回去 while 迴圈執行，由於 A 節點的右邊節點 T 是空的，故又自堆疊彈出一資料/，並將其右子節點%指定給 T，由於 T 不為 0，故又執行 while 迴圈將此節點堆入堆疊，並往左邊節點走，就這樣周而復始，直到執行到 return 才告停，最後結果為 A/B%C*D+E，與使用遞迴呼叫方式所產生的結果是一致的。

看完了中序追蹤的非遞迴方式的演算法，想必您一定更加了解中序追蹤的運作方式，同樣的，前序追蹤和後序追蹤也可以用非遞迴方式運作之，咱們就當做習題吧！

⌨ 練習題

有一棵二元樹

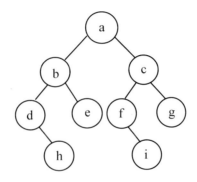

試分別利用前序追縱，中序追蹤及後序追蹤，寫出其拜訪順序。

6.5　引線二元樹

前面曾提到為了便利儲存及節省 LINK 欄的浪費，我們將樹化為二元樹，據估計可將 2/3 的浪費減少到 1/2 左右。一般而言，一個 n 節點的二元樹，共有 2n 個 LINK 欄位，實際上只用了 n-1 個，造成 2n - (n-1) = n+1 LINK 欄位的浪費，為了充分利用這些空的 LINK 欄位，將空的 LINK 換成一種叫引線(thread)的指標，指到二元樹的其他節點，此二元樹稱為引線二元樹(thread binary tree)。

如何將二元樹化成引線二元樹呢？很簡單只要先把二元樹以中序追蹤方式將資料排列好，然後把缺少左或右 LINK 的節點排出，看看其相鄰的左、右節點，這些節點的左、右 LINK 空欄位即指向其相鄰的左、右節點。圖 6.8 之(a)、(b)中序追蹤資料排列是 HDIBEAJFKCG。

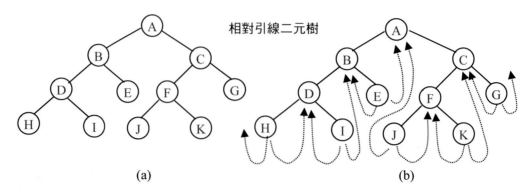

相對引線二元樹

(a)　　　　　　　　　　　　(b)

圖 6.8　將二元樹(a)轉成引線二元樹(b)

圖 6.8 之(a)，節點 E 的相鄰左、右節點分別是 B 和 A，因此 E 的左 LINK 指到 B 節點，而右 LINK 指到 A 節點。讀者會問那 H 節點的左 LINK 指到那裡，而 G 節點的右 LINK 又會指到那裡，回答這些問題前，請看引線二元樹的資料結構，如下所示：

LBIT	LLINK	DATA	RLINK	RBIT

1.　當 LBIT = 1 時，LLINK 是正常指標。

2.　當 LBIT = 0 時，LLINK 是引線。

3.　當 RBIT = 1 時，RLINK 是正常指標。

4.　當 RBIT = 0 時，RLINK 是引線。

假定所有引線二元樹都有一個**開頭節點**(head node)且不放任何資料。此時圖 6.8 之(b)引線二元樹在記憶體內完整的表示如圖 6.9。

在圖 6.9 中節點 H 的 LLINK 和節點 G 的 RLINK 皆指向開頭節點。注意開頭節點沒有資料而且開頭節點的 RLINK 指向它本身(RBIT 永遠為 1)。當各節點的 LLINK 或 RLINK 為 1 時，指向某一節點的指標是實線，否則為虛線。因此圖 6.8(b)轉換為引線二元樹完整的表示法如圖 6.9。

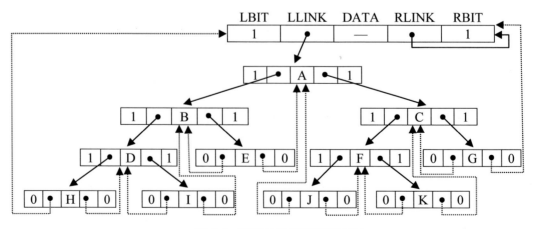

圖 6.9　引線二元樹完整表示法

6.5.1 引線二元樹的優點

我們可以利用引線二元樹來追蹤任一節點的中序後繼者(inorder successor)，其作法如下：

📑 C# 片段程式》

```
//搜尋引線二元樹節點的中序後繼者
Node insuc(Node ptr)
{
    Node current;
    current = ptr.rlink;
    if (ptr.rbit == 1)
        while (current.lbit == 1)
            current = current.llink;
    return current;
}
```

》 程式解說

先將 ptr 的 rlink 指定給 current，假使 ptr 的 rbit 是 0，則 current 即為 ptr 的中序後繼者；若 ptr 的 rbit 是 1 且 current 的 lbit 亦是 1，將 current 的 llink 指定給 current，一直做到 current 的 lbit 是 0 為止，此時 current 即為 ptr 的中序後繼者。讀者可以試試求出圖 6.9 中 A 的中序後繼者 (答案是 J，您答對了嗎？)。

假使我們要將引線二元樹的所有節點以中序追蹤的方式列出，則只要重覆呼叫 insuc()即可，作法如下：

📑 C# 片段程式》

```
//引線二元樹的追蹤
void tinorder(Node tree, Node head)
{
    tree = head;
    Console.Write(tree.data);
    for (;;) {
      tree = insuc(tree);
      if (tree == head)
          return;
      Console.Write(tree.data);
    }
}
```

》 程式解說

此函數可以由任一節點來追蹤，如我們可以由 B 節點(圖 6.9)開始，以中序法來追蹤此引線二元樹的所有節點，結果為 BEAJFKCG–HDI。

除了可以追蹤引線二元樹中序後繼者外，還可以追蹤引線二元樹的中序前行者 (inorder predecessor)，其作法如下：

C# 片段程式》

```
//搜尋引線二元樹節點的中序前行者
Node pred(Node ptr)
{
    Node current;
    current = ptr.llink;
    if (ptr.lbit == 1)
        while(current.rbit == 1)
            current = current.rlink;
    return current;
}
```

從 6.4 節可知一般二元樹在中序追蹤時需要使用堆疊，而引線二元樹不需要用堆疊。一般二元樹需要事先預留一大塊的連續空間，引線二元樹則可以由某一節點知道其前行者與後繼者是哪一節點，而無需追蹤整棵樹才得知。

6.5.2 引線二元樹的加入

引線二元樹若要加入或刪除某一節點，則動作較一般二元樹慢，因為牽涉到引線的重排，下面我們先來討論如何加入一節點於引線二元線。

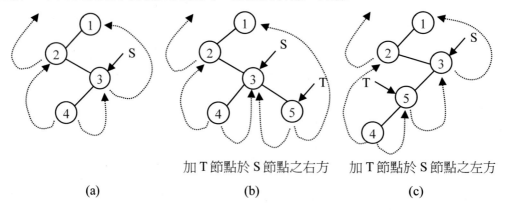

加 T 節點於 S 節點之右方　　加 T 節點於 S 節點之左方

(a)　　　　　　　　　(b)　　　　　　　　　(c)

圖 6.10 引線二元樹的加入(右方為虛線，左方為實線)

假設有一棵引線二元樹如圖 6.10 之(a)與圖 6.11(a)，若各自加入一節點 T 於節點 S 的右、左方，需考慮 S 節點的左方與右方是實線或虛線，圖形將變成如圖 6.10 之 (b)、(c)與圖 6.11 之(b)、(c)。

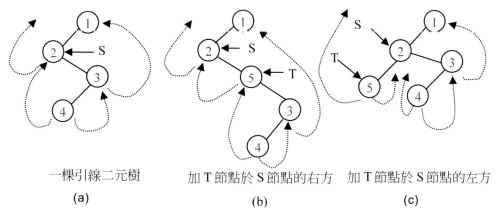

一棵引線二元樹

(a)

加 T 節點於 S 節點的右方

(b)

加 T 節點於 S 節點的左方

(c)

圖 6.11 引線二元樹的加入(右方為實線，左方為虛線)

讀者可利用上述的圖形與底下的片段程式加以對照，便能體會其原理，在此不再贅述。其中 nodeParent 和 node 分別為圖 6.10 的 S 和 T。

C# 片段程式》

```
//加入新節點於某節點的右方
void insertRight(Node nodeParent, Node node)
{
    Node w;
    node.rchild = nodeParent.rchild;
    node.rbit = nodeParent.rbit;
    node.lchild = nodeParent;
    node.lbit = 0;
    nodeParent.rchild = node;
    nodeParent.rbit = 1;
    if (node.rbit == 1) {        /*node 底下還有 tree*/
        w = insucc(node);        /* 追蹤後繼者函數 */
        w.lchild = node;
    }
}
```

C# 片段程式》

```
//加入新節點於某節點的左方
void insertLeft(Node nodeParent, Node node)
{
    Node w;

    node.lchild = nodeParent.lchild;
    node.lbit = nodeParent.lbit;
    node.rchild = nodeParent;
    node.rbit = 0;
    nodeParent.lchild = node;
    nodeParent.lbit = 1;
    if (node.lbit == 1) {        /*node 底下還有 tree*/
        w = inpred(node);        /* 追蹤前行者函數 */
```

```
        w.rchild = node;
    }
}
```

6.5.3 引線二元樹的刪除

看完了引線二元樹的加入後，接下來我們來討論引線二元線的刪除，假設有一棵引線二元樹如下：

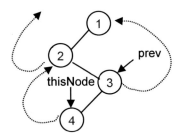

若刪除節點是樹葉節點，且是某父節點的左方，如上圖中的節點 4，利用二個指標 thisNode 和 prev。其中 thisNode 指向要刪除的節點，而 prev 指向欲被刪除節點的父節點，其過程如下：

    prev.1child = thisNode.1child;

    prev.1bit = 0

之後，此棵引線二元樹變為

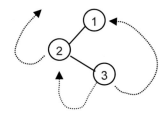

同理，若刪除的節點為樹葉節點，而且在其父節點的右方，如下圖：

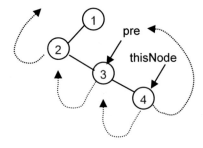

過程如下：

    prev.rchild = thisNode.rchild;

    prev.rbit = 0;

結果和刪除節點為樹葉節點，而且在其父節點左方的情況相同，除了上述刪除的節點為樹葉節點外，還有刪除的節點為非樹葉節點，此狀況又區分此非樹葉節點有一分支度或有二個分支度的情形，這二種狀況就當做練習題吧！

有關引線二元樹之程式實作，請參閱 6.8 節。

練習題

有一棵引線二元樹如下；

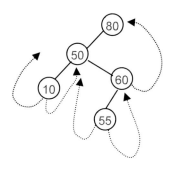

1. 試說明如何刪除 50 節點

2. 解說刪除的節點有一分支度的情形，請以圖形輔助之。

6.6 其他論題

6.6.1 如何將一般樹化為二元樹？

本節將討論如何將樹和樹林(forest)轉換為二元樹的方法。

一般樹化為二元樹，其步驟如下：

1. 將節點的所有兄弟節點連接在一起。

2. 把所有不是連到最左子節點的子節點鏈結刪除。

3. 順時針旋轉 45 度。

圖 6.11 之(a)只有二個節點，因此只要利用第三步驟就可形成二元樹，而(b)和(c)則需上述的三個步驟。

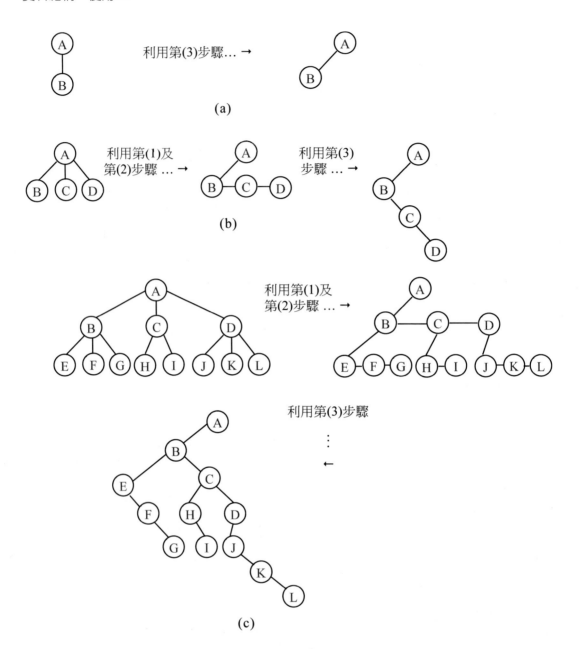

圖 6.12　二元樹轉換的步驟

而樹林轉為二元樹，如圖 6.12 所示，其步驟如下：

1. 先將樹林中的每棵樹化為二元樹(不旋轉 45 度)。

2. 把所有二元樹利用樹根節點全部鏈結在一起。

3. 旋轉 45 度。

圖 6.13 有三棵樹，分別以 A、E 和 H 為樹根，利用上述的三個步驟便可將它轉為二元樹。

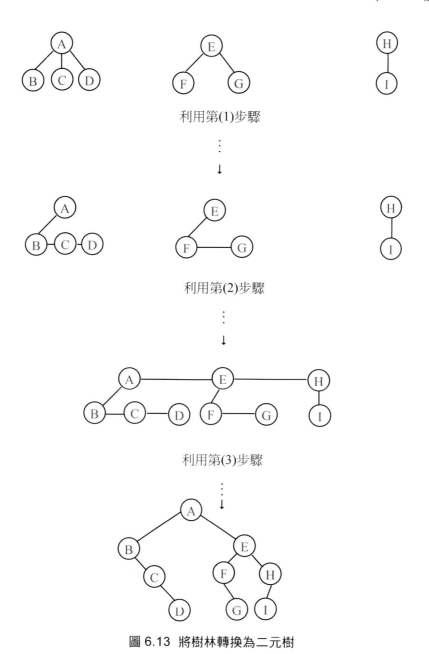

圖 6.13　將樹林轉換為二元樹

6.6.2 決定唯一的二元樹

每一棵二元樹皆有唯一的一對中序與前序次序，也有唯一的中序與後序次序。換句話說，給予一對中序與前序或中序與後序即可決定一棵二元樹。然而給予前序和後序次序並不能決定唯一的二元樹。

如給予的中序次序是 FDHGIBEAC，而前序次序是 ABDFGHIEC。由前序次序知 A 是樹根，且由中序次序知 C 是 A 的右子節點。

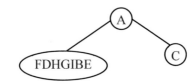

由前序知 B 是 FDHGIE 的父節點，並從中序次序知 E 是 B 的右子節點。

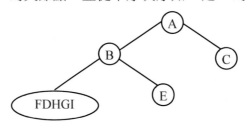

再由前序次序知 D 是 FHGI 的父節點，由中序知 F 是 D 的左子節點，HGI 是 D 的右子節點。

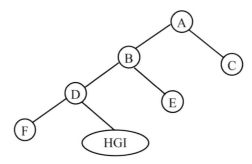

最後由前序知 G 是 HI 的父節點，並從中序次序知 H 是 G 的左子節點，I 是 G 的右子節點。

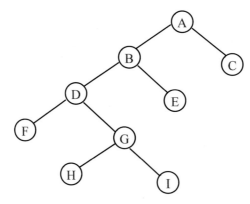

由中序與後序也可得到唯一二元樹：

  中序：BCDAFEHIG

  後序：DCBFIHGEA

由後序知 A 為樹根，再由中序得知其二元樹對應為：

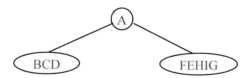

由後序知 B 為 CD 的樹根，再由中序得知 CD 節點為 B 節點的右子節點，而 FEHIG 的樹根為 E。

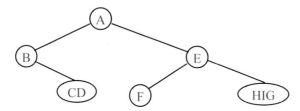

C 為 D 的樹根，G 為 HI 節點樹根，再由中序得知 HI 節點應為 G 的左子節點。

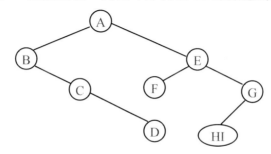

由前序追蹤得知 H 為 I 的樹根，而由中序追蹤得知 I 在 H 節點的右邊，故二元樹為：

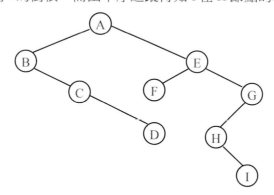

🖮 練習題

1.　將圖 6.1 的一般樹轉換為二元樹。

2.　已知有一棵二元樹，中序追蹤為 ECBDA，前序追蹤為 ABCED，試畫出此棵二元樹。

3.　已知有一棵二元樹，中序追蹤為 DFBAEGC，後序追蹤為 FDBGECA，試畫出其所對應的二元樹。

6.7 程式集錦

(一) 引線二元樹的加入與刪除

📑 C# 程式語言實作》

```
/* File name: ThreadBinaryTree.cs */
/* February, 2018 */

using System;

namespace ThreadBinaryTree
{
    class Node
    {
        public int number;
        public int rbit;
        public int lbit;
        public Node lchild;
        public Node rchild;
    }

    class ThreadBinaryTree
    {
        Node root, ptr, newnode;

        public ThreadBinaryTree()
        {
            root = new Node();
            root.lchild = root;
            root.rchild = root;
            root.lbit = 0;
            root.rbit = 1;
        }

        public Node getRoot()
        {
            return root;
        }

        public void insert()
        {
            newnode = new Node();
            Console.Write("Enter a number to insert :");

            newnode.number = Convert.ToInt16(Console.ReadLine());
            if (root.lchild == root)
            {
                insertLeft(root, newnode);
                Console.Write("Node " + newnode.number + " has been inserted!\n");
```

```
        }
        else
        {
            ptr = root.lchild;
            while (ptr.number != newnode.number)
            {
                /*  如新節點小於目前節點且 lbit 為 0 (lchild 為引線)
                    則插入目前節點左方，否則 ptr 往左搜尋   */
                if (newnode.number < ptr.number)
                {
                    if (ptr.lbit == 0)
                    {
                        insertLeft(ptr, newnode);
                        break;
                    }
                    else
                        ptr = ptr.lchild;
                }
                /*  如新節點大於目前節點且 rbit 為 0 (rchild 為引線)
                   則插入目前節點右方，否則 ptr 往右搜尋   */
                else if (newnode.number > ptr.number)
                {
                    if (ptr.rbit == 0)
                    {
                        insertRight(ptr, newnode);
                        break;
                    }
                    else
                        ptr = ptr.rchild;
                }
            }
            if (ptr.number == newnode.number)
            {
                Console.Write("Number existed ...!");
                return;
            }
            else
                Console.Write("Node " + newnode.number + " has been inserted!\n");
        }
    }

    /*刪除節點函數*/
    public void deleteNode()
    {
        Node ptrParent;
        Node ptrPred, ptrSucc;
        int num;

        /*引線二元樹從 root.lchild 開始放資料*/
        if (root.lchild == root)
        {
```

```
                    Console.Write("No Data!");
                    return;
                }
        Console.Write("Enter a number u want to delete :");
        num = Convert.ToInt16(Console.ReadLine());
        ptrParent = root;
        ptr = root.lchild;
        while (ptr.number != num)
        {   /*搜尋二元樹直到找到節點*/
            ptrParent = ptr;
            if (num < ptr.number)
            { /*如 num 值小於目前節點且 lbit 為 1*/
                if (ptr.lbit == 1) /*(lchild 為正常指標)則往左搜尋*/
                    ptr = ptr.lchild;
                else /*否則(lchild 為引線)即找不到節點*/
                    break;
            }
            else if (num > ptr.number)
            {
                if (ptr.rbit == 1)
                    ptr = ptr.rchild;
                else
                    break;
            }
        }
        if (ptr.number != num)
        {
            Console.Write("Not found number " + num + "!\n");
            return;
        }
        Console.Write("Deleting number " + ptr.number + "... OK!\n");

        /* 刪除樹葉節點*/
        if (ptr.lbit == 0 && ptr.rbit == 0)
        {
            if (ptrParent == root)
            {   /*刪除第一個節點*/
                ptrParent.lchild = root;
                ptrParent.lbit = 0;
            } /*刪除左節點*/
            else if (ptr.number < ptrParent.number)
            {
                ptrParent.lchild = ptr.lchild;
                ptrParent.lbit = 0;
            }
            else
            {                       /*刪除右節點*/
                ptrParent.rchild = ptr.rchild;
                ptrParent.rbit = 0;
            }
            ptr = null;
```

```
    }
    /* 刪除有兩分支度節點，表示左右各有節點 */
    else if (ptr.lbit == 1 && ptr.rbit == 1)
    {
        /*求 ptr 的前行者節點，將右子樹插入前行者右方*/
        ptrPred = inpred(ptr);
        ptrPred.rchild = ptr.rchild;
        ptrPred.rbit = ptr.rbit;
        ptrParent.rchild = ptr.lchild;
        ptr = null;
    }
    else    /*刪除一分支度節點*/
    {
        if (ptrParent == root)
        { /*刪除第一節點*/
            if (ptr.lbit == 1)
            {
                ptrPred = inpred(ptr);
                root.lchild = ptr.lchild;
                ptrPred.rchild = root;
            }
            else
            {
                ptrSucc = insucc(ptr);
                root.lchild = ptr.rchild;
                ptrSucc.lchild = root;
            }
        }
        else
        {
            /* 當刪除的節點在 ptrParent 的左邊時 */
            if (ptr.number < ptrParent.number)
            {
                /* 當 ptr 節點只有右邊的節點時 */
                if (ptr.rbit == 1 && ptr.lbit == 0)
                {
                    ptr.rchild.lchild = ptr.lchild;
                    ptr.rchild.lbit = ptr.lbit;
                    ptrParent.lchild = ptr.rchild;
                    ptrParent.lbit = ptr.rbit;
                }
                /* 當 ptr 節點只有左邊的節點時 */
                else if (ptr.rbit == 0 && ptr.lbit == 1)
                {
                    ptr.lchild.rchild = ptr.rchild;
                    ptr.lchild.rbit = ptr.rchild.rbit;
                    ptrParent.lchild = ptr.lchild;
                    ptrParent.lbit = ptr.lbit;
                }
            }
```

```
                        /* 當刪除的節點在 ptrParent 的右邊時 */
                    else
                    {
                        /* 當 ptr 節點只有左邊的節點時 */
                        if (ptr.lbit == 1 && ptr.rbit == 0)
                        {
                            ptrParent.rchild = ptr.lchild;
                            ptrParent.rbit = ptr.lbit;
                            ptr.lchild.rchild = ptr.rchild;
                            ptr.lchild.rbit = ptr.rbit;
                        }
                        /* 當 ptr 節點只有右邊的節點時 */
                        else if (ptr.lbit == 0 && ptr.rbit == 1)
                        {
                            ptrParent.rchild = ptr.rchild;
                            ptrParent.rbit = ptr.rbit;
                            ptr.rchild.lchild = ptrParent;
                            ptr.rchild.lbit = ptr.lbit;
                        }
                    }
                ptr = null;
            }
        }
}


/* 加入節點於右方函數 */
/* 傳入參數: */
/* 1. nodeParent 為新節點之父節點 */
/* 2. node 為欲新增之節點 */
public void insertRight(Node nodeParent, Node node)
{
    Node w;
    node.rchild = nodeParent.rchild;
    node.rbit = nodeParent.rbit;
    node.lchild = nodeParent;
    node.lbit = 0;
    nodeParent.rchild = node;
    nodeParent.rbit = 1;
    if (node.rbit == 1)
    {   /*node 底下還有 tree*/
        w = insucc(node);
        w.lchild = node;
    }
}


/* 加入節點於左方函數 */
/* 傳入參數: */
/* 1. nodeParent 為新節點之父節點 */
/* 2. node 為欲新增之節點 */
public void insertLeft(Node  nodeParent, Node  node)
{
```

```
        Node w;
        node.lchild = nodeParent.lchild;
        node.lbit = nodeParent.lbit;
        node.rchild = nodeParent;
        node.rbit = 0;
        nodeParent.lchild = node;
        nodeParent.lbit = 1;
        if (node.lbit == 1)
        {    /*node 底下還有tree*/
            w = inpred(node);
            w.rchild = node;
        }
    }

/* 中序追蹤顯示節點函數 */
public void inorderShow( Node  node)
{
    if (node.lchild == root)
    {
        Console.Write("No Data!");
        return;
    }
    Console.WriteLine("Inorder Displaying Thread Binary Search Tree");
    ptr = root;
    do
    {
        ptr = insucc(ptr);
        if (ptr != root)
            Console.Write("{0, -5}", ptr.number);
    } while (ptr != root);
    Console.Write("\n-------------------------------------------");
}

/* 追蹤後繼者函數 */
public Node insucc(Node node)
{
    Node succ;

    succ = node.rchild;
    if (node.rbit == 1)
        while (succ.lbit == 1)
            succ = succ.lchild;
    return succ;
}

/* 追蹤前行者函數 */
public Node inpred(Node node)
{
    Node pred;

    pred = node.lchild;
```

```csharp
                if (node.rbit == 1)
                    while (pred.rbit == 1)
                        pred = pred.rchild;
            return pred;
        }
    }
    class Program
    {
        static void Main(string[] args)
        {
            ThreadBinaryTree obj = new ThreadBinaryTree();
            string menuPrompt =
                "=== Thread Binary Search Program ==\n" +
                "  1. Insert\n" +
                "  2. Delete\n" +
                "  3. Show\n" +
                "  4. Quit\n" +
                "Please input a number : ";
            /* 初始化 */
            /* 引線二元樹根節點不放資料: root.number 不放 data */
            /* 右鏈結永遠指向本身 : rbit =1 */
            char choice;
            do
            {
                Console.Write("\n" + menuPrompt);
                choice = Console.ReadLine().ToCharArray()[0];

                Console.Write("");
                switch (choice)
                {
                    case '1':
                        obj.insert();
                        break;
                    case '2':
                        obj.deleteNode();
                        break;
                    case '3':
                        obj.inorderShow(obj.getRoot());
                        break;
                    case '4':
                        Console.Write("Bye Bye ^_^");
                        Environment.Exit(0);
                        break;
                    default:
                        Console.Write("Invalid choice !!");
                        break;
                }
            } while (true);
        }
    }
}
```

🔍 輸出結果

```
=== Thread Binary Search Program ==
  1. Insert
  2. Delete
  3. Show
  4. Quit
Please input a number : 1

Enter a number to insert : 23
Node 23 has been inserted!

=== Thread Binary Search Program ==
  1. Insert
  2. Delete
  3. Show
  4. Quit
Please input a number : 1

Enter a number to insert : 58
Node 58 has been inserted!

=== Thread Binary Search Program ==
  1. Insert
  2. Delete
  3. Show
  4. Quit
Please input a number : 1

Enter a number to insert : 29
Node 29 has been inserted!

=== Thread Binary Search Program ==
  1. Insert
  2. Delete
  3. Show
  4. Quit
Please input a number : 1

Enter a number to insert : 20
Node 20 has been inserted!

=== Thread Binary Search Program ==
  1. Insert
  2. Delete
  3. Show
  4. Quit
Please input a number : 3

Inorder Displaying Thread Binary Search Tree
20   23   29   58
```

```
-----------------------------------------------

=== Thread Binary Search Program ==
  1. Insert
  2. Delete
  3. Show
  4. Quit
Please input a number : 2

Enter a number u want to delete : 23
Deleting number 23... OK!

=== Thread Binary Search Program ==
  1. Insert
  2. Delete
  3. Show
  4. Quit
Please input a number : 3

Inorder Displaying Thread Binary Search Tree
20   29   58
-----------------------------------------------

=== Thread Binary Search Program ==
  1. Insert
  2. Delete
  3. Show
  4. Quit
Please input a number : 4

Bye Bye ^_^
```

6.8 動動腦時間

1. 試說明一般樹與二元樹有何不同？並解釋為何要將一般樹化為二元樹。[6.1, 6.2]

2. 下列有一棵二元樹[6.1]

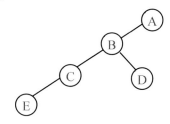

   試列出所有的樹葉節點、非樹葉節點及每一節點的階度。

3. 將第 2 題的二元樹以下列幾種型式表示出來[6.3]

   (a) array

   (b) link

   (c) thread link

4. 有一棵樹，其形狀如下，試求[6.1]：

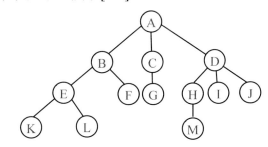

   (a) 節點 B 的分支度

   (b) 此棵樹的分支度

   (c) 此棵樹的階層數

   (d) 節點 I 的兄弟節點

5. 一棵 ternary tree 可以用一維陣列來表示嗎？若不可以，請解釋之。若可以，請用下列的這棵 ternary tree 來說明，並敘述如何擷取每個節點。[6.3]

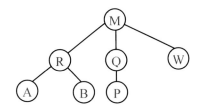

6. 將下列幾棵二元樹，利用 inorder、preorder、postorder 追蹤，寫出其拜訪節點的順序。[6.4]

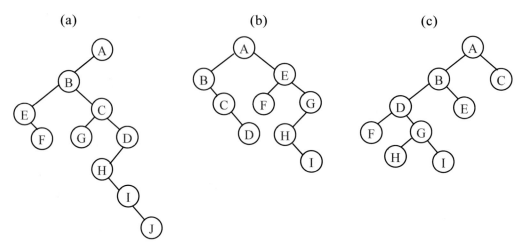

(a)　　　　　　　　　　　　(b)　　　　　　　　　　　　(c)

7. 試寫出二元樹 preorder，postorder 追蹤之非遞迴呼叫的演算法，並加以說明。[6.4]

8. 試寫出引線二元樹之加入與刪除某一節點的演算法。[6.5]

9. 試回答下列問題[6.3, 6.4, 6.5]：

   (a) 略述二元樹在計算機上之表示方法，並估計其所需要的空間節點數目之關係。

   (b) 依上題之表示法，如何做 inorder 追蹤。

   (c) 利用下述的二元樹為例，解釋(a)、(b)之作法。

   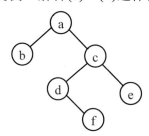

   (d) 將上述的二元樹，試繪出其對應的引線二元樹。

   (e) 加上引線後，有何用途？

10. 何謂引線二元樹？為什麼要使用引線二元樹？試說明一般二元樹與引線二元樹之優缺點。[6.5]

11. 試回答下列問題[6.2]：

(a) 將下表所列的資料，繪出其所對應的二元樹。

輸入順序	姓名	成績
1	Lin	81
2	Lee	70
3	Wang	58
4	Chen	77
5	Fan	63
6	Li	90
7	Yu	95
8	Pan	85

(b) 假若您所用的程式語言沒有表示樹的方法，則應如何將上表的資料加以儲存呢？

(c) 略述使用二元樹之優缺點。

12. 利用加權法則將下列每次 union 的結果輸出。union(1, 2), union(3, 4), union(5, 6), union(7, 8), union(1, 3), union(5, 7), union(1, 5)。[6.7]

13. 將下列的一般樹或樹林化為二元樹。[6.6]

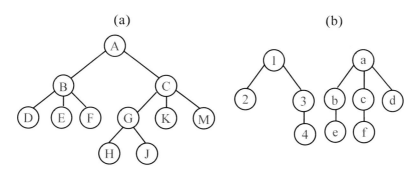

14. 假設利用前序法追蹤，其順序為 ABCDEFGH，利用中序法追蹤，其順序為 CDBAFEHG，試繪出此棵二元樹。[6.6]

15. 試問 n 個節點可畫出多少個二元樹。[6.6]

二元搜尋樹

7.1 何謂二元搜尋樹？

何謂二元搜尋樹(binary search tree)？定義如下：二元搜尋樹可以是空集合，假使不是空集合，則樹中的每一節點均含有一鍵值(key value)，而且具有下列特性：

1. 在左子樹的所有鍵值均小於樹根的鍵值。
2. 在右子樹的所有鍵值均大於樹根的鍵值。
3. 左子樹和右子樹亦是二元搜尋樹。
4. 每個鍵值都不一樣。

7.2 二元搜尋樹的加入

二元搜尋樹的加入很簡單，因二元搜尋樹的性質是左子樹的鍵值均小於樹根的鍵值，而右子樹的鍵值均大於樹根的鍵值。因此加入某一鍵值只要逐一比較，依據鍵值的大小往右或往左，便可找到此鍵值欲加入的適當位置。假設有棵二元搜尋樹如下：

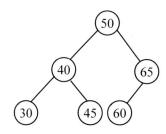

今欲加入 48，依上述規則加在鍵值 45 的右邊，因為 48 比 50 小，故往左邊，但比 40 大往右邊，最後又比 45 大，故加在其右邊。

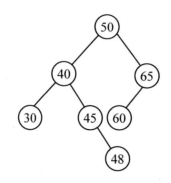

繼續加入 90，則為

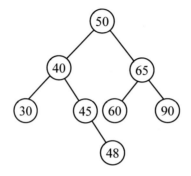

⌨ 練習題 --- ■

有一陣列共 10 個資料如下所示：

　20，30，10，50，60，40，45，5，15，25

試依序輸入並建立一棵二元搜尋樹

--- ■

7.3 二元搜尋樹的刪除

刪除某一節點時，若刪除的是樹葉節點，則直接刪除之，假若刪除的不是樹葉節點，則在左子樹找一最大的節點或在右子樹找一最小的節點，取代將被刪除的節點，如：

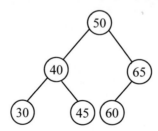

刪除 50，則可用下列二種方法之一：

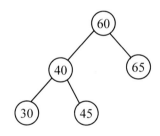

（取右子樹最小的節點）

或

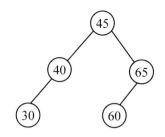

（取左子樹最大的節點）

我們以一範例說明之。假設有一二元搜尋樹如下：

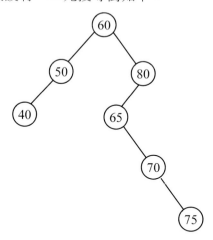

今欲刪除 60，則首先從 60 的右子樹找尋替換的節點 65，並以 reNode 指標指向它，若 reNode 指向的節點其右子樹還有節點(左子樹不可能有節點，為什麼？)，接著利用 searchP( )函數找尋 reNode 的父節點，並以 parent 指標指向它，其示意圖如下：

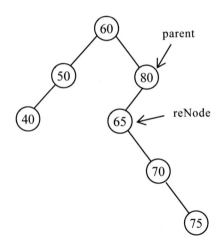

之後利用

    parent.llink = reNode.rlink;

或

    // reNode 為樹葉節點
    parent.llink = null;

來完成替換的工作。其圖形如下：

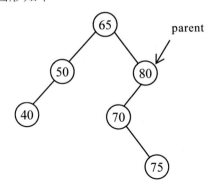

有關二元搜尋樹的加入與刪除之完整程式，請參閱 7.5 節程式集錦。

練習題

承 7-2 節練習題所建立的二元搜尋樹，依序加入 3 和 13 之後，再刪除 50 的二元搜尋樹。

7.4　二元搜尋樹的搜尋

如何決定鍵值 X 是否在二元搜尋樹中，首先 X 先與樹根比較，若 X 等於樹根表示找到，假使 X 大於樹根，則往右子樹去搜尋；否則，往左子樹搜尋。

7.4.1　二元搜尋樹的搜尋效率分析

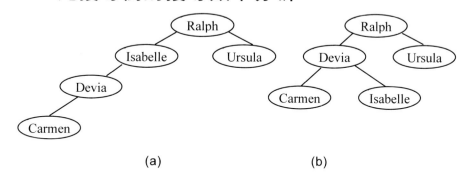

(a)　　　　　　　　　　　　　(b)

圖 7.1　兩種可能的二元搜尋樹

圖 7.1(a)，(b)皆為二元搜尋樹，不過其搜尋次數不太一樣。圖 7.1(a)搜尋一個鍵值的最壞情況需要四次比較，而(b)最多比較三次，因此(b)比(a)佳，平均而言，圖 7.1之(a)搜尋 Ralph 的比較次數為一次，Isabelle 與 Ursula 各二次，Devia 為三次，Carman 為四次。假使搜尋各鍵值的機率相等，則(a)的二元搜尋樹平均比較次數為 2.4 次 ((1+2+2+3+4)/5=2.4)，而 (b) 的二元搜尋樹平均比較次數為 2.2 次 ((1+2+2+3+3)/5=2.2))。(b)平均而言還是比(a)好。

前面已談及假使有一 n 個節點的二元樹，其必有 n+1 個空白的鏈結(link)，若把這些空白鏈結所得到的節點以外部節點(external node)型態或稱失敗節點(failure node)表示，並稱此棵樹為延伸二元樹(extended binary tree)。我們定義外徑長(external path length)為所有外部節點到樹根距離的總和。而內徑長(internal path length)為所有內部節點至樹根的距離。

圖 7.2 表示(a)，(b)皆為延伸二元樹，方塊表示外部節點，而圓圖表示內部節點，圖 7.2 之(a)其外徑長 E = (2+2+4+4+3+2) = 17，內徑長 I = (1+3+2+1) = 7。內徑長與外徑長的關系是 E = I + 2n，n 是節點數，如圖 7.2 之(a)共有 5 個節點，17 = 7 + 2*5 由此得証。圖 7.2(b)外徑長為 16，內徑長為 6，共有 5 個節點，16 = 6 + 2*5。

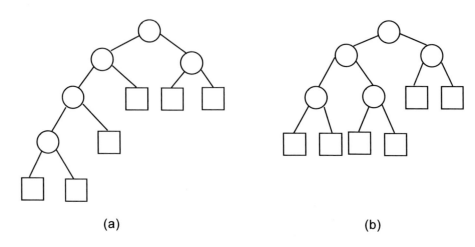

(a)   (b)

圖 7.2 延伸二元樹，其中包含內部節點（圓圈所示）和外部節點（正方形所示）

由 E ＝ I ＋2n 即可得知，若此二元樹有最大的 E，其必有最大的 I，什麼情況下有最大的 I 與最小的 I 值呢？當樹呈傾斜狀(skewed)時具有最大的 I 值。而完整二元樹 (complete binary tree)具有最小的 I 值，如圖 7.3(a)、(b)所示。

$$I = 0 + 1 + 2 + 3 + \ldots + (n-1)$$

$$= \sum_{i=0}^{n-1} i$$

$$= n(n-1)/2$$

(a)

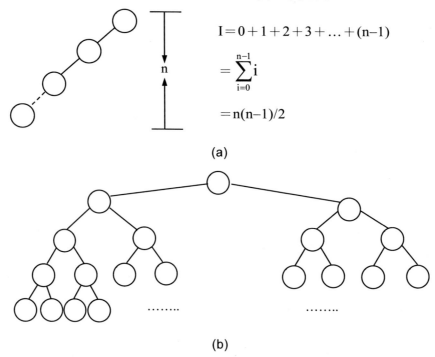

(b)

圖 7.3 二元樹的種類，(a)為傾斜的二元樹，(b)為完整的二元樹

7.5　程式集錦

(一) 二元搜尋樹的加入與刪除

C# 程式語言實作》

```csharp
/* File name: BinSearchTree.cs */
/* February, 2018 */
/* 利用二元搜尋樹處理資料－新增、刪除、修改、輸出 */

using System;

namespace BinarySearchTree
{
    class Student
    {
        public string name;
        public int score;
        public Student llink;
        public Student rlink;
    }

    class BinarySearchTree
    {
        private Student root, ptr;

        // 建構函式
        public BinarySearchTree()
        {
            root = null;
        }

        // 新增函數，新增一筆新的資料
        public void insert_f()
        {
            string name;
            int score;

            Console.Write("=====INSERT DATA=====\n");
            Console.Write("Enter student name: ");
            name = Console.ReadLine();
            Console.Write("Enter student score: ");
            score = Convert.ToInt16(Console.ReadLine());
            access(name, score);
        }

        // 刪除函數，將資料從二元搜尋樹中刪除
        public void delete_f()
        {
            string name;
```

```
        if (root == null)
        {
            Console.Write("No student record!\n");
            return;
        }
        Console.Write("=====DELETE DATA=====\n");
        Console.Write("Enter student name: ");
        name = Console.ReadLine();
        removing(name);
    }

    // 修改資料，修改學生成績
    public void modify_f()
    {
        Student node;
        string name;
        if (root == null)
        {   // 判斷根節點是否為 null
            Console.Write("No student record!\n");
            return;
        }
        Console.Write("=====MODIFY DATA=====\n");
        Console.Write("Enter student name: ");
        name = Console.ReadLine();
        if ((node = search(name)) == null)
            Console.Write("Student " + name + " not found!\n");
        else
        {
            // 列出原資料狀況
            Console.Write("Original student name: " + node.name + "\n");
            Console.Write("Original student score: " + node.score + "\n");
            Console.Write("Enter new score: ");
            node.score = Convert.ToInt16(Console.ReadLine());
            Console.Write("Data of student " + name + " modified\n");
        }
    }

    // 輸出函數，將資料輸出至螢幕
    public void show_f()
    {
        if (root == null)
        {   // 判斷根節點是否為 null
            Console.Write("No student record!\n");
            return;
        }
        Console.Write("=====SHOW DATA=====\n");
        inorder(root);   // 以中序法輸出資料
    }

    // 處理二元搜尋樹，將新增資料加入至二元搜尋樹中
    public void access(string name, int score)
```

```
    {
        Student node, prev = null;
        if (search(name) != null)
        { // 資料已存在則顯示錯誤
            Console.Write("Student " + name + " has existed!\n");
            return;
        }
        ptr = new Student();
        ptr.name = name;
        ptr.score = score;
        ptr.llink = ptr.rlink = null;
        if (root == null)  // 當根節點為 null 的狀況
            root = ptr;
        else
        { // 當根節點不為 null 的狀況
            node = root;
            while (node != null)
            {  // 搜尋資料插入點
                prev = node;
                if (ptr.name.CompareTo(node.name) < 0)
                    node = node.llink;
                else
                    node = node.rlink;
            }
            if (ptr.name.CompareTo(prev.name) < 0)
                prev.llink = ptr;
            else
                prev.rlink = ptr;
        }
    }

    // 將資料從二元搜尋樹中移除
    public void removing(string name)
    {
        Student del_node;

        if ((del_node = search(name)) == null)
        { // 找不到資料則顯示錯誤
            Console.Write("Student " + name + " not found!\n");
            return;
        }
        // 節點不為樹葉節點的狀況
        if (del_node.llink != null || del_node.rlink != null)
            del_node = replace(del_node);
        else if (del_node == root) // 節點為樹葉節點的狀況
            root = null;
        else
            connect(del_node, 'n');
        del_node = null;  // 釋放記憶體
        Console.Write("Data of student " + name + " deleted!\n");
    }
```

```
// 尋找刪除非樹葉節點的替代節點
public Student replace(Student node)
{
    Student re_node;
    // 當右子樹找不到替代節點，會搜尋左子樹是否存在替代節點
    if ((re_node = search_re_r(node.rlink)) == null)
        re_node = search_re_l(node.llink);
    if (re_node.rlink != null)  // 當替代節點有右子樹存在的狀況
        connect(re_node, 'r');
    else if (re_node.llink != null)  // 當替代節點有左子樹存在的狀況
        connect(re_node, 'l');
    else  // 當替代節點為樹葉節點的狀況
        connect(re_node, 'n');
    node.name = re_node.name;
    node.score = re_node.score;
    return re_node;
}

// 調整二元搜尋樹的鏈結，link 為 r 表示處理右鏈結，為 l 表處理左鏈結，
// 為 m 則將鏈結指向 null
public void connect(Student node, char link)
{
    Student parent;
    parent = search_p(node);  // 搜尋父節點
    if (node.name.CompareTo(parent.name) < 0)  // 節點為父節點左子樹的狀況
        if (link == 'r')  // link 為 r
            parent.llink = node.rlink;
        else if (link == 'l')  // link 為 l
            parent.llink = node.llink;
        else  // link 為 m
            parent.llink = null;
    else  // 節點為父節點右子樹的狀況
        if (link == 'r')  // link 為 r
        parent.rlink = node.rlink;
    else
            if (link == 'l')  // link 為 l
        parent.rlink = node.llink;
    else  // link 為 m
        parent.rlink = null;
}

// 以中序法輸出資料，採遞迴方式
public void inorder(Student node)
{
    if (node != null)
    {
        inorder(node.llink);
        Console.Write("{0, -10} ", node.name);
        Console.Write(node.score + "\n");
        inorder(node.rlink);
```

```
    }
}

// 以前序法將資料寫入檔案，採遞迴方式
public void preorder(Student node)
{
    if (node != null)
    {
        Console.Write(node.name + " " + node.score + "\n");
        preorder(node.llink);
        preorder(node.rlink);
    }
}

// 搜尋 target 所在節點
public Student search(string target)
{
    Student node;
    node = root;
    while (node != null)
    {
        if (target.CompareTo(node.name) == 0)
            return node;
        else
            if (target.CompareTo(node.name) < 0)   // target 小於目前節點，往左搜尋
            node = node.llink;
        else   // target 大於目前節點，往右搜尋
            node = node.rlink;
    }
    return node;
}

// 搜尋右子樹替代節點
public Student search_re_r(Student node)
{
    Student re_node;
    re_node = node;
    while (re_node != null && re_node.llink != null)
        re_node = re_node.llink;
    return re_node;
}

// 搜尋左子樹替代節點
public Student search_re_l(Student node)
{
    Student re_node;
    re_node = node;
    while (re_node != null && re_node.rlink != null)
        re_node = re_node.rlink;
    return re_node;
}
```

```csharp
    // 搜尋 node 的父節點
    public Student search_p(Student node)
    {
        Student parent;

        parent = root;
        while (parent != null)
        {
            if (node.name.CompareTo(parent.name) < 0)
                if (node.name.CompareTo(parent.llink.name) == 0)
                    return parent;
                else
                    parent = parent.llink;
            else
                if (node.name.CompareTo(parent.rlink.name) == 0)
                return parent;
            else
                parent = parent.rlink;
        }
        return null;
    }

}

class Program
{
    static void Main(string[] args)
    {
        BinarySearchTree obj = new BinarySearchTree();
        char option;

        while (true)
        {
            Console.Write("\n");
            Console.Write("********************\n");
            Console.Write("      <1> insert\n");
            Console.Write("      <2> delete\n");
            Console.Write("      <3> modify\n");
            Console.Write("      <4> show\n");
            Console.Write("      <5> quit\n");
            Console.Write("********************\n");
            Console.Write("Enter your choice: ");
            option = Console.ReadLine().ToCharArray()[0];
            Console.Write("\n\n");
            switch (option)
            {
                case '1':
                    obj.insert_f();
                    break;
                case '2':
```

```
                          obj.delete_f();
                          break;
                    case '3':
                          obj.modify_f();
                          break;
                    case '4':
                          obj.show_f();
                          break;
                    case '5':
                          Environment.Exit(0);
                          break;
                    default:
                          Console.Write("Wrong option!\n");
                          break;
                }
            }
        }
    }
}
```

📋 輸出結果

```
*******************
    <1> insert
    <2> delete
    <3> modify
    <4> show
    <5> quit
*******************
Enter your choice: 1


=====INSERT DATA=====
Enter student name: Jayson
Enter student score: 76

*******************
    <1> insert
    <2> delete
    <3> modify
    <4> show
    <5> quit
*******************
Enter your choice: 1


=====INSERT DATA=====
Enter student name: Tommy
Enter student score: 85

*******************
```

```
        <1> insert
        <2> delete
        <3> modify
        <4> show
        <5> quit
*******************
Enter your choice: 1


=====INSERT DATA=====
Enter student name: Jerry
Enter student score: 80

*******************
        <1> insert
        <2> delete
        <3> modify
        <4> show
        <5> quit
*******************
Enter your choice: 1


=====INSERT DATA=====
Enter student name: Ken
Enter student score: 70

*******************
        <1> insert
        <2> delete
        <3> modify
        <4> show
        <5> quit
*******************
Enter your choice: 3


=====MODIFY DATA=====
Enter student name: Ken
Original student name: Ken
Original student score: 70
Enter new score: 82
Data of student Ken modified

*******************
        <1> insert
        <2> delete
        <3> modify
        <4> show
        <5> quit
*******************
```

```
Enter your choice: 4


=====SHOW DATA=====
Jayson      76
Jerry       80
Ken         82
Tommy       85

*******************
     <1> insert
     <2> delete
     <3> modify
     <4> show
     <5> quit
*******************
Enter your choice: 2


=====DELETE DATA=====
Enter student name: Jayson
Data of student Jayson deleted!

*******************
     <1> insert
     <2> delete
     <3> modify
     <4> show
     <5> quit
*******************
Enter your choice: 1


=====INSERT DATA=====
Enter student name: Annie
Enter student score: 84

*******************
     <1> insert
     <2> delete
     <3> modify
     <4> show
     <5> quit
*******************
Enter your choice: 4


=====SHOW DATA=====
Annie       84
Jerry       80
Ken         82
```

```
Tommy       85

*******************
    <1> insert
    <2> delete
    <3> modify
    <4> show
    <5> quit
*******************
Enter your choice: 5
```

7.6 動動腦時間

1. 試問下列那一棵是二元搜尋樹？[7.1]

(a)   (b)   (c)

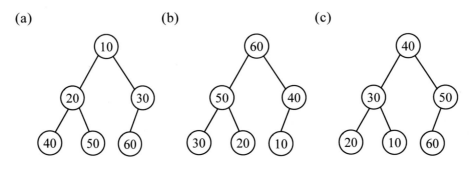

(d)

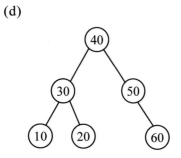

2.　試回答下列問題[7.1]

(a)　將下表所列的資料，繪出其所對應的二元搜尋樹

輸入順序	姓名	成績
1	Lin	81
2	Lee	70
3	Wang	58
4	Chen	77
5	Fan	63
6	Li	90
7	Yu	95
8	Pan	85

(b)　試以 C# 語言宣告每一節點的資料型態

3.　試申述二元樹與二元搜尋樹之差異[6.2, 7.1]。

4.　試將下列資料[7.1]

60, 50, 80, 40, 55, 70, 90, 45 及 58

依序加入並建立一棵二元搜尋樹。

5.　有一棵二元搜尋樹如下[7.2]：

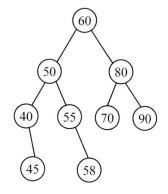

試依序刪除 50, 80, 60，並畫出其所對應的二元搜尋樹。

8

堆積

8.1 堆積

何謂堆積(Heap)？定義如下：堆積是一棵二元樹，其父節點的鍵值大於子節點的鍵值，而且必須符合完整二元樹(請參閱 6.2 節)。不管左子樹和右子樹的大小順序，此乃與二元搜尋樹的最大差異。如下圖：

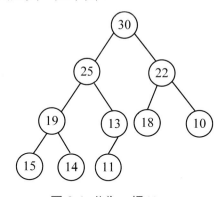

圖 8.1 此為一棵 Heap

它是一棵 Heap，而不是二元搜尋樹。為了行文方便，底下將以 Heap 表示堆積。

Heap 可用於排序上，簡稱 Heap Sort。在一堆雜亂無章的資料中，利用 Heap sort 將它由小至大或由大至小排列皆可。首先將一堆資料利用完整二元樹將其建立起來，再將它調整為 Heap，之後視題意用堆疊(由大到小)或佇列(由小至大)輔助之。

在調整的過程中有二種方式，一是由上而下，從樹根開始到 $\lfloor n/2 \rfloor$，分別與其左、右子節點相比，若前者大，則不用交換；反之，則要交換，以符合父節點大於子節點，如：

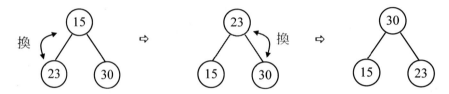

另一種方法是讓子節點先比，找出最大者再與其父節點比，此種方法至多只要做一次對調即可，如上圖 23 和 30 中 30 較大，因此將 15 和 30 對調。如下圖所示：

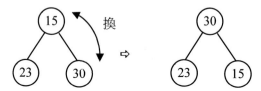

此種方法的優點為父節點和子節點至多只交換一次就夠了。

以下行文中，若是由上而下，則以此方法處理之。

正因為如此 Heap 不是唯一，如上述我們利用不同的方法產生出不同的 Heap 圖形，因為 Heap 只要父節點大於子節點即可，至於左子節點和右子節點誰較大就不管它了。在此要提醒讀者的是，當中間有某些節點互換時，需要再往上相比較，直到父節點大於子節點為止。如下圖所示：

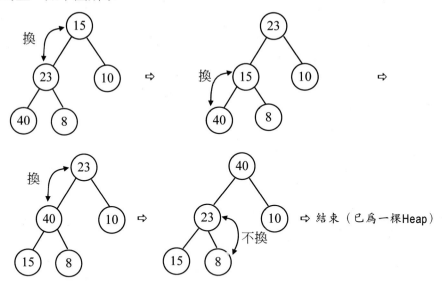

（繼續與父節點比較）(此時被調換下來的 23 需再和它的子節點相比)。

第二種方式為由下而上，先算出此棵樹的節點數目，假設 n，再取其 $\lfloor n/2 \rfloor$，從節點 $\lfloor n/2 \rfloor$ 開始到樹根分別與它的最大子節點相比，若子節點的鍵值大於父節點之鍵值，則需相互對調。記得相互對調後要往下做，看看是否還要對調喔！

例如有一棵二元樹如下：

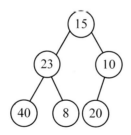

共有 6 個節點，節點上分別標記第 1 個，第 2 個，…，等等的記號，以由下而上處理的方法，首先 $\lfloor 6/2 \rfloor$ 為 3，故由第 3 個節點開始，第 3 個節點的子節點分別為第 6 個節點和第 7 個節點(此題沒有第 7 個節點)，故以第 6 節點的 20 和第 3 節點的 10 相比，20 大於 10，故要交換，情形如下：

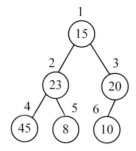

接下來，第 2 節點的子節點為第 4 和 5 節點，挑最大值 40(因為 40 大於 8)，且 40 又大於 23，故要交換，情形如下：

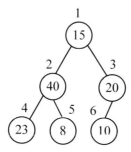

最後，第 1 節點的子節點為第 2 和 3 節點，其值分別為 40，20，挑最大的 40 與父節點(第 1 節點)的值 15 相比，40 大於 15，故交換，結果如下：

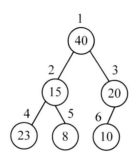

注意，當 15 和 40 交換後，15 需要再和其最大子節點之值(23)相比，由於 23 大於 15，故需要再交換才可，最後的結果為

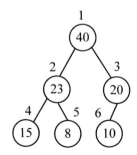

此時完全符合 Heap 的特性了。

8.1.1 Heap 的加入

假設有一棵 Heap 如下圖所示，今欲加入 30 及 50。首先依建立一棵完整二元樹的特性將 30 加進來，下圖中的雙圓圈表示剛加入的節點。

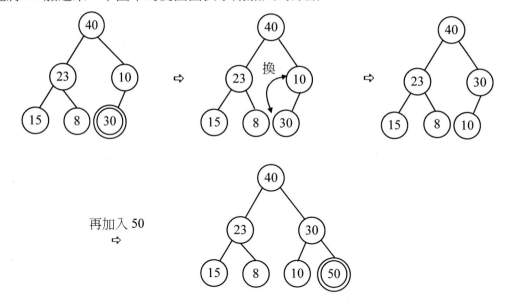

因為加入 50 後不是一棵 Heap，所以要加以調整

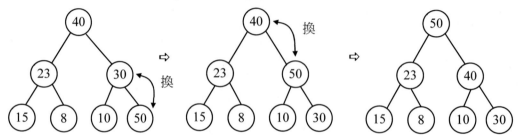

8.1.2 Heap 的刪除

Heap 的刪除則將完整二元樹的最後一節點取代被刪除的節點，然後判斷是否為一棵 Heap，若不是，則再加以調整之。

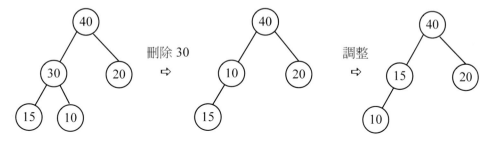

再刪除 40，則將 10 取代之

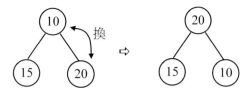

再看一範例，若將下圖的 40 刪除。

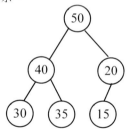

則以 15 取代 40(因為 15 在完整二元樹中是最後一個節點)

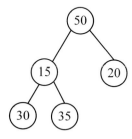

將 15 和其所屬的最大子節點比較即可，亦即 15 和 35(因為它大於 30)比較，直接將 15 和 35 交換

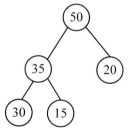

之後，再比較 35 的父節點(50)，不需交換，因為 35 小於 50(不需要先求出 35 和其兄弟節點中最大者)。注意上述調整的方式一定要已是一棵 Heap，否則不行。

Heap 還有用來將資料加以排序之，此方法稱為 Heap sort，請參閱 13.6 小節的說明。

有關 Heap 加入與刪除之程式實作，請參閱 8.5 節。

⌨ 練習題 --

1. 將下列的二元樹調整為一棵 Heap

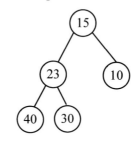

2. 將下列的資料 20，30，10，50，60，40，45，5 建立成一棵 Heap。當然您必須先將它建立成一棵完整二元樹，之後再依據 Heap 的特性調整之。

3. 承 2，在已建立完成的 Heap 中，試刪除其 30、60 兩個鍵值。

8.2 Min–heap

上述介紹的堆積，我們稱之為 Max–heap，在 Max–heap 樹中的鍵值，一律是上大於下，父節點的鍵值一律大於其子節點。事實上堆積除了 Max–heap 外，還可細分為 Min–heap、Min–Max–heap、Deap 等，其中 Min–heap 的觀念十分簡單，其父節點鍵值一律小於子節點，恰與 Max–heap 相反，因此可以利用它來處理由小至大的排序，而 8.1 節所討論的 Heap 即為 Max–heap，可用它來處理由大至小的排序。下圖即為 Min–heap 的一個例子。

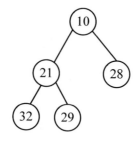

由於其加入與刪除的方法與 Max–heap 十分類似，我們就不重複說明了。在此也順便提醒讀者，行文之間若只提及堆積，它就是表示一棵 Max–heap。

💻 **練習題** ---

將下列的資料 20，30，10，50，60，40，45，5 建立成一棵 Min–heap。

8.3 Min-Max heap

Min-Max heap 包含了 Min-heap 與 Max-heap 兩種堆積樹的特徵，如下圖即為一棵
Min-Max heap：

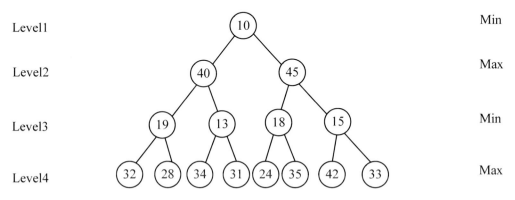

為了方便解說，我們就直接以上圖為例，來定義 Min-Max heap：

1. Min-Max heap 是以一層 Min-heap，一層 Max-heap 交互構成的，如 Level1 中
   各節點的鍵值一律小於子節點(10 小於 40、45)，Level2 中各節點的鍵值一律
   大於子節點(40 大於 19、13；45 大於 18、15)，而 Level3 的節點鍵值又小於子
   節點(19 小於 32、28；13 小於 34、31；18 小於 24、35；15 小於 42、33)。

2. 樹中為 Min-heap 的部分，仍需符合 Min-heap 的特性，如上圖中 Level 為 1 的
   節點鍵值，會小於 Level 為 3 的子樹(10 小 19、13、18、15)。

3. 樹中為 Max-hcap 的部份，仍需符合 Max-heap 的特性，如上圖中的 Level 為 2
   的節點鍵值，會大於 Level 為 4 之子樹(40 大於 32、28、34、31；45 大於 24、
   35、42、33)。

8.3.1 Min-Max heap 的加入

Min-Max heap 的加入與 Max-heap 的原理差不多，但是加入後，要調整至符合上述 Min-Max heap 的定義，假設已存在一棵 Min-Max heap 如下：

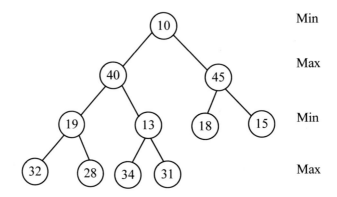

若加入 5，步驟如下

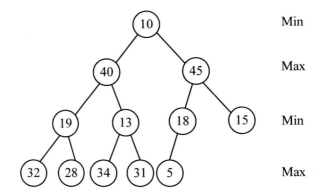

加入後 18>5，不符合第一項定義，將 5 與 18 交換

⇓

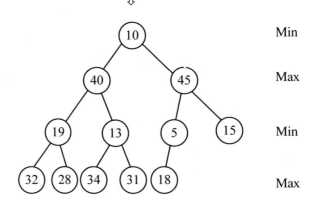

交換後，由於 10>5，不符合第二項定義，將 5 與 10 對調

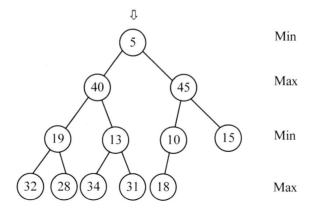

符合 Min-Max heap 的定義，加入動作結束。若再加入 50，其加入步驟如下

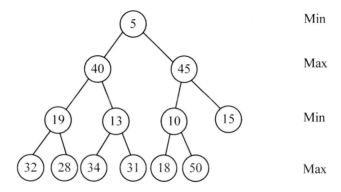

加入後 45<50，不符合第三項定義，將 45 與 50 交換

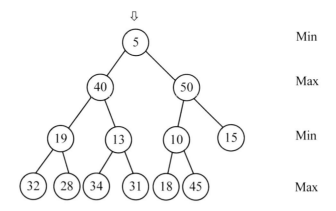

此時已符合 Min-Max heap 的定義了，故不需再調整之。

8.3.2 Min-Max heap 的刪除

若刪除 Min-Max heap 的最後一個節點，則直接刪除即可；否則，先將刪除節點鍵值與樹中的最後一個節點對調，再做調整的動作，亦即以最後一個節點取代被刪除的節點。假設已存在一棵 Min-Max heap 如下：

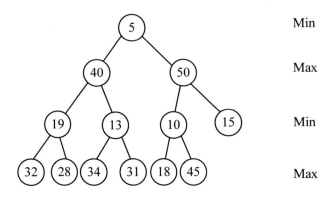

若刪除 45，則直接刪除

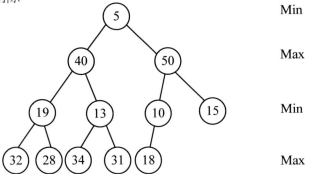

若刪除 40，則需以最後一個節點的鍵值 18 取代 40

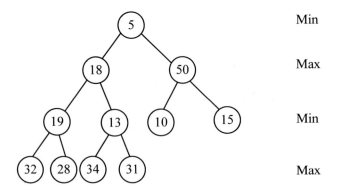

由於 18<19，不符合第一項定義，將 18 與 19 交換

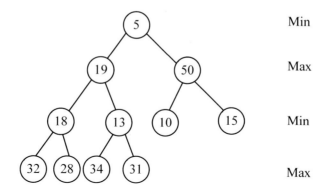

交換後，由於 19 小於 32、28、34、31，不符合第三項定義，故將 19 與最大的鍵值 34 交換

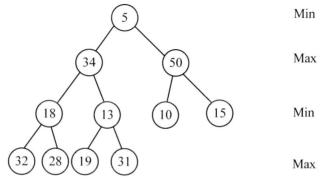

已符合 Min-Max heap 的定義，故不需再調整之。

練習題

有一 Min-Max heap 如下：

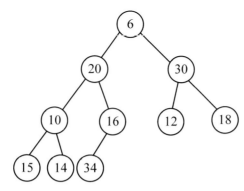

(a) 請依序加入 17，8 和 2，並畫出其所對應的 Min-Max heap。

(b) 承(a)的結果，依序刪除 20 和 10。

8.4 Deap

Deap 同樣也具備 Max-heap 與 Min-heap 的特徵，其定義如下：

1. Deap 的樹根不儲存任何資料，為一空節點。

2. 樹根的左子樹為一棵 Min-heap；右子樹則為 Max-heap。

3. Min-heap 與 Max-heap 存在一對應，假設左子樹中有一節點為 i，則在右子樹中相同的位置存在一節點 j 與 i 對應，且 i 必須小於等於 j。如下圖中的 5 與 35 對應，5 小於 35；12 與 30 對應，12 小於 30。那麼 25 與右子樹哪一個節點對應呢？當在右子樹中找不到對應節點時，該節點會與右子樹中對應於其父節點的節點相對應，所以 25 會與右子樹中鍵值為 32 的節點對應，25 小於 32。

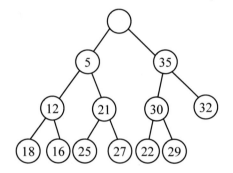

8.4.1 Deap 的加入

Deap 的加入動作與其他堆積樹一樣，將新的鍵值加入於整棵樹的最後，再調整至符合堆積樹的定義，底下舉例說明 Deap 的加入與加入後的調整方法。假設已存在一 Deap 如下：

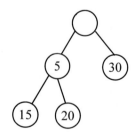

若加入 25，加入後右子樹仍為一棵 Max-heap，如下所示，且左子樹對應節點 15 小於等於它所對應的右子樹節點 25，符合 Deap 的定義。

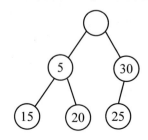

加入 17，加入後的圖形如下所示

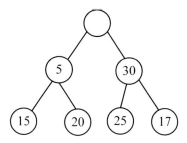

此時右子樹仍為 Max-heap，但 17 小於其左子樹的對應節點 20，故將 17 與 20 交換

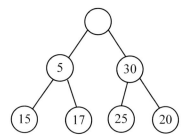

加入 40，如下所示

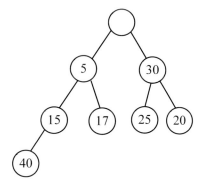

加入後左子樹雖為 Min-heap，但 40 大於其對應節點 25(與節點 40 的父節點對應之右子樹節點)，不符合 Deap 的定義，故將 40 與 25 交換，如下所示：

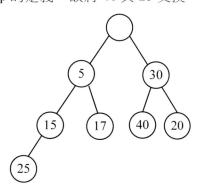

交換後樹中的右子樹不是一棵 Max-heap，重新將其調整為 Max-heap 即可。

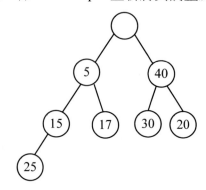

8.4.2 Deap 的刪除

Deap 的刪除動作與其他堆積樹一樣，當遇到刪除節點不是最後一個節點時，則要以最後一個節點的鍵值來取代刪除節點，並調整至符合 Deap 的定義，假設存在一 Deap 如下：

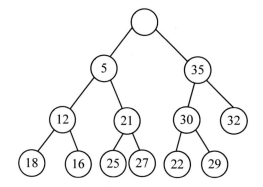

若刪除 29，則直接刪除即可，結果如下圖所示：

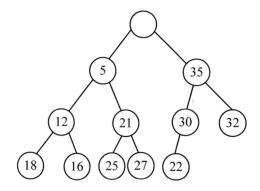

刪除 21，此時以最後一個節點 22 取代並刪除之，接著檢查左子樹仍為一棵 Min-heap，且節點鍵值 22 小於其對應節點 32，不需作任何調整。刪除結果如下：

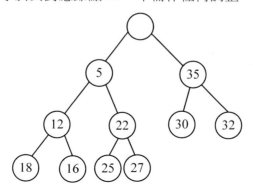

刪除 12，以最後一個節點 27 取代

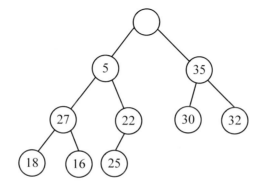

左子樹不符合 Min-heap 的定義，需將 27 與子節點中鍵值最小者(16)交換

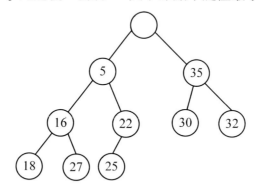

最後，16 與其對應的 30 比較；16 小於 30，故不需再做調整。

練習題

有一 Deap 如下：

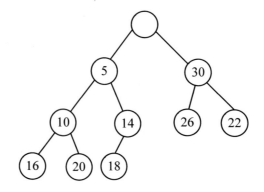

(a) 依序加入 2 和 50

(b) 將(a)所得結果刪除 50。

8.5 程式集錦

(一) 利用堆積處理會員進出資料

C# 程式語言實作》

```
/* File name: HeapTree.cs */
/* February, 2018 */
/* 利用堆積樹(HEAP TREE)處理會員進出資料—新增、刪除、輸出 */

using System;

namespace HeapTree
{
    class HeapTree
    {
        private const int MAX = 100;                // 設定上限
        private int[] heap_tree = new int[MAX];     // 堆積樹陣列
        private int last_index;                     // 最後一筆資料的索引

        public HeapTree()
        {
            last_index = 0;
        }

        public void insert_f()
        {
            int id_number;
```

```
            if (last_index >= MAX)
            {  // 資料數超過上限，顯示錯誤訊息
                Console.Write(" Login members are more than " + MAX + "!!\n");
                Console.Write(" Please wait for a minute!!\n");
            }
            else
            {
                Console.Write(" Please enter login ID number: ");
                id_number = Convert.ToInt16(Console.ReadLine());
                create(id_number);  // 建立堆積
                Console.Write(" Login successfully!!\n");
            }
        }


    public void delete_f()
    {
        int id_number, del_index;
        if (last_index < 1)
        {  // 無資料存在，顯示錯誤訊息
            Console.Write(" No member to logout!!\n");

            Console.Write(" Please check again!!\n");
        }
        else
        {
            Console.Write(" Please enter logout ID number: ");
            id_number = Convert.ToInt16(Console.ReadLine());
            del_index = search(id_number);   // 尋找欲刪除資料
            if (del_index == 0)  // 沒找到資料，顯示錯誤訊息
                Console.Write(" ID number not found!!\n");
            else
            {
                removes(del_index);  // 刪除資料，並調整堆積樹
                Console.Write(" ID number " + id_number + " logout!!\n");
            }
        }
    }

    public void display_f()
    {
        char option;
        if (last_index < 1)  // 無資料存在，顯示錯誤訊息
            Console.Write(" No member to show!!\n");
        else
        {
            Console.Write(" ***************************\n");
            Console.Write("         <1> increase\n");  // 選擇第一項為由小到大排列
            Console.Write("         <2> decrease\n");  // 選擇第二項為由大到小排列
            Console.Write(" ***************************\n");
            do
            {
```

```csharp
                    Console.Write(" Please enter your option: ");

                    option = Console.ReadLine().ToCharArray()[0];
                    Console.Write("\n");
                } while (option != '1' && option != '2');
                show(option);
        }
    }

    public void create(int id_number)  // ID_NUMBER 為新增資料
    {
        heap_tree[++last_index] = id_number;  // 將資料新增於最後
        adjust_u(heap_tree, last_index);     // 調整新增資料
    }

    public void removes(int index_temp)  // INDEX_TEMP 為欲刪除資料之 INDEX
    {
        // 以最後一筆資料代替刪除資料
        heap_tree[index_temp] = heap_tree[last_index];
        heap_tree[last_index--] = 0;
        if (last_index > 1)
        { // 當資料筆數大於 1 筆，則做調整
            // 當替代資料大於其 PARENT NODE，則往上調整
            if (heap_tree[index_temp] > heap_tree[index_temp / 2] && index_temp > 1)
                adjust_u(heap_tree, index_temp);
            else // 替代資料小於其 CHILDEN NODE，則往下調整
                adjust_d(heap_tree, index_temp, last_index - 1);
        }
    }

    public void show(char op)
    {
        int[] heap_temp = new int[MAX + 1];
        int c_index;
        // 將堆積樹資料複製到另一個陣列作排序工作
        for (c_index = 1; c_index <= last_index; c_index++)
            heap_temp[c_index] = heap_tree[c_index];
        // 將陣列調整為由小到大排列
        for (c_index = last_index - 1; c_index > 0; c_index--)
        {
            exchange<int>(ref heap_temp[1], ref heap_temp[c_index + 1]);
            adjust_d(heap_temp, 1, c_index);
        }
        Console.Write("\n         ID number\n");
        Console.Write(" =====================\n");
        // 選擇第一種方式輸出，以遞增方式輸出--使用堆疊
        // 選擇第二種方式輸出，以遞減方式輸出--使用佇列
        switch (op)
        {
            case '1':
                for (c_index = 1; c_index <= last_index; c_index++)
```

```
            {
                Console.Write("{0, 14}\n", heap_temp[c_index]);
            }
            break;
        case '2':
            for (c_index = last_index; c_index > 0; c_index--)
            {
                Console.Write("{0, 14}\n", heap_temp[c_index]);
            }
            break;
    }
    Console.Write(" ====================\n");
    Console.Write(" Total member: " + last_index + "\n");
}

public void adjust_u(int[] temp, int index) // INDEX 為目前資料在陣列之 INDEX
{
    while (index > 1)
    { // 將資料往上調整至根為止
        if (temp[index] <= temp[index / 2])  // 資料調整完畢就跳出，否則交換資料
            break;
        else
            exchange<int>(ref temp[index], ref temp[index / 2]);
        index /= 2;
    }
}

// INDEX1 為目前資料在陣列之 INDEX，INDEX2 為最後一筆資料在陣列之 INDEX
public void adjust_d(int[] temp, int index1, int index2)
{
    // ID_NUMBER 記錄目前資料，INDEX_TEMP 則是目前資料之 CHILDEN NODE 的 INDEX
    int id_number, index_temp;
    id_number = temp[index1];
    index_temp = index1 * 2;
    // 當比較資料之 INDEX 不大於最後一筆資料之 INDEX，則繼續比較
    while (index_temp <= index2)
    {
        if ((index_temp < index2) && (temp[index_temp] < temp[index_temp + 1]))
            index_temp++;  // INDEX_TEMP 記錄目前資料之 CHILDEN NODE 中較大者
        if (id_number >= temp[index_temp])  // 比較完畢則跳出，否則交換資料
            break;
        else
        {
            temp[index_temp / 2] = temp[index_temp];
            index_temp *= 2;
        }
    }
    temp[index_temp / 2] = id_number;
}

public void exchange<T>(ref T id1, ref T id2)  // 交換傳來之 ID1 及 ID2 儲存之資料
```

```
    {
        T id_number;
        id_number = id1;
        id1 = id2;
        id2 = id_number;
    }

    public int search(int id_number)  // 尋找陣列中 ID_NUMBER 所在
    {
        int c_index;
        for (c_index = 1; c_index < MAX; c_index++)
            if (id_number == heap_tree[c_index])
                return c_index;  // 找到則回傳資料在陣列中之 INDEX
        return 0;  // 沒找到則回傳 0
    }

}

class Program
{
    static void Main(string[] args)
    {
        HeapTree obj = new HeapTree();
        char option;
        do
        {
            Console.Write("\n ***************************\n");
            Console.Write("          <1> login\n");
            Console.Write("          <2> logout\n");
            Console.Write("          <3> show\n");
            Console.Write("          <4> quit\n");
            Console.Write(" ***************************\n");
            Console.Write(" Please enter your choice: ");
            option = Console.ReadLine().ToCharArray()[0];
            Console.Write("\n");
            switch (option)
            {
                case '1':
                    obj.insert_f();
                    break;
                case '2':
                    obj.delete_f();
                    break;
                case '3':
                    obj.display_f();
                    break;
                case '4':
                    Environment.Exit(0);
                    break;
                default:
                    Console.Write("\n Option error!!\n");
```

```
                    break;
            }
        } while (option != '4');
    }
  }
}
```

📑 輸出結果

```
***************************
        <1> login
        <2> logout
        <3> show
        <4> quit
***************************
Please enter your choice: 1

Please enter login ID number: 309
Login successfully!!

***************************
        <1> login
        <2> logout
        <3> show
        <4> quit
***************************
Please enter your choice: 1

Please enter login ID number: 202
Login successfully!!

***************************
        <1> login
        <2> logout
        <3> show
        <4> quit
***************************
Please enter your choice: 1

Please enter login ID number: 320
Login successfully!!

***************************
        <1> login
        <2> logout
        <3> show
        <4> quit
***************************
Please enter your choice: 1

Please enter login ID number: 260
```

```
Login successfully!!

***************************
        <1> login
        <2> logout
        <3> show
        <4> quit
***************************
Please enter your choice: 3

***************************
        <1> increase
        <2> decrease
***************************
Please enter your option: 1


        ID number
=====================
        202
        260
        309
        320
=====================
Total member: 4

***************************
        <1> login
        <2> logout
        <3> show
        <4> quit
***************************
Please enter your choice: 3

***************************
        <1> increase
        <2> decrease
***************************
Please enter your option: 2


        ID number
=====================
        320
        309
        260
        202
=====================
Total member: 4

***************************
```

```
            <1> login
            <2> logout
            <3> show
            <4> quit
**************************
Please enter your choice: 2

Please enter logout ID number: 202
ID number 202 logout!!

**************************
            <1> login
            <2> logout
            <3> show
            <4> quit
**************************
Please enter your choice: 2

Please enter logout ID number: 309
ID number 309 logout!!

**************************
            <1> login
            <2> logout
            <3> show
            <4> quit
**************************
Please enter your choice: 3

**************************
            <1> increase
            <2> decrease
**************************
Please enter your option: 1


      ID number
=====================
          260
          320
=====================
Total member: 2

**************************
            <1> login
            <2> logout
            <3> show
            <4> quit
**************************
Please enter your choice: 4
```

》程式解說

1. 上例是使用陣列來儲存堆積的資料，共包括有堆積的新增、刪除、輸出資料三個功能，其中成員變數 last_index 記錄了目前堆積最後一筆資料的 index 值。

2. 新增節點

   (1) insert_f() 函數會要求輸入新增節點的值(若是陣列還有空間)，再呼叫 create() 函數來建立新節點。

   (2) create() 函數的步驟是先將資料加入於堆積最後一個節點後，再由下往上調整，使其符合堆積的定義。

   (3) 某節點的父節點之 index 值，為該節點的 index 值除以 2，呼叫 adjust_u() 函數，使節點會不斷往上調整，直至該節點所儲存的資料小於父節點為止。

3. 刪除節點

   (1) delete_f() 函數會要求輸入欲刪除資料，以 search() 函數尋找到該資料所在節點後，呼叫 removes() 函數將資料從堆積陣列中移除。

   (2) removes() 函數會先將欲刪除資料與最後一個節點的資料交換，使用 heap_tree[last_index--] = 0 敘述將最後一筆資料的值儲存為 0，並將 last_index 減 1。

   (3) 最後必須調整之前與最後一筆資料交換的節點，若該節點所儲存的值小於父節點，則呼叫 adjust_u() 往上調整，否則呼叫 adjust_d() 往下調整至符合堆積的定義為止。

4. 輸出節點：輸出節點時，可選擇由小到大排列，或由大到小排列資料。

   (1) 首先必須先產生另一陣列來儲存堆積陣列的值，以此新產生的堆積樹陣列來儲存資料。

   (2) 首先將最後一個節點的資料與第一個節點的資料交換，此時最後一個節點會儲存堆積中最大的值，該值將不會被更動(因為代表最後一個點 index 值的 c_index 會不斷遞減)，而第一個節點必須往下調整至符合堆積樹，如此反覆進行至 c_index 值等於 0。此時，此陣列內資料的排列會呈由小到大排列。(此部份可參考第十三章之堆積排序)

   (3) 將由小到大排列的陣列以堆疊的方式輸出，則可以由大到小排列的方式輸出；以佇列的方式輸出，則為由小到大。

8.6 動動腦時間

1. 以下而上方法將其調整為一棵 Heap。[8.1]

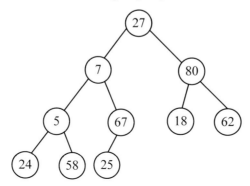

2. 有一棵 Heap 如下[8.1]：

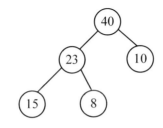

   試回答下列問題：

   (a) 請依序加入 60 和 20 之後的 Heap 為何？

   (b) 承(a)所建立的 Heap 依序刪除 60、23。

3. 試將下列資料建立一棵 Min–heap。[8.2]

   20，30，10，50，60，40，45，5，15，25。

4. 將下列的二元樹，調整為 Min-Max heap。[8.3]

   (a)   (b)

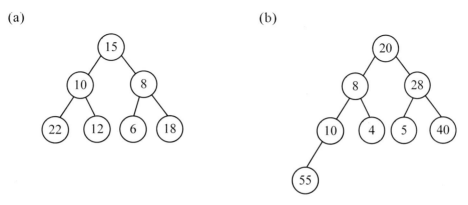

5. 將第 4 題的(b)之最後結果加入 2，之後的結果再刪除 40。[8.3]

6. 有一棵樹其樹根不存放資料，情形如下[8.4]：

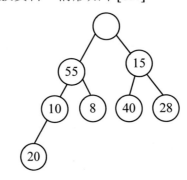

(a) 請將它調整為一 Deap

(b) 將(a)的結果加入 5

(c) 承(b)刪除 55

高度平衡二元樹

9.1 何謂高度平衡二元樹？

高度平衡二元樹(height balanced binary tree)在 1962 年由 Adelson–Velskii 和 Landis 所提出的，因此又稱為 AVL–tree。AVL–tree 定義如下：一棵空樹(empty tree)是高度平衡二元樹。假使 T 不是一棵空的二元樹，T_L 和 T_R 分別是此二元樹的左子樹和右子樹，若符合下列兩個條件，則稱 T 為高度平衡二元樹：(1) T_L 和 T_R 亦是高度平衡二元樹，(2) $|h_L-h_R| \le 1$，其中 h_L 及 h_R 分別是 T_L 和 T_R 的高度。

在一棵二元樹中有一節點 p，其左子樹(T_L)和右子樹(T_R)的高度分別是 h_L 和 h_R，而 BF(p)表示 p 節點的平衡因子(balanced factor)。平衡因子之計算為 h_L 減去 h_R。在一棵 AVL–tree 中，每一節點的平衡因子為 –1、0 或 1，亦即$|BF(p)| \le 1$。

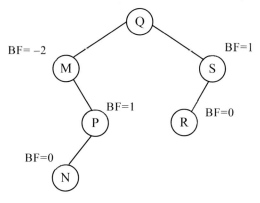

圖 9.1　一棵二元樹的平衡因子

圖 9.1 不是一棵 AVL–tree，因為 M 節點的平衡因子為 –2。每一節點之平衡因子計算如下：Q 節點的左子樹階層為 3，而右子樹階層為 2，故其平衡因子為 3–2=1。M

節點的左子樹階層為 0，而右子樹階層為 2，故其平衡因子為 0–2= –2。其餘節點的平衡因子如圖 9.1 所示。

9.2 高度平衡二元樹加入及其調整方式

高度平衡二元樹可能會因加入或刪除某節點而造成不平衡，此時必須利用四種不同的調整方式 LL，RR，LR，RL，來重建高度平衡二元樹使其平衡。其中 LL，RR 是相對稱的，而 LR 與 RL 亦是相對稱。假設加入的新節點 N，而距此節點 N 最近，且平衡因子為+2 或–2 的祖先節點為 p，則以上四種調整方式的適用時機如下：

1. LL：加入的新節點 N 在節點 p 的左邊的左邊。

2. RR：加入的新節點 N 在節點 p 的右邊的右邊。

3. LR：加入的新節點 N 在節點 p 的左邊的右邊。

4. RL：加入的新節點 N 在節點 p 的右邊的左邊。

9.2.1 LL 型

原有 AVL-tree 如下：

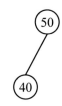

加入 30 後，其圖形如下：

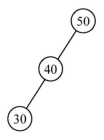

我們可以輕易的看出它不是一棵 AVL-tree，因為 50 節點的平衡因子為 2。由於 30 節點位於 50 節點左邊的左邊，所以其調整的方式為 LL 型。

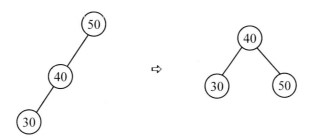

從右圖得知，只要將左圖的 40 節點往上提，50 節點下拉，然後加在 40 節點的右方即可。

再舉一範例，假設有一棵 AVL-tree 如下：

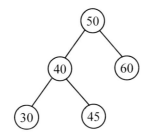

今欲加入節點 20，其圖形如下：

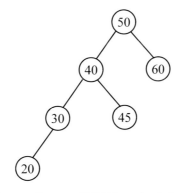

由上圖得知，50 節點的平衡因子為 2，其調整的方式也是 LL 型。雖然 20 節點位於 50 節點左邊的左邊的左邊，但我們只要取前兩項即可。所以若加入的節點不是 20，而是 35，雖然它位於 50 節點左邊的左邊的右邊，但它仍然也是屬於 LL 型。調整的方式為從節點 20 往上找，直到找到一個與它最接近的平衡因子的絕對值大於 1 的節點，如上圖的 50，此時 20 節點位於 50 節點左邊的左邊，故屬於 LL 型的調整方式。注意我們只要調整從 50 節點到加入的 20 節點間，其中所經過的前兩個節點(40、30)即可。

如下圖所示：

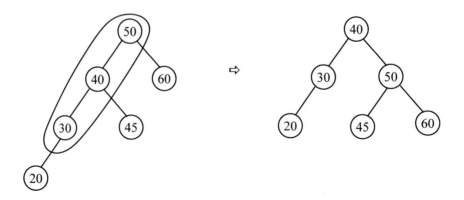

9.2.2 RR 型

原有 AVL-tree 如下：

加入 70 後，其圖形如下：

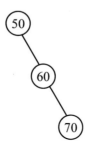

我們可以輕易的看出它不是一棵 AVL-tree，因為 50 節點的平衡因子為–2。由於 70 節點位於 50 節點右邊的右邊，所以其調整的方式為 RR 型。

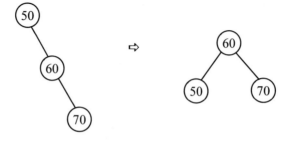

從右圖得知，只要將左圖的 60 節點往上提，50 節點往下加在 60 節點的左方即可。

再舉一例，假設有一棵 AVL-tree 如下：

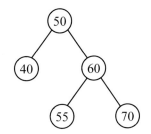

今欲加入 80 節點，其圖形如下：

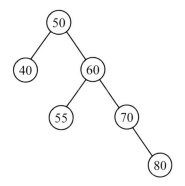

由上圖得知，50 節點的平衡因子為–2，其調整的方式也是 RR 型。雖然 80 節點位於 50 節點右邊的右邊的右邊，但我們只要取前兩項即可。所以若加入的節點不是 80，而是 65，雖然它位於 50 節點右邊的右邊的左邊，但它仍然也是屬於 RR 型。調整的方式為從節點 80 往上找，直到找到一個與它最接近的平衡因子的絕對值大於 1 的節點。如上圖的 50，此時 80 節點位於 50 節點右邊的右邊，故屬於 RR 型的調整方式，注意我們只要調整從 50 節點到加入的 80 節點間，其中所經過的前兩個節點(60、70)即可。

如下圖所示：

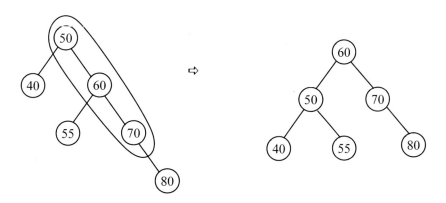

9.2.3 LR 型

原有 AVL-tree 如下：

加入 45 後，其圖形如下：

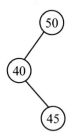

我們可以輕易的看出它不是一棵 AVL-tree，因為 50 節點的平衡因子為 2。由於 45 節點位於 50 節點左邊的右邊，所以其調整的方式為 LR 型。

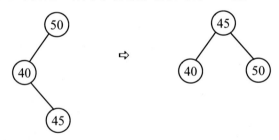

從右圖得知，只要將左圖的 45 節點往上提，50 節點加在 45 節點的右方即可，因為 50 大於 45；40 節點加在 45 節點的左方，因為 40 小於 45。

再舉一例，假設有一棵 AVL-tree 如下：

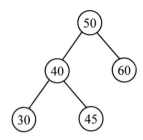

今欲加入 42 節點，其圖形如下：

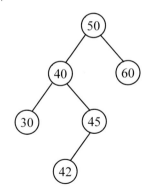

由上圖得知，50 節點的平衡因子為 2，其調整的方式也是 LR 型。雖然 42 節點位於 50 節點左邊的右邊的左邊，但我們只要取前兩項即可。所以若加入的節點不是 42 而是 48，雖然它位於 50 節點左邊的右邊的右邊，但它仍然也是屬於 LR 型。調整的方式為從節點 42 往上找，直到找到一個與它最接近的平衡因子的絕對值大於 1 的節點。如上圖的 50，此時 42 節點位於 50 節點左邊的右邊，故屬於 LR 型的調整方式，注意我們只要調整從 50 節點到加入的 42 節點間，其中所經過的前兩個節點(40、45)即可。如下圖所示：

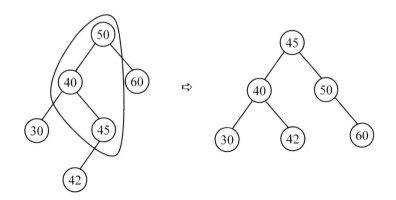

9.2.4 RL 型

原有 AVL-tree 如下：

加入 56 後，其圖形如下：

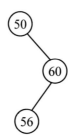

我們可以輕易的看出它不是一棵 AVL-tree，因為 50 節點的平衡因子為 –2。由於 56 節點位於 50 節點右邊的左邊，所以其調整的方式為 RL 型。

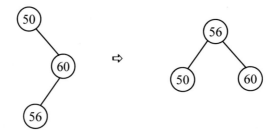

從右圖得知，只要將左圖的 56 節點往上提，60 節點加在 56 節點的右方即可，因為 60 大於 56；50 節點加在 56 節點的左方，因為 50 小於 56。

再舉一例，假設有一棵 AVL-tree 如下：

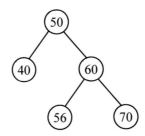

今欲加入 52 節點，其圖形如下：

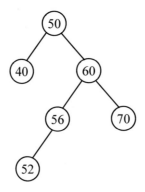

由上圖得知，50 節點的平衡因子為–2，其調整的方式也是 RL 型。雖然 52 節點位於 50 節點右邊的左邊的左邊，但我們只要取前兩項即可。所以若加入的節點不是 52

而是 58，雖然它位於 50 節點右邊的左邊的右邊，但它仍然也是屬於 RL 型。調整的方式為從節點 52 往上找，直到找到一個與它最接近的平衡因子的絕對值大於 1 的節點。如上圖的 50，此時 52 節點位於 50 節點右邊的左邊，故屬於 RL 型的調整方式，注意我們只要調整從 50 節點到加入的 52 節點間，其中所經過的前兩個節點(60、56)即可。如下圖所示：

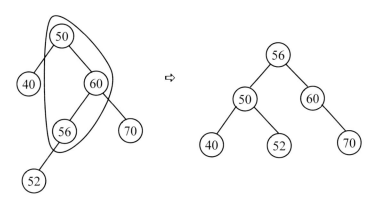

我們來看一較複雜的範例，利用上述各種調整方式，使其再平衡(rebalanced)。假設原來的 AVL-tree 是空的。

1.　加入 Mary，加入後 AVL-tree 變為

　　符合 AVL-tree 的定義。

2.　加入 May，加入後 AVL-tree 為

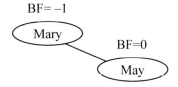

　　亦符合 AVL-tree 的定義，不需做調整。

3.　加入 Mike，加入後 AVL-tree 如下所示：因其不符合 AVL-tree 的定義，利用 RR 的調整方式，使之再平衡。

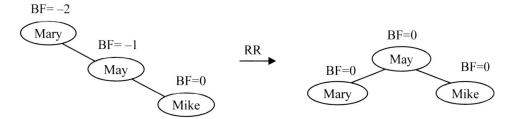

4. 加入 Devin，加入後 AVL-tree 如下所示，此 AVL-tree 符合定義，不需做調整。

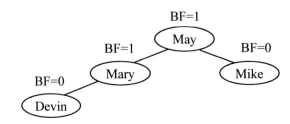

5. 加入 Bob，加入後 AVL-tree 如下所示，因其不符合 AVL-tree 的定義。由於它是屬 LL 型。因此，利用 LL 型的調整方式來解決。

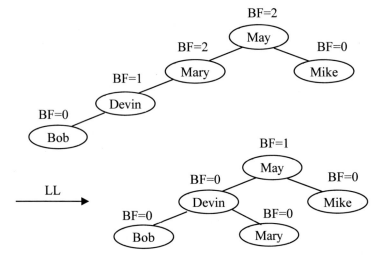

6. 加入 Jack，加入後 AVL-tree 如下所示，因其不符合 AVL-tree 的定義，而且 Jack 加在 May 節點的左子樹的右子樹，因此利用 LR 的第(2)類的調整方式使之再平衡。

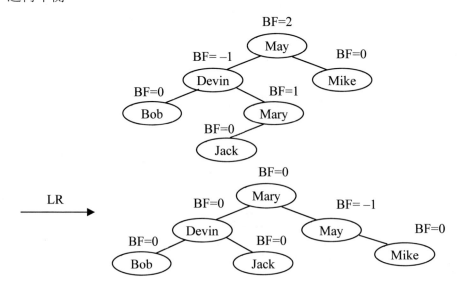

7. 加入 Helen，加入後的 AVL-tree 如下所示，由於各節點的 BF(平衡因子)絕對值皆小於 2，故其符合 AVL-tree 的定義，不需做調整。

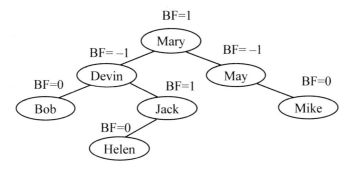

8. 加入 Joe，加入後 AVL-tree 如下所示，由於其也是符合 AVL-tree，所以不需做調整。

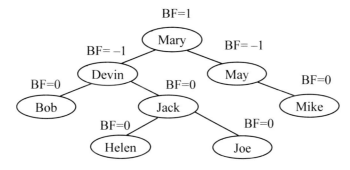

9. 加入 Ivy，加入後的 AVL-tree 如下所示，此時有兩個節點的 BF 的絕對值大於 1，如 Mary 和 Devin，根據定義，選與加入節點 Ivy 最靠近的節點 Devin，由此知此為 RL 型，因此利用 RL 型的調整方式來使之再平衡。要注意的是被調整的部份，是局部的，而不是整棵 AVL-tree 的調整哦！

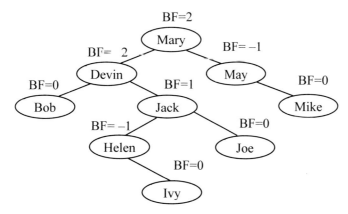

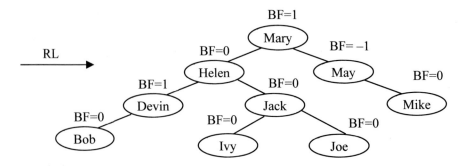

10. 加入 John，加入後的 AVL–tree 如下所示，因其不符合 AVL-tree 的定義。而由 John 加入的方式是利用 LR 的調整方式使之再平衡。

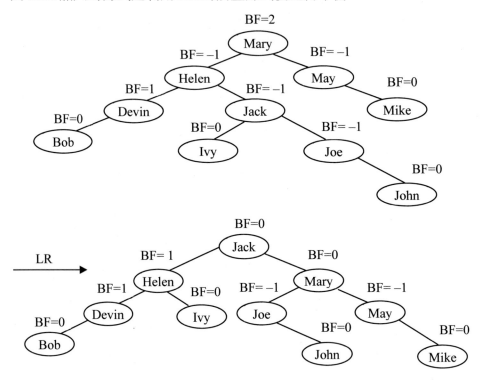

11. 加入 Peter 後的 AVL-tree 如下所示，因其不符合 AVL-tree 的定義，利用 RR 的調整方式使之再平衡。

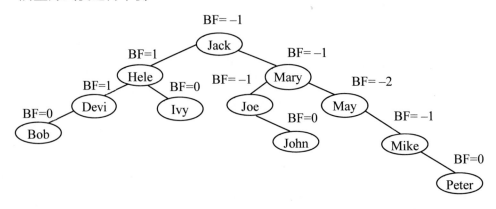

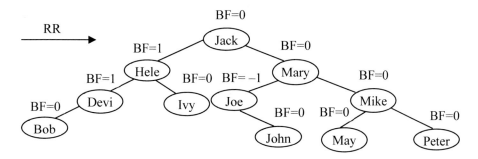

12. 加入 Tom 後的 AVL-tree 如下所示，因其符合 AVL-tree 的定義，所以不需再做調整。

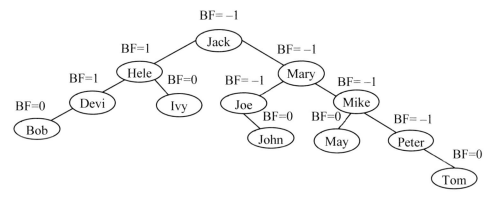

以上是加入的調整方式，而刪除的動作與二元搜尋樹的刪除相同，當刪除動作完成後，再計算平衡因子，並作適當的調整。AVL-tree 保證在最壞的情況下，加入、刪除與搜尋任一節點，所需要的時間為 O(log n)。

⌨ 練習題

將下列的鍵值依序建立一棵 AVL tree，若加入一鍵值時，不符合 AVL-tree 則調整之，並寫出其所對應的型態，如 RR、LL、LR 或 RL。鍵值如下：Jan、Feb、Mar、Apr、May、Jun、July、Aug、Sep、Oct、Nov 及 Dec。

9.3 高度平衡二元樹刪除及其調整方式

假設存在一棵 AVL-tree 如下：

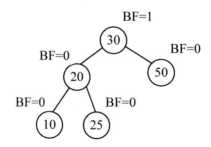

如欲刪除樹葉節點 50，則結果如下圖所示：

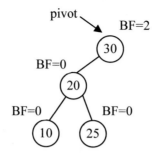

刪除節點 50 後，重新計算其 BF 值，從替代節點往上尋找 pivot 點(遇到第一個 BF 值的絕對值大於 1 的節點)為 30，當 pivot 節點的 BF 值(大於等於 0)時往左子樹、小於 0 時往右子樹找下一個節點，由於節點 30 的 BF 值為 2 大於等於 0，故往 pivot 節點的左子樹找到節點 20，其 BF 值大於等於 0，找到此可知調整型態為 LL 型，不需再往下搜尋。調整結果如下：

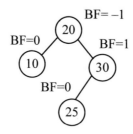

注意！若找不到 BF 值大於 1 的話，則表示此棵樹還是一棵 AVL-tree。

看完了刪除樹葉節點後，再來看看如何刪除非樹葉節點。有一棵 AVL-tree 如下：

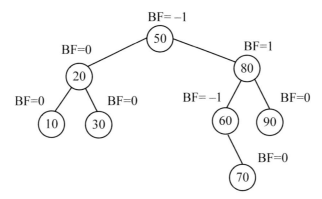

若欲刪除 80，可找到替代節點 90(右子樹中最小的節點)，如下圖所示：

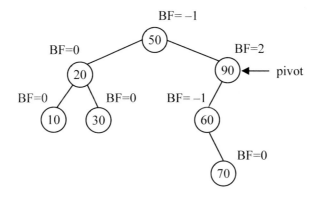

此時由替代節點往上尋找 pivot 節點，其 BF 值為 2 大於 0，往其左子樹尋找下一節點的 BF 值為-1 小於 0，由此可知調整型態為 LR 型，結果如下：

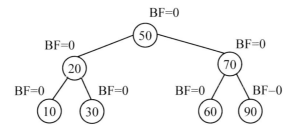

由以上範例，可以找出調整的規則如下：

◆ 當 pivot.BF >= 0：

$\begin{cases} \text{pivot.llink.BF} >= 0 => \text{LL 型} \\ \text{pivot.llink.BF} < 0 => \text{LR 型} \end{cases}$

◆ 當 pivot.BF < 0：

$\begin{cases} \text{pivot.rlink.BF} >= 0 => \text{RL 型} \\ \text{pivot.rlink.BF} < 0 => \text{RR 型} \end{cases}$

有關 AVL-Tree 之程式實作，請參閱 9.4 節。

練習題

1. 有一棵 AVL-tree 如下

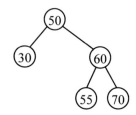

   試問刪除 30 後的 AVL-tree。

2. 有一棵 AVL-tree

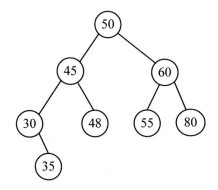

   刪除 45 後的 AVL-tree(規定以右子樹中的最小鍵值取代之)。

9.4 程式集錦

(一) 利用 AVL-tree 處理學生成績資料 —加入、刪除、修改、輸出

📑 C# 程式語言實作》

```
/* File name: AvlTree.cs */
/* February, 2018 */
/* 利用 AVL-TREE 處理資料--新增、刪除、修改、輸出 */

using System;

namespace AvlTree
{
    class Student
    {
```

```
        public string name;
        public int score;
        public int bf;
        public Student llink, rlink;
    }

    class AvlTree
    {
        Student ptr, root, current, prev, pivot, pivot_prev;

        public AvlTree()
        {
            root = null;
            prev = null;
            pivot_prev = null;
        }

        public void insert_f()
        {
            string name_t;
            int score_t;
            Console.Write(" Please enter student name: ");
            name_t = Console.ReadLine();
            Console.Write(" Please enter student score: ");
            score_t = Convert.ToInt16(Console.ReadLine());
            sort_f(name_t, score_t);    // 呼叫 SORT_F 函數作排序及平衡
        }

        public void sort_f(string name_t, int score_t)
        {
            int op;
            current = root;
            while ((current != null) && (name_t.CompareTo(current.name) != 0))
            {
                if (name_t.CompareTo(current.name) < 0)
                { // 插入資料小於目前位置，則往左移
                    prev = current;
                    current = current.llink;
                }
                else
                {  // 若大於目前位置，則往右移
                    prev = current;
                    current = current.rlink;
                }
            }
            // 找到插入位置，無重覆資料存在
            if (current == null || name_t.CompareTo(current.name) != 0)
            {
                ptr = new Student();  // 配置記憶體
                ptr.name = name_t;
                ptr.score = score_t;
```

```
                    ptr.llink = null;
                    ptr.rlink = null;
                    if (root == null)
                        root = ptr;    // ROOT 不存在，則將 ROOT 指向插入資料
                    else if (ptr.name.CompareTo(prev.name) < 0)
                        prev.llink = ptr;
                    else
                        prev.rlink = ptr;
                    bf_count(root);
                    pivot = pivot_find();
                    if (pivot != null)
                    {   // PIVOT 存在，則須改善為 AVL-TREE
                        op = type_find();
                        switch (op)
                        {
                            case 11:
                                type_ll();
                                break;
                            case 22:
                                type_rr();
                                break;
                            case 12:
                                type_lr();
                                break;
                            case 21:
                                type_rl();
                                break;
                        }
                    }
                    bf_count(root);  // 重新計算每個節點的 BF 值
            }
        else    // 欲插入資料 KEY 已存在，則顯示錯誤
            Console.Write(" Student " + name_t + " has existed\n");
}

public void delete_f()
{
    Student clear;
    string name_t;
    int op;
    // 若根不存在，則顯示錯誤
    if (root == null)
        Console.Write(" No student record\n");
    else
    {
        Console.Write(" Please enter student name to delete: ");
        name_t = Console.ReadLine();
        current = root;
        while (current != null && name_t.CompareTo(current.name) != 0)
        {
            // 若刪除資料鍵值小於目前所在資料，則往左子樹
```

```
                    if (name_t.CompareTo(current.name) < 0)
                    {
                        prev = current;
                        current = current.llink;
                    }
                    // 否則則往右子樹
                    else
                    {
                        prev = current;
                        current = current.rlink;
                    }
                }
                // 找不到刪除資料，則顯示錯誤
                if (current == null)
                {
                    Console.Write(" Student " + name_t + " not found\n");
                    return;
                }
                // 找到欲刪除資料的狀況
                if (name_t.CompareTo(current.name) == 0)
                {
                    // 當欲刪除資料底下無左右子樹存在的狀況
                    if (current.llink == null && current.rlink == null)
                    {
                        clear = current;
                        if (name_t.CompareTo(root.name) == 0)  // 欲刪除資料為根
                            root = null;
                        else
                        {
                            // 若不為根，則判斷其為左子樹或右子樹
                            if (name_t.CompareTo(prev.name) < 0)
                                prev.llink = null;
                            else
                                prev.rlink = null;
                        }
                        clear = null;  // 釋放記憶體
                    }
                    else
                    {
                        // 以左子樹最大點代替刪除資料
                        if (current.llink != null)
                        {
                            clear = current.llink;
                            while (clear.rlink != null)
                            {
                                prev = clear;
                                clear = clear.rlink;
                            }
                            current.name = clear.name;
                            current.score = clear.score;
                            if (current.llink == clear)
```

```
                                     current.llink = clear.llink;
                            else
                                     prev.rlink = clear.llink;
                    }
                    // 以右子樹最小點代替刪除資料
                    else
                    {
                            clear = current.rlink;
                            while (clear.llink != null)
                            {
                                     prev = clear;
                                     clear = clear.llink;
                            }
                            current.name = clear.name;
                            current.score = clear.score;
                            if (current.rlink == clear)
                                     current.rlink = clear.rlink;
                            else
                                     prev.llink = clear.rlink;
                    }
                    clear = null;    // 釋放記憶體
            }
            bf_count(root);
            if (root != null)
            {      // 若根不存在，則無需作平衡改善
                    pivot = pivot_find();        // 尋找 PIVOT 所在節點
                    if (pivot != null)
                    {
                            op = type_find();
                            switch (op)
                            {
                                     case 11:
                                             type_ll();
                                             break;
                                     case 22:
                                             type_rr();
                                             break;
                                     case 12:
                                             type_lr();
                                             break;
                                     case 21:
                                             type_rl();
                                             break;
                            }
                    }
                    bf_count(root);
            }
            Console.Write(" Student data deleted\n");
        }
    }
}
```

```csharp
public void modify_f()
{
    string name_t;
    Console.Write(" Please enter student name to update: ");
    name_t = Console.ReadLine();
    current = root;
    // 尋找欲更改資料所在節點
    while ((current != null) && (name_t.CompareTo(current.name) != 0))
    {
        if (name_t.CompareTo(current.name) < 0)
            current = current.llink;
        else
            current = current.rlink;
    }
    // 若找到欲更改資料，則列出原資料，並要求輸入新的資料
    if (current != null)
    {
        Console.Write(" ***************************\n");
        Console.Write("  Student name : " + current.name + "\n");
        Console.Write("  Student score: " + current.score + "\n");
        Console.Write(" ***************************\n");
        Console.Write(" Please enter new score: ");
        current.score = Convert.ToInt16(Console.ReadLine());
        Console.Write(" Data update successfully\n");
    }
    // 沒有找到資料則顯示錯誤
    else
        Console.Write(" Student " + name_t + " not found\n");
}


public void list_f()
{
    if (root == null)
        Console.Write(" No student record\n");
    else
    {
        Console.Write(" ***************************\n");
        Console.Write("    Name                Score\n");
        Console.Write(" --------------------------\n");
        inorder(root);    // 使用中序法輸出資料
        Console.Write(" ***************************\n");
    }
}

public void inorder(Student trees)  // 中序使用遞迴
{
    if (trees != null)
    {
        inorder(trees.llink);
        Console.Write("   {0, -20} ", trees.name);
```

```
            Console.Write("{0, 3}\n", trees.score);
            inorder(trees.rlink);
        }
    }

    public void preorder(Student trees) // 前序採遞迴法
    {
        if (trees != null)
        {
            Console.Write(trees.name + " " + trees.score + "\n");
            preorder(trees.llink);
            preorder(trees.rlink);
        }
    }

    public void bf_count(Student trees)  // 計算 BF 值，使用後序法逐一計算
    {
        if (trees != null)
        {
            bf_count(trees.llink);
            bf_count(trees.rlink);
            // BF 值計算方式為左子樹高減去右子樹高
            trees.bf = height_count(trees.llink) - height_count(trees.rlink);
        }
    }

    public int height_count(Student trees)
    {
        if (trees == null)
            return 0;
        else if (trees.llink == null && trees.rlink == null)
            return 1;
        else
            return 1 + (height_count(trees.llink) > height_count(trees.rlink) ?
                        height_count(trees.llink) : height_count(trees.rlink));
    }

    public Student pivot_find()
    {
        current = root;
        pivot = null;
        while (current != ptr)
        {
            // 當 BF 值的絕對值小於等於 1，則將 PIVOT 指向此節點
            if (current.bf < -1 || current.bf > 1)
            {
                pivot = current;
                if (pivot != root)
                    pivot_prev = prev;
            }
```

```
        if (ptr.name.CompareTo(current.name) < 0)
        {
            prev = current;
            current = current.llink;
        }
        else
        {
            prev = current;
            current = current.rlink;
        }
    }
    return pivot;
}

public int type_find()
{
    int i, op_r = 0;

    current = pivot;
    for (i = 0; i < 2; i++)
    {
        if (ptr.name.CompareTo(current.name) < 0)
        {
            current = current.llink;
            if (op_r == 0) op_r += 10;
            else op_r++;
        }
        else
        {
            current = current.rlink;
            if (op_r == 0) op_r += 20;
            else op_r += 2;
        }
    }
    // 傳回值 11、22、12、21 分別代表 LL、RR、LR、RL 型態
    return op_r;
}

public void type_ll()  // LL 型態
{
    Student pivot_next, temp;
    pivot_next = pivot.llink;
    temp = pivot_next.rlink;
    pivot_next.rlink = pivot;
    pivot.llink = temp;
    if (pivot == root)
        root = pivot_next;
    else if (pivot_prev.llink == pivot)
        pivot_prev.llink = pivot_next;
    else
        pivot_prev.rlink = pivot_next;
```

```
        }

        public void type_rr()   // RR 型態
        {
            Student pivot_next, temp;
            pivot_next = pivot.rlink;
            temp = pivot_next.llink;
            pivot_next.llink = pivot;
            pivot.rlink = temp;
            if (pivot == root)
                root = pivot_next;
            else if (pivot_prev.llink == pivot)
                pivot_prev.llink = pivot_next;
            else
                pivot_prev.rlink = pivot_next;
        }

        public void type_lr()   // LR 型態
        {
            Student pivot_next, temp;
            pivot_next = pivot.llink;
            temp = pivot_next.rlink;
            pivot.llink = temp.rlink;
            pivot_next.rlink = temp.llink;
            temp.llink = pivot_next;
            temp.rlink = pivot;
            if (pivot == root)
                root = temp;
            else if (pivot_prev.llink == pivot)
                pivot_prev.llink = temp;
            else
                pivot_prev.rlink = temp;
        }

        public void type_rl()   // RL 型態
        {
            Student pivot_next, temp;
            pivot_next = pivot.rlink;
            temp = pivot_next.llink;
            pivot.rlink = temp.llink;
            pivot_next.llink = temp.rlink;
            temp.rlink = pivot_next;
            temp.llink = pivot;
            if (pivot == root)
                root = temp;
            else if (pivot_prev.llink == pivot)
                pivot_prev.llink = temp;
            else
                pivot_prev.rlink = temp;
        }
```

```
    }

    class Program
    {
        static void Main(string[] args)
        {
            AvlTree obj = new AvlTree();
            char option;
            Console.WriteLine();
            do
            {
                Console.Write(" ***************************\n");
                Console.Write("            <1> insert\n");
                Console.Write("            <2> delete\n");
                Console.Write("            <3> modify\n");
                Console.Write("            <4> list\n");
                Console.Write("            <5> exit\n");
                Console.Write(" ***************************\n");
                Console.Write("  Please input your choice: ");
                option = Console.ReadLine().ToCharArray()[0];
                switch (option)
                {
                    case '1':
                        obj.insert_f();
                        break;
                    case '2':
                        obj.delete_f();
                        break;
                    case '3':
                        obj.modify_f();
                        break;
                    case '4':
                        obj.list_f();
                        break;
                    case '5':
                        Environment.Exit(0);
                        break;
                }
            } while (option != '5');
        }
    }
}
```

📄 輸出結果

```
***************************
        <1> insert
        <2> delete
        <3> modify
        <4> list
        <5> exit
```

```
****************************
 Please input your choice: 1
Please enter student name: Adney
Please enter student score: 75
****************************
        <1> insert
        <2> delete
        <3> modify
        <4> list
        <5> exit
****************************
 Please input your choice: 1
Please enter student name: Archie
Please enter student score: 98
****************************
        <1> insert
        <2> delete
        <3> modify
        <4> list
        <5> exit
****************************
 Please input your choice: 1
Please enter student name: Cadence
Please enter student score: 73
****************************
        <1> insert
        <2> delete
        <3> modify
        <4> list
        <5> exit
****************************
 Please input your choice: 1
Please enter student name: Vadim
Please enter student score: 82
****************************
        <1> insert
        <2> delete
        <3> modify
        <4> list
        <5> exit
****************************
 Please input your choice: 4
****************************
  Name             Score
---------------------------
  Adney             75
  Archie            98
  Cadence           73
  Vadim             82
****************************
****************************
```

```
              <1> insert
              <2> delete
              <3> modify
              <4> list
              <5> exit
****************************
  Please input your choice: 3
Please enter student name to update: Vadim
****************************
  Student name : Vadim
  Student score: 82
****************************
Please enter new score: 85
Data update successfully
****************************
              <1> insert
              <2> delete
              <3> modify
              <4> list
              <5> exit
****************************
  Please input your choice: 4
****************************
  Name              Score
  --------------------------
  Adney              75
  Archie             98
  Cadence            73
  Vadim              85
****************************
****************************
              <1> insert
              <2> delete
              <3> modify
              <4> list
              <5> exit
****************************
  Please input your choice: 2
Please enter student name to delete: Archie
Student data deleted
****************************
              <1> insert
              <2> delete
              <3> modify
              <4> list
              <5> exit
****************************
  Please input your choice: 4
****************************
  Name              Score
  --------------------------
```

```
   Adney                          75
   Cadence                        73
   Vadim                          85
 *****************************
 *****************************
          <1> insert
          <2> delete
          <3> modify
          <4> list
          <5> exit
 *****************************
 Please input your choice: 5
```

》 **程式解說**

1. 上例是以鏈結串列來處理 AVL-tree 的新增、刪除、修改及輸出。

2. 新增節點

    (a) insert_f() 會要求輸入新增節點的資料，並建立新的節點並排序資料，以符合 AVL-tree 的定義。

    (b) AVL-tree 的新增方式與二元搜尋樹相同，重點在於節點新增後必須判斷該樹是否符合 AVL-tree，若不符合則必須改善。在節點新增完畢後，會呼叫 bf_count() 函數來計算各節點之 bf 值，並以 pivot_find() 來搜尋節點中是否存在 pivot。

    (c) bf_count() 函數是使用遞迴的方式來逐一計算各個節點的 bf 值，bf 值為左子樹減去右子樹高，呼叫 height_count() 函數來計算樹高。height_count() 函數也是以遞迴的方式來計算樹高，函數會逐一傳回子樹較高者。

    (d) pivot_find() 函數會從 root 開始往新增節點 ptr 的方向(即 ptr 與目前指標 this_n 所指向節點的關係，ptr 為 this_n 有左子樹，則往左；反之往右)，若 ptr 為逐一尋找 bf 值的絕對值大於 1 的節點，並將 ptr 指向此節點，搜尋至最後 pivot 所指向的節點即為 pivot 所在。若 pivot 不存在，則 pivot 指標會指向 null。

    (e) 找到 pivot 後，會呼叫 type_find() 函數找尋調整方式，11 代表 LL，22 代表 RR，12 代表 LR，21 代表 RL。type_find() 的搜尋方式是由 pivot 往新增節點 ptr 的關係往下判斷。舉例來說，ptr 為目前指標所在之左子樹，則往左(即 L)，接下來若 ptr 為目前指標所在之右子樹，則往右(即 R)，如此則為 LR 的型態，計算時第一步 L 為 10，第二步 R 為 2，10 加 2 為 12，代表 LR。其他狀況可依此類推。

3. 刪除節點

   delete_f()函數會要求輸入欲刪除資料，其刪除節點的方式亦與二元搜尋樹相同，當刪除節點不為樹葉節點時，必須以左子樹最大節點，或右子樹最小節點來與刪除節點的資料交換。刪除完畢後，與新增時一樣會呼叫 bf_count()來重新計算各節點之 bf 值。

4. 修改節點資料

   modify_f()函數會要求使用者輸入欲修改節點，列出原資料後，要求輸入新的資料，完成修改。

5. 輸出節點

   節點的資料輸出是採中序法，呼叫 inorder()函數以遞迴的方式將節點由小到大輸出。

9.5 動動腦時間

1. 何謂高度平衡樹(或 AVL-tree)，請詳加追蹤 AVL-tree 在找尋或加入某一識別字(或稱鍵值)的演算法，然後完成刪除 AVL-tree 中某一識別字的演算法。[9.1]

2. 簡述 AVL-tree 各種再平衡(rebalanced)的型態。[9.1]

3. 請依序加入下列的鍵值，建立其所對應的 AVL-tree：Mar、May、Nov、Aug、Apr、Jan、Dec、July、Feb、June、Oct、Sep，若加入某一鍵值不符合 AVL-tree 時，請加以調整之。[9.2]

4. 將第 3 題建立好的 AVL-Tree，依序刪除 Jan, Feb 和 Mar，寫出其對應的 AVL-tree(將取用右子樹中的最小的節點來取代被刪除的節點)。[9.3]

10

2-3 Tree 與 2-3-4 Tree

10.1 2-3 Tree

何謂 2-3 Tree 呢？一棵 2-3 Tree 可以是空集合，若不是空集合，則必須符合下列幾項定義：

1. 2-3 Tree 中的節點可以存放一筆或兩筆資料。

2. 若節點中存放了一筆資料 data，其必須存在兩個子節點 – 左子節點與右子節點。假設資料 data 的鍵值為 data.key，則

    (a) 左子節點所存放的資料鍵值必須小於 data.key。

    (b) 右子節點所存放的資料鍵值必須大於 data.key。

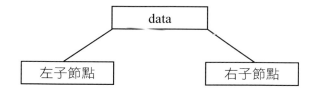

3. 若節點中存放了兩筆資料 Ldata 與 Rdata，則會存在三個子節點 – 左子節點、中子節點與右子節點。假設資料 Ldata 與 Rdata 的鍵值分別為 Ldata.key 與 Rdata.key，則

    (a) Ldata.key < Rdata.key。

    (b) 左子節點所存放的資料鍵值必須小於 Ldata.key。

    (c) 中子節點所存放的資料鍵值必須大於 Ldata.key，小於 Rdata.key。

    (d) 右子節點所存放的資料鍵值必須大於 Rdata.key。

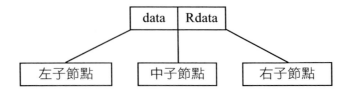

4. 樹中的所有樹葉節點必須為同一階度。

10.1.1 2-3 Tree 的加入方法

從 2-3 Tree 中開始搜尋，假使加入的資料其鍵值在 2-3 Tree 中找不到，則直接加入到 2-3 Tree 中。假設加入的節點

1. 該節點只有一筆資料，則直接加入。

2. 該節點已存在兩筆資料，若再加入一筆資料，則會形成三筆資料，與 2-3 tree 不符，此時必須將此節點一分為二，並將中間的那筆資料，往上提到其父節點。

3. 若此父節點也有二筆資料，若再加入子節點送來的一筆資料，將不符合 2-3 tree，則繼續將此節點一分為二，並將中間資料往上提，加入其父節點，重複此步驟，直到符合 2-3 tree 為止。

請看下例之說明

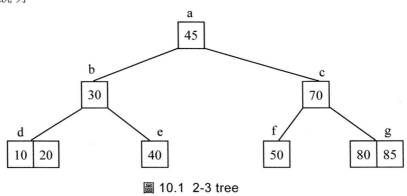

圖 10.1 2-3 tree

(1) 加入 60 於圖 10.1，依搜尋結果將 60 加入於 f 節點中，由於 f 節點的鍵值數只有一個，故直接加入即可。

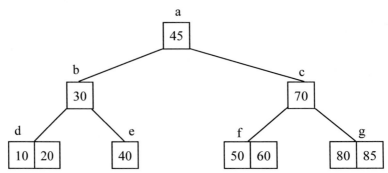

(2)　承(1)加入 90，由於 g 節點已有兩個鍵值 80 與 85，因此必須將 g 節點劃分為 g，h 兩個節點，然後將 85 加入其父節點 c 中。

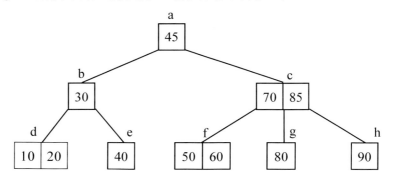

(3)　承(2)加入 55，以同樣的方法將 f 劃分為 f 及 i，並將 55 加入 c 節點，由於 c 節點已有兩個鍵值，若再加入一鍵值勢必也要劃分 c 節點為二，其為 c，j，並將 70 加入其父節點 a。

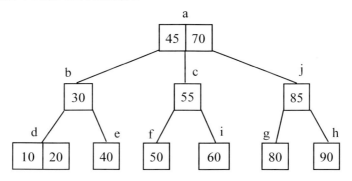

(4)　承(3)加入 15，並調整如下：

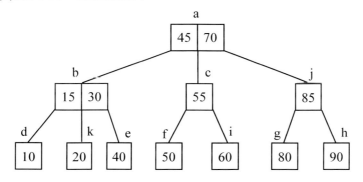

(5) 承(4)加入 25

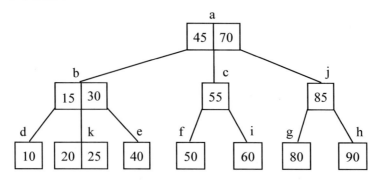

(6) 承(5)再加入 17，以同樣的方式加以調整之，最後的結果如下所示：

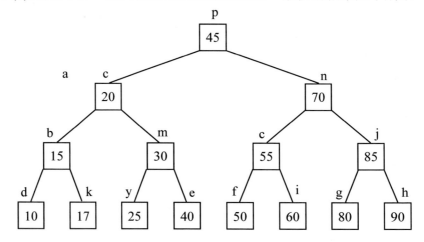

10.1.2 2-3 Tree 的刪除方法

2-3 Tree 的刪除分成兩部份：一為刪除的節點是樹葉節點，二為刪除的節點為非樹葉節點。

1. 若刪除的節點是樹葉節點

(1) 如欲刪除鍵值 70，刪除後 f 節點中還有一個鍵值 75 存在，則刪除完畢，因為尚符合 2-3 Tree 的定義。

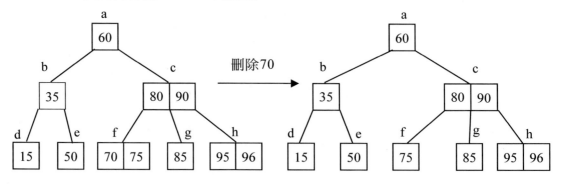

(2) 若刪除後節點中不存在任何的鍵值，因為不符合 2-3 Tree 的定義，因此必須加以調整，我們以下列四種狀況討論之。

(a) 如欲刪除下圖 p 節點中的鍵值 85，則找右邊的兄弟節點 p'，若 p' 節點存在兩個鍵值，則取出 p 的父節點 p_f 中 k_i 的鍵值以取代欲刪除的鍵值 (k_i 為大於欲刪除的鍵值，而且小於 p' 節點的所有鍵值)，此時的 k_i 為90，然後從 p' 節點取出最小的鍵值(95)放入 p 的父節點 p_f 中，以取代鍵值 90。

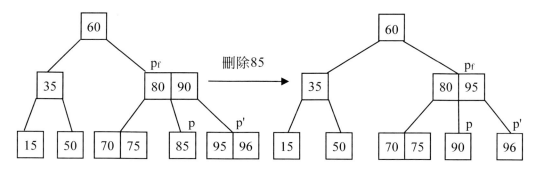

(b) 如欲刪除下圖 p 節點中的鍵值 90，其在 p 節點右邊找不到有一節點含有兩個鍵值時，則找其左邊的兄弟節點，若有一左兄弟節點 q' 含有二個鍵值，則從 p 的父節點 p_f 中取出 k_i 的鍵值以取代欲刪除的鍵值 (k_i 為小於欲刪除的鍵值，而且大於 p' 節點的所有鍵值)，此時的 k_i 為 80，然後從 q' 節點取出最大的鍵值 75 放入 p 的父節點 p_f 中，以取代鍵值 80。結果如下圖的右邊 2-3 tree 所示。

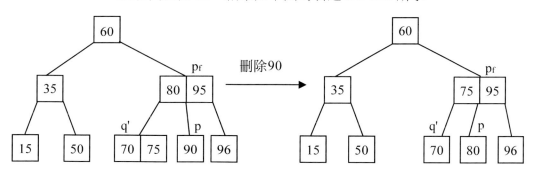

(c) 假若欲刪除的節點 p 為中子節點，且其左、右兄弟節點的鍵值個數皆只有一個，則下列二種情形皆可，(一)p 節點與右兄弟節點 p' 及其父節點 pf 的右邊鍵值合併成 pc 節點(即 p、p' 與 pf 三個節點合併)。(二)也可以找 p 節點的左兄弟節點 q'，將其與父節點 pf 中的左邊鍵值合併成 pc 節點(即 p、q' 與 pf 三個節點合併)。當然啦，先左或先右節點合併並不是絕對的順序。

(d) 若刪除的節點 p 是左子節點，則將其右兄弟節點 p' 與 pf 左邊的鍵值合併成 pc 節點中；反之，若刪除的節點 p 是右子節點，則將其左兄弟節點 q' 與 pf 的右邊鍵值合併成節點 pc。

請看下一個範例，將圖 10.2 分別刪除鍵值 70、80 及 96。

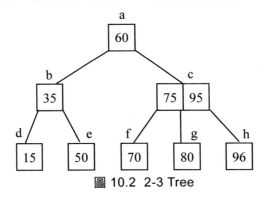

圖 10.2 2-3 Tree

(i) 首先從圖 10.2 刪除 70，刪除後並不符合 2-3 Tree 的定義，且 f 節點的右節點 g 的鍵值個數只有一個，因此將 g 與 c 節點中的左邊鍵值 75 合併成 f* 點，並刪除 g 節點，結果如下圖所示：

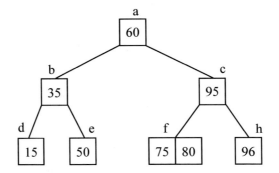

(ii) 刪除圖 10.2 的鍵值 80，刪除後亦不符合 2-3 Tree 的定義，一樣先將其右兄弟節點 h 與其父節點 c 的右邊鍵值 95 合併成 g' 節點後，並刪除 g 節點，如下圖所示：

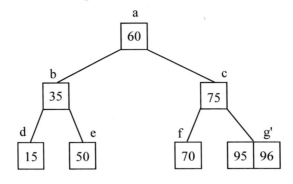

(iii) 若刪除圖 10.2 的鍵值 96，刪除後仍不符合 2-3 Tree 的定義，且沒有右兄弟節點，因此將最近的左兄弟節點 g 與 c 中的右邊鍵值 95 合併成 g' 節點後，刪除 h 節點，情況如下圖所示：

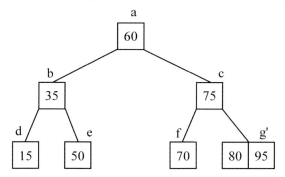

2. 若刪除的節點為非樹葉節點

假設欲刪除的鍵值 x 為非樹葉節點，此時須找尋一節點 p'，此 p' 節點可以是鍵值 x 的右子樹或左子樹中的某一節點，若 p' 是 x 的右子樹中的某一節點，則取 p' 節點的最小值來取代 x 值，若 p' 是 x 的左子樹中的某一節點，則取 p' 節點中的最大值來取代 x 值。一般我們皆先找右子樹，但此不是絕對的，依個人的喜好而定。如圖 10.3。

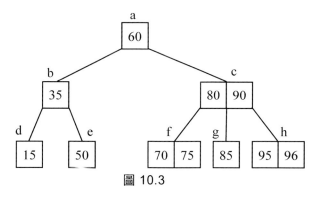

圖 10.3

若刪除 60，找到 p' 節點為 f，從中取出最小值 70，並代替 60。

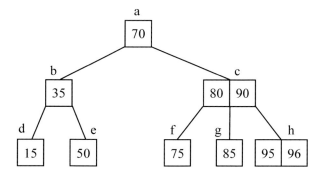

若此時再刪除 70，由於 p' 節點(即 f)只有一個鍵值，此時就好比刪除樹葉節點 f 的情形，可找到兄弟節點 g 與 c 中的鍵值 80 合併成 f* 點中，並刪除 g 節點。

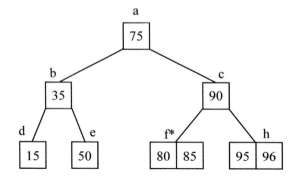

若繼續刪除 90，則找到一 h 節點，將最小值 95 代替 90

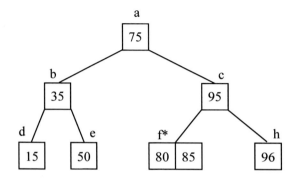

最後刪除 95，由於右子樹的節點 h 只賸下一個鍵值，此時必需向左兄弟節點 f* 借一鍵值，將 95 取代 96，而 85 取代 95，所以 f* 點最後只剩下一鍵值 80。

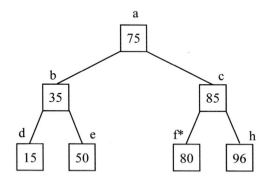

看完了上述的範例後，若還不太過癮的話，筆者再舉一個較複雜的例子，假設圖形如下所示：

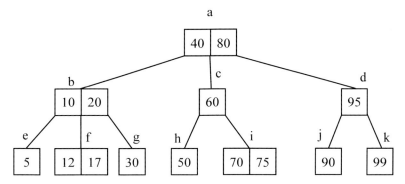

1. 刪除 60，c 為非樹葉節點，以 i 節點的最小鍵值 70 代替，應用上述方法變為

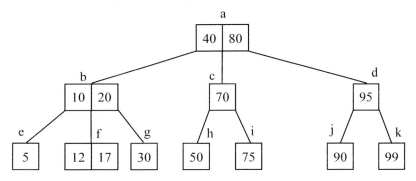

2. 繼續刪除 75，刪除後 i 節點的鍵值個數為 0，並不符合 2-3 Tree 定義，此時找尋節點 i 的左兄弟節點 h 與其父節點 c 合併成 h' 節點，並刪除 i 節點，再看看是否符合 2-3 Tree 的定義，若符合則結束；若不符合則必須做必要的調整，如下圖所示：

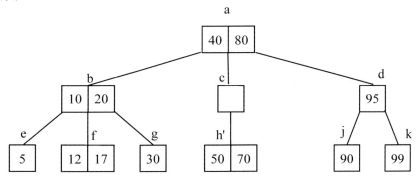

c 節點的鍵值數為 0，可找到其左兄弟節點 b 有兩個鍵值，向 b 節點借一鍵值 20，並調整子鏈結

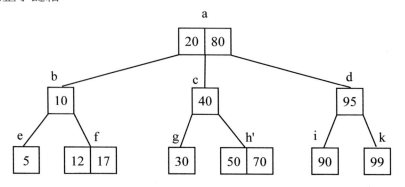

3. 再刪除 90，刪除後 j 節點的鍵值個數為 0，將 k 節點與其父節點 d 合併成 j'節點，刪除 k 節點。

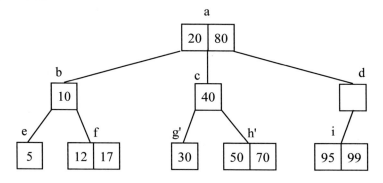

此不符合 2-3 Tree 的定義，因此須再做調整。

d 節點的鍵值數為 0，且沒有兩個鍵值數的兄弟節點，必須再一次將其左兄弟節點 c 與 d 父節點 a 的鍵值 80 合併成 c' 節點後，刪除 d 節點，並調整子節點，最後結果如下圖：

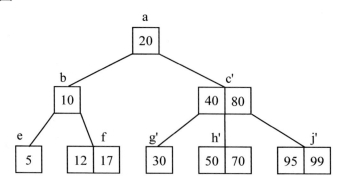

⌨ **練習題**

1. 有一棵 2-3 tree 如下

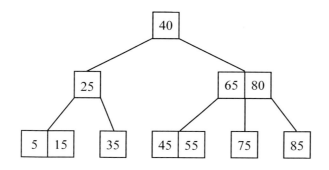

試依序加入 50，10，22 及 12，並畫出其對應的 2-3 tree。

2. 有一棵 2-3 tree 如下

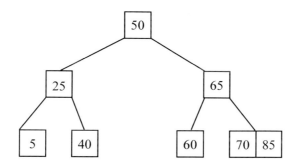

試依序刪除 60 及 70，並劃出其所對應的 2-3 tree。

10.2 2-3-4 Tree

2-3-4 Tree 為 2-3 Tree 觀念的擴充。一棵 2-3-4 Tree 須符合下列定義：

1. 2-3-4 Tree 中的節點可以存放一筆、兩筆或三筆資料。

2. 若節點中存放了一筆資料 data，其必須存在兩個子節點，分別為左子節點與右子節點。假設資料 data 的鍵值為 data.key，則

   (a) 左子節點所存放的資料鍵值必須小於 data.key；

   (b) 右子節點存放的資料鍵值必須大於 data.key。

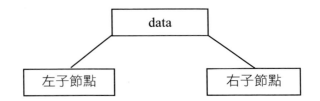

3. 若節點中存放了兩筆資料 Ldata 與 Rdata，則會存三個子節點，分別為左子節點、中子節點與右子節點。假設資料 Ldata 與 Rdata 的鍵值分別為 Ldata.key 與 Rdata.key，則

   (a) Ldata.key < Rdata.key；

   (b) 左子節點所存放的資料鍵值必須小於 Ldata.key；

   (c) 中子節點所存放的資料鍵值必須大於 Ldata.key，小於 Rdata.key；

   (d) 右子節點所存放的資料鍵值必須大於 Rdata.key。

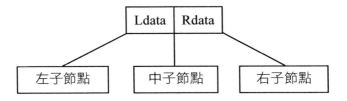

4. 若節點中存放了三筆資料 Ldata、Mdata 與 Rdata，則會存在四個子節點，分別為左子節點、左中子節點、右中子節點與右子節點。假設資料 Ldata、Mdata 與 Rdata 的鍵值分別為 Ldata.key、Mdata.key 與 Rdata.key，則

   (a) Ldata.key < Mdata.key < Rdata.key；

   (b) 左子節點所存放的資料鍵值必須小於 Ldata.key；

   (c) 左中子節點所存放的資料鍵值必須大於 Ldata.key 且小於 Mdata.key；

   (d) 右中子節點所存放的資料鍵值必須大於 Mdata.key 且小於 Rdata.key；

   (e) 右子節點所存放的資料鍵值必須大於 Rdata.key。

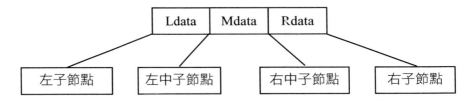

5. 樹中的所有樹葉節點必須為同一階度。

10.2.1　2-3-4 Tree 的加入

2-3-4 Tree 的加入與 2-3 Tree 十分類似，只是 2-3-4 Tree 的節點可以有 3 個鍵值，而 2-3 Tree 只能有 2 個鍵值。先來看一個簡單的例子，假設存在一 2-3-4 Tree，如下圖 所示：

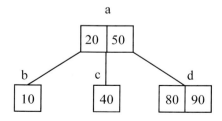

若欲加入 60，依搜尋的結果將 60 加入 d 節點，由於加入後 d 節點的鍵值數為 3，符 合 2-3-4 Tree 的定義，加入動作完畢，其結果如下圖：

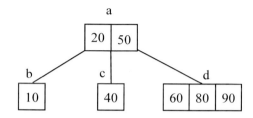

若再加入 70 於 d 節點，加入後 d 節點的鍵值數為 4，不符合 2-3-4 Tree 的定義，必 須將 d 節點劃分為 d、e 兩個節點，將 60、70、80、90 中值的大小為第二大 4/2=2 的 70 存放至其父節點 a 中，80、90 存放至 e 節點。

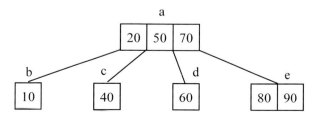

繼續加入 95，由於 e 節點只有兩個鍵值，故可直接加入，其 2-3-4 Tree 如下：

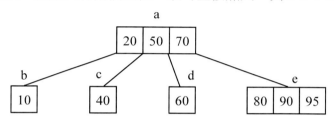

繼續加入 85，由於 e 節點已有三個鍵值，故再加入 85 勢必要做分割的動作，其 2-3-4 Tree 如下：

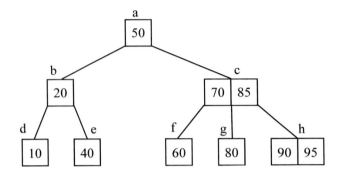

10.2.2　2-3-4 Tree 的刪除

2-3-4 Tree 的刪除同樣可分為刪除樹葉節點與非樹葉節點兩種情況，刪除非樹葉節點的方法與 2-3 Tree 一樣，尋找一樹葉節點的鍵值來取代，此動作與 2-3 Tree 相同，在此就不多論述，底下介紹 2-3-4 Tree 刪除樹葉節點的方法，以下圖為例：

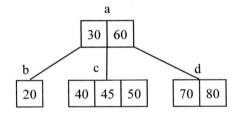

若刪除 70，由於刪除後 d 節點仍存在一鍵值，故可直接將 70 刪除

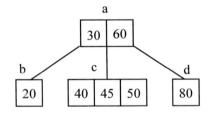

刪除 20，此時 b 節點的鍵值數為 0，與 2-3 Tree 一樣，先向其左、右兄弟節點求救，發現其右兄弟節點 c 還存在三個鍵值，此時將 b 的父節點 a 的左邊鍵值 30 搬移至 b 節點，再將 c 節點的鍵值 40(最小者)搬移至其父節點 a 中，結果如下：

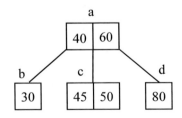

刪除 30，刪除後不符合 2-3-4 Tree 定義，向其兄弟節點 c 求救，調整後如下：

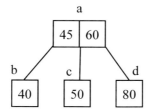

再來看另一種情形，假設存在 2-3-4 Tree 如下圖所示：

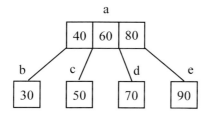

如欲刪除 50，因為 c 節點刪除後的鍵值數為 0，且其左、右兄弟節點皆僅存在一個資料鍵值，此時選擇將 a 節點中左邊鍵值 40 與 b 節點合併於 b'節點，再將 c 節點刪除，結果如下：

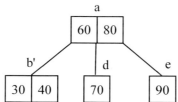

📇 練習題

1. 有一 2-3-4 tree 如下：

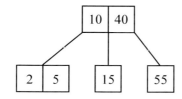

試依序加入 8，30 及 6，並畫出其所對應的 2-3-4 tree。

2. 有一 2-3-4 tree 如下：

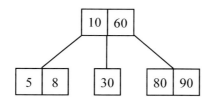

試依序刪除 80，30，8 及 90，並畫出其所對應的 2-3-4 tree。

10.3 動動腦時間

1. 若有一 2-3 Tree，如下圖所示[10.1]：

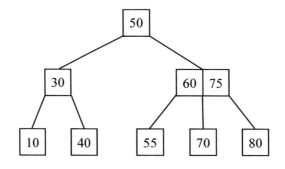

   刪除鍵值 60 後，其情形為何？

2. 將下列的 2-3 tree 依題目寫出最後結果。[10.1]

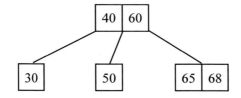

   (a)   加入鍵值 62

   (b)   原來的 2-3 tree 刪除鍵值 50

   (c)   原來的 2-3 tree 刪除鍵值 60

3. 有一 2-3 Tree 如下[10.1]：

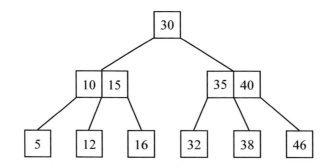

   (a)   刪除鍵值 30 後的 B-tree 為何？

   (b)   需要多少次的磁碟存取。

4. 有一棵 2-3-4 Tree，如下所示[10.2]：

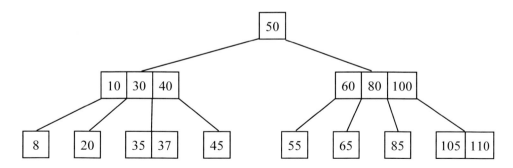

試回答下列問題：

(a) 依序加入 33, 36, 115 及 130 之後的 2-3-4 Tree 為何？

(b) 承(a)依序刪除 105 和 110。

B-Tree

11.1 m-way 搜尋樹

在未提及 B-Tree 之前,我們先來看 m-way 搜尋樹。

何謂 m-way 搜尋樹(m-way search tree)?一棵 m-way 搜尋樹,所有節點的分支度均小於或等於 m。若 T 為空樹,則 T 亦稱為 m-way 搜尋樹,倘若 T 不是空樹,則必須具備下列的性質:

1. 節點的型態是 n,A_0,(K_1, A_1),(K_2, A_2),…,(K_n, A_n),其中 A_i 是子樹的指標 $0 \leq i \leq n < m$;n 為節點上的鍵值數,K_i 是鍵值 $1 \leq i \leq n < m$。

2. 節點中的鍵值是由小至大排列的,因此 $K_i < K_{i+1}$, $1 \leq i < n$。

3. 子樹 A_i 的所有鍵值均小於鍵值 K_{i+1},$0 < i < n$。

4. 子樹 A_n 的所有鍵值均大於 K_n,而且 A_0 的所有鍵值均小於 K1。

5. A_i 指到的子樹,$0 \leq i \leq n$ 亦是 m-way 搜尋樹。

例如有一 3-way 的搜尋樹如圖 11.1,其中有 12 個鍵值分別為 12,17,23,25,28,32,38,45,48,55,60,70。

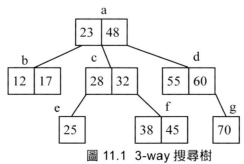

圖 11.1 3-way 搜尋樹

表 11.1　3-way 搜尋樹的表示法

節點	格式
a	2, b, (23, c), (48, d)
b	2, 0, (12, 0), (17, 0)
c	2, e, (28, 0), (32, f)
d	2, 0, (55, 0), (60, g)
e	1, 0, (25, 0)
f	2, 0, (38, 0), (45, 0)
g	1, 0, (70, 0)

表 11.1 為圖 11.1 中每個節點之 3-way 搜尋表示法。

由於 3-way 搜尋樹，每個節點的型態是 n，A_0，(K_1, A_1)，(K_2, A_2)，…，(K_n, A_n)，因此 a 節點的格式為

　　2, b, (23, c), (48, d)

表示 a 節點有 2 個鍵值，在 b 節點中的所有鍵值均小於 23，在 c 節點中的每個鍵值皆介於 23 與 48 之間，最後 d 節點的所有鍵值均大於 48。同理，c 有 2 個鍵值(28 與 32)，在 e 節點中的所有鍵值均小於 28，而在 f 節點中所有鍵值均大於 32。

假使我們要搜尋圖 11.1 的鍵值 45，則需要三次的磁碟讀取，分別是節點 a，節點 c 及節點 f。

11.1.1　m-way 搜尋樹的加入

為了簡化起見，筆者設定一個 m 為 3 的搜尋樹，此為 3-way 搜尋樹。請依序將下列的鍵值 5，7，12，6，8，4，3，10 加入到 3-way 搜尋樹，其中 x 表示目前無鍵值存在。

1.　加入 5

5

2.　加入 7

5	7

3.　加入 12

4.　加入 6

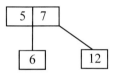

5.　加入 8

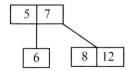

6.　加入 4

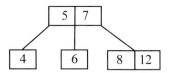

7.　加入 3

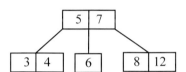

8.　加入 10

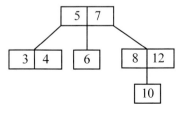

11.1.2　m-way 搜尋樹的刪除

而在刪除方法上則與二元搜尋樹極為相同，若是樹葉節點則直接刪除之，而刪除非樹葉節點上的鍵值，則以左子樹中最大的鍵值或右子樹中的最小鍵值取代之，若有一棵 3-way 的搜尋樹如下：

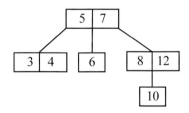

1. 刪除 3，則直接刪除之

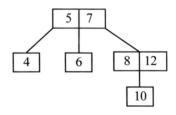

2. 刪除 8

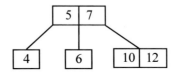

3. 刪除 12

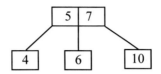

4. 刪除 7

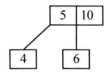

5. 刪除 10

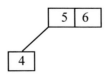

有關 m-way 搜尋樹的程式實作，請參閱 11.3 節。

⌨ **練習題**

1. 試將下列的鍵值 30，50，25，32，35，33，28，29，60 依序加入到 3-way 搜尋樹。

2. 將上題所建立的 3-way 搜尋樹依序刪除 28，35 及 50。

11.2 B-Tree

一棵 order 為 m 的 B-Tree 是一 m-way 搜尋樹。若是空樹，也算 B-Tree，假若高度≥1 必需滿足以下的特性：

1.   樹根至少有二個子節點，亦即節點內至少有一鍵值。

2.   除了樹根外，所有非失敗節點(即內部節點)至少有⌈m/2⌉個子節點，至多有 m 個子節點。此表示至少應有⌈m/2⌉–1 個鍵值，至多有 m–1 個鍵值(⌈m/2⌉表示大於或等於 m/2 的最小正整數)。

3.   所有的樹葉節點皆在同一階層。

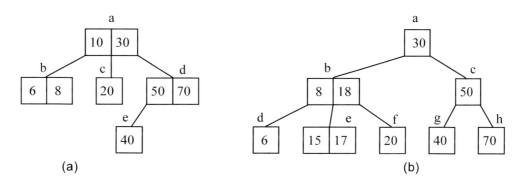

圖 11.2 (a)為 3-way 搜尋樹，(b)為 order 為 3 的 B-tree

在圖 11.2 中(a)不屬於 B-Tree of order 3，因為樹葉節點不在同一階層上，而(b)是屬於 B-Tree of order 3，因為所有的樹葉節點皆在同一階層。

B-Tree of order 3 表示除了樹葉節點外，每一節點的分支度不是等於 2 就是等於 3，因此，B-Tree of order 3 就是前一章所談的 2-3 tree。假使 m=4，則是 2-3-4 tree。試問 m=2 呢？哈哈！答案就是二元搜尋樹，您答對了嗎？注意！反過來說，二元搜尋樹不一定是 B-Tree of order 2 。

其實二元搜尋樹是 m-way 搜尋樹的一種，只是其 m=2 而已，每一個節點只有一個資料值與兩個子樹的指標。B-Tree 是一種平衡的 m-way 搜尋樹，而前面所講的 AVL-tree 也是一種平衡的二元搜尋樹。

11.2.1 B-Tree 的加入方法

從 B-Tree 中開始搜尋，假使加入的鍵值 X 在 B-Tree 中找不到，則加入 B-Tree 中，假設加入到 P 節點，若

1.   該節點少於 m–1 個鍵值，則直接加入。

2.   該節點的鍵值已等於 m–1，則將此節點分為二，因為一棵 order 為 m 的 B-Tree，最多只能有 m–1 個鍵值。

請看下例之說明。(此處的 B-Tree 為 order 5，表示最多鍵值數為 4)

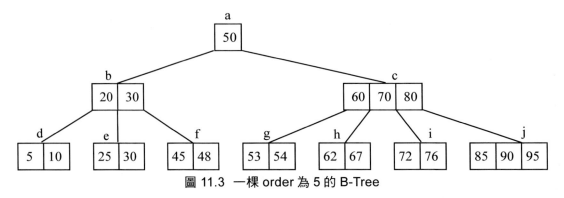

圖 11.3　一棵 order 為 5 的 B-Tree

1. 加入 88 於圖 11.3，由於 j 節點的鍵值少於 m–1 即 4 個，則直接加入即可。

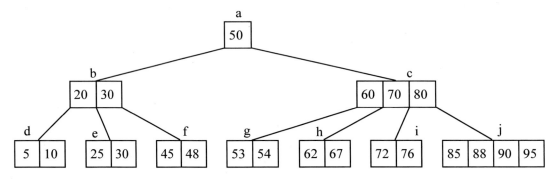

2. 承(1)加入 98，由於 j 節點已有 m–1 個鍵值(即 4 個)，因此必須將 j 節點劃分為二，j、k，然後選出第 $\lceil m/2 \rceil$ 個，亦即 $K_3 = 90$，並組成(90, k)加入 c 節點。

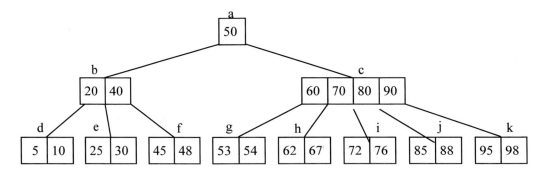

3.　承(2)加入 91

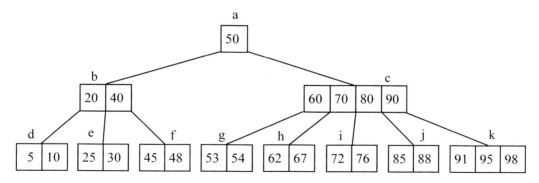

4.　承(3)加入 93

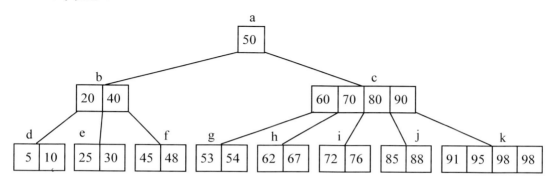

5.　承(4)加入 99，以同樣的方法將 k 劃分為 k，l 並組成(95, l)加入 c 節點，由於 c 節點已有 m−1 個鍵值，若再加入一鍵值勢必也要劃分 c 節點為二，其為 c、m，並將(80, m)加入其父節點 a。

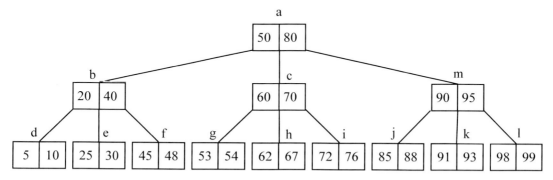

11.2.2 B-Tree 的刪除方法

B-Tree 的刪除分成兩部份：一為刪除的節點是樹葉節點，二為刪除的節點為非樹葉節點。我們以 B-Tree of order 5 為例，如圖 11.4 所示。

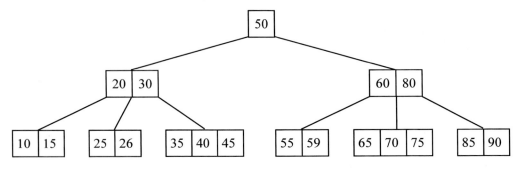

圖 11.4 B-Tree of order 5

1. 若刪除的節點是樹葉節點

   刪除 P 節點的鍵值 X 後，若 P 節點還有大於或等於 $\lceil m/2 \rceil - 1$ 個鍵值，則刪除完畢，因為它尚符合 B-Tree 的定義，此處的 m 為 5。如將圖 11.4 的鍵值 70 刪除，其結果如下圖所示：

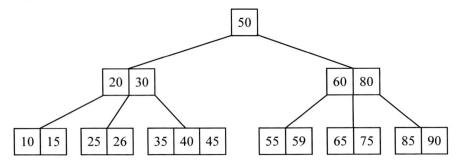

   刪除鍵值 X 後，若 P 節點的鍵值少於 $\lceil m/2 \rceil - 1$ 個，由於其不符合 B-Tree 的定義，所以必須要調整。底下我們分四種情況說明之。

   (1) 找右邊最近的兄弟節點 p'，若 p' 含有大於或等於 $\lceil m/2 \rceil$ 個鍵值，則將取出 P 的父節點 P_f 中的 K_i 鍵值以取代欲刪除的鍵值(此處的 K_i 為大於欲刪除的鍵值，而且小於 p' 節點的所有鍵值)，然後從 p' 節點取出最小的鍵值放入 P 的父節點 P_f。如將圖 11.4 中的鍵值 26 刪除，情形如下圖所示：

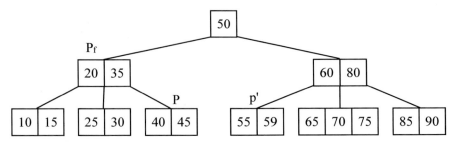

(2)　若在 P 節點右邊找不到有一節點含有大於或等於⌈m/2⌉個鍵值時，則找其左邊的兄弟節點，若有一左兄弟節點 q' 含有大於或等於⌈m/2⌉個鍵值，則從 P 的父節點 Pf 取出 Ki 鍵值以取代欲刪除的鍵值(此處的 Ki 為小於欲刪除的鍵值，而且大於 p' 節點的所有鍵值)，然後從 q' 中取出最大的鍵值放入 P 的父節點 Pf。承上圖，若欲刪除 85，情形如下圖所示：

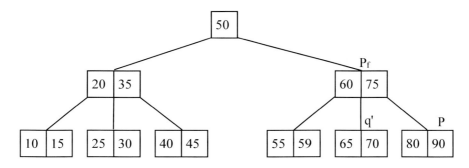

(3)　假若 P 節點的左、右兄弟節點的鍵值個數皆小於等於⌈m/2⌉−1 個，若 P 節點有右兄弟節點 Pr，則將 Pr 與 P 節點所對應到其父節點 Pf 中 Ki 的鍵值(此處的 Ki 大於 P 中所有鍵值，並小於 Pr 中所有鍵值)合併成 P' 節點中(即 P、Pr 與 Ki 三個節點合併)。若 P 節點沒有右兄弟節點，則將其左兄弟節點 Pl 與 P 節點所對應到父節點 Pf 中的鍵值 Ki (此處的 Ki 大於 Pl 中所有鍵值，但小於 P 中所有鍵值)合併成 P' 節點(即 P、Ki 與 Pl 三個節點合併)。當然啦，先左或先右節點合併並不是絕對的順序。

(4)　若刪除的節點 P 是最左邊的節點，則將其右兄弟節點 Pr 與 Pf(P 的父節點)的最小鍵值合併成節點 P' 中；反之，若刪除的節點 P 是最右邊的節點，則將其左兄弟節點 Pl 與 Pf 的最大鍵值合併成 P'節點。

請看下一個範例之說明。

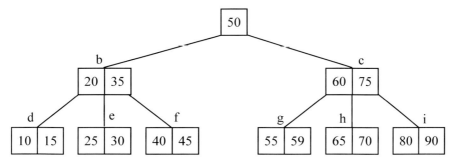

圖 11.5　B-Tree of order 5

先從圖 11.5 刪除 59，刪除後並不滿足 B-Tree 的定義(每個節點的鍵值個數至少有⌈m/2⌉−1 = 2 個)，且 g 節點的右節點 h 的鍵值個數小於等於⌈m/2⌉−1，因此將 h 與 c 節點中 Ki 的鍵值 60 合併至 g 節點中，並刪除 h 節點，結果如下圖所示：

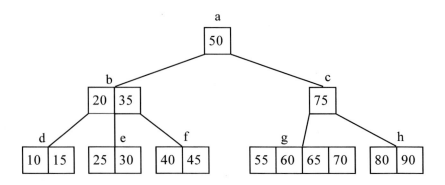

由於合併後 c 僅存放一個鍵值，也不符合 B-Tree 的定義(B-Tree of order 5 除了根節點外，至少需存放兩個鍵值)，此時其兄弟節點 b 也沒有大於 $\lceil \frac{m}{2} \rceil - 1$ 的鍵值個數，故將 a、b、c 三個節點合併為 a'，結果如下圖所示：

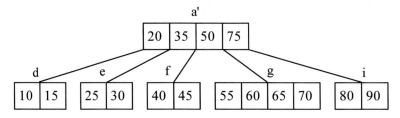

2. 若刪除的節點為非樹葉節點

    假若 P 節點的型態為 $n, A_0, (K_1, A_1), (K_2, A_2), \cdots, (K_n, A_n)$ 其中 $K_i = x$，$1 \leq i \leq n$。刪除 K_i 時找尋其右子樹中的最左邊的樹葉節點 P'，在 P' 中找一個最小值 y，將 y 代替 K_i 值。當然！也可以找尋其左子樹中最右邊的樹葉節點 P'，在 P' 中找一最大值 y，將 y 代替 K_i 值。

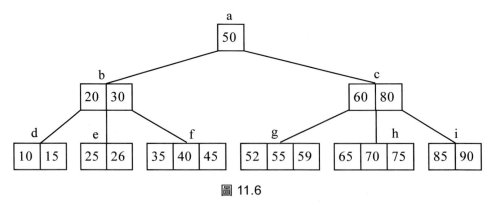

圖 11.6

如圖 11.6，若刪除 50，假設向右子樹尋找，則找到 P' 節點為 g，從中取出最小值 52，並代替 50。

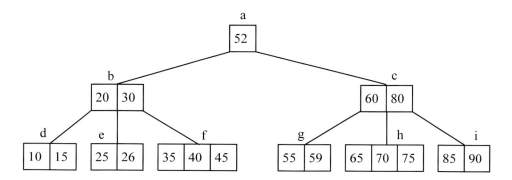

若此時再刪除 52，由於從 P' 節點(即 g)找到鍵值 55 代替 52 後，其鍵值個數小於⌈m/2⌉
−1 個鍵值，此時就好比刪除樹葉節點 g 中的鍵值 55，可向其右兄弟節點 h 借一鍵值
65(因為在節點的鍵值個數大於⌈m/2⌉−1)，其結果如下所示：

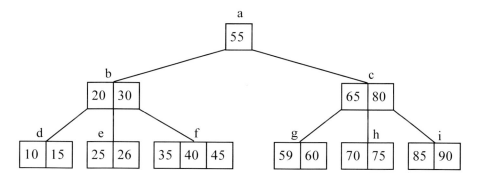

若繼續刪除 55，找到 P' 節點為 g，將最小值 59 代替 55，由於其鍵值數目小於⌈m/2⌉−
1 個鍵值，且其兄弟節點 h 也沒有大於⌈m/2⌉−1 的鍵值，故將 g、h 與 c 的鍵值 65 合併
於 g' 節點，結果如下圖所示：

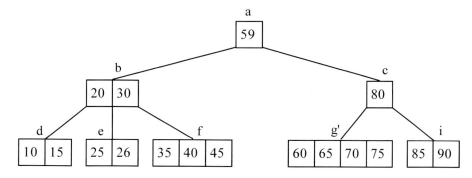

此時 c 節點的鍵值數小於 $\lceil m/2 \rceil - 1$，且其兄弟節點的鍵值個數皆不大於 $\lceil m/2 \rceil - 1$，故將 b、c 與 a 節點合併為 a'，結果如下：

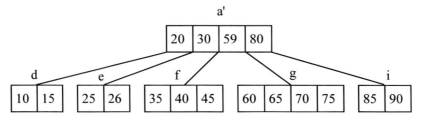

有關 B-Tree 加入與刪除的程式實作，請參閱 11.3 節。

練習題

有一棵 B-Tree of orde 5，如下所示：

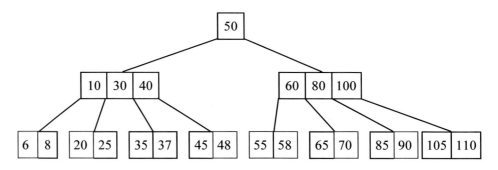

試回答下列問題：

(a) 依序加入 33，36 及 38 之後的 B-Tree 為何？

(b) 承(a)得到的結果，依序刪除 105 和 110。

11.3 程式集錦

(一) m-way 搜尋樹的新增和刪除

C# 程式語言實作》

```
/* File name: MWayTree.cs */
/* February, 2018 */

using System;

namespace MWayTree
{
    class Node
```

```
{
    private const int MAX = 3;
    public char id;
    public int n;
    public int[] key = new int[MAX];
    public Node[] link = new Node[MAX];
}

class MWayTree
{
    private const int MAX = 3;
    private Node ptr, root, node, prev, parent, replace;
    private char id_seq;

    public MWayTree()
    {
        root = null;
    }

    public void insertFunction()
    {
        int addNum;
        Console.Write("\n Please enter insert number: ");
        addNum = Convert.ToInt16(Console.ReadLine());
        create(addNum);
        Console.Write(" Number " + addNum + " has been inserted!\n");
    }

    /* 刪除函數--刪除一筆資料 */
    public void deleteFunction()
    {
        int delNum, ans;
        if (root == null)   /* 當樹根為 null，顯示錯誤訊息 */
            Console.Write("\n No data found!!\n");
        else
        {
            Console.Write("\n Please enter delete number: ");

            delNum = Convert.ToInt16(Console.ReadLine());
            ans = searchNum(delNum);   /* 搜尋資料是否存在 */
            if (ans == 0)   /* 當資料不存在，顯示錯誤訊息 */
                Console.Write(" Number %d not found!!\n" + delNum);
            else
            {
                removes(node, ans);
                Console.Write(" Number " + delNum + " has been deleted!!\n");
            }
        }
    }

    /* 輸出函數--將 M-WAY TREE 內的所有資料輸出 */
```

```
            public void displayFunction()
            {
                if (root == null)   /* 當樹根為 null，顯示錯誤訊息 */
                    Console.Write("\n No data found!!\n");
                else
                {
                    id_seq = 'a';   // 節點編號由 a 開始
                    preorderId(root);   /* 給予每個節點編點 */
                    Console.Write("\n ==========================================\n");

                    preorderNum(root); /* 輸出節點資料 */
                    Console.Write(" ==========================================\n");
                }
            }

            /* 將資料加入，並調整為 M-WAY TREE，NUM 為新增之資料鍵值 */
            public void create(int num)
            {
                int ans, i;
                if (root == null)
                {   /* 樹根為 null 的狀況 */
                    initial();
                    ptr.key[1] = num;
                    ptr.n++;
                    root = ptr;
                }
                else
                {
                    ans = searchNum(num);   /* 搜尋資料是否已存在 */
                    if (ans != 0)   /* 資料存在，則顯示錯誤訊息 */
                        Console.Write(" Number %d has existed!!\n" + num);
                    else
                    {
                        node = searchNode(num);   /* 找尋插入點 */
                        if (node != null)
                        {   /* 插入點還有空間存放資料的狀況 */
                            for (i = 1; i < MAX - 1; i++)
                                if (num < node.key[i])
                                    break;
                            moveright(i, num);
                        }
                        else
                        {   /* 新增加一個節點加入資料的狀況 */
                            initial();
                            ptr.key[1] = num;
                            ptr.n++;
                            for (i = 1; i < MAX; i++)
                                if (num < prev.key[i])
                                    break;
                            prev.link[i - 1] = ptr;
                        }
```

```
            }
        }
    }

    /* 將資料移除，並調整為 M-WAY TREE，NODETEMP 為刪除資料所在節點，
       LOCATION 為資料在節點中的位置 */
    public void removes(Node nodeTemp, int location)
    {
        int i;
        node = nodeTemp;
        replace = findNext(node.link[location]);/*找尋替代之後繼節點*/
        if (replace == null)
        {   /* 沒有後繼節點的狀況 */
            replace = findPrev(node.link[location - 1]);
            /* 找尋替代之前行節點 */
            if (replace == null)
            {   /* 沒有前行節點的狀況 */
                moveleft(location);
                replace = node;
                if (node.n == 0)
                {   /* 刪除資料後，節點內資料為 0 的處理 */
                    if (node == root)   /* 當節點為根的狀況 */
                        root = null;
                    else    /* 節點不是根，則調整鏈結 */
                        for (i = 0; i <= parent.n; i++)
                            if (node == parent.link[i])
                            {
                                parent.link[i] = null;
                                break;
                            }
                    replace = null;
                }
            }
            else
            {   /* 有前行節點的狀況 */
                /* 以前行節點的資料代替刪除資料 */
                node.key[location] = replace.key[replace.n];
                parent = prev;
                removes(replace, replace.n);  /* 移除替代資料 */
            }
        }
        else
        {   /* 有後繼節點的狀況 */
            /* 以後繼節點的資料代替刪除資料 */
            node.key[location] = replace.key[1];
            parent = prev;
            removes(replace, 1);  /* 移除替代資料 */
        }
    }

    /* 初始化節點--新增一個節點，將其所有鏈結指向 null，設其節點數為 0 */
```

```
public void initial()
{
    int i;
    ptr = new Node();
    for (i = 0; i < MAX; i++)
        ptr.link[i] = null;
    ptr.n = 0;
}

/* 搜尋節點位置--搜尋 NUM，存在則回傳 NUM 在節點中的位置，不存在則回傳 0 */
public int searchNum(int num)
{
    int done, i;
    node = root;
    while (node != null)
    {
        parent = prev;
        prev = node;
        for (i = 1, done = 0; i <= node.n; i++)
        {
            if (num == node.key[i])
                return i;    /* 找到 NUM，回傳其在節點中的位置 */
            if (num < node.key[i])
            {
                node = node.link[i - 1];
                done = 1;
                break;
            }
        }
        if (done == 0)
            node = node.link[i - 1];
    }
    return 0;    /* 沒有找到則回傳 0 */
}

/* 搜尋節點--尋找插入 NUM 的節點，並回傳插入節點 */
public Node searchNode(int num)
{
    int i, done;
    Node nodeTemp; nodeTemp = root;
    while (nodeTemp != null)
    {
        if (nodeTemp.n < MAX - 1)
            return nodeTemp;    /* 找到有多餘空間存放 NUM，則回傳此節點 */
        else
        {
            for (i = 1, done = 0; i < MAX; i++)
            {
                if (nodeTemp.n < i)
                    break;
                if (num < nodeTemp.key[i])
```

```
                    {
                        nodeTemp = nodeTemp.link[i - 1];
                        done = 1;
                        break;
                    }
                }
                if (done == 0)
                    nodeTemp = nodeTemp.link[i - 1];
            }
        }
    return nodeTemp;   /* 若沒有找到有多餘空間存放 NUM 的節點，回傳 null */
}

/* 將節點內資料右移--將節點資料右移至 INDEX 位置，並將 NUM 插入 */
public void moveright(int index, int num)
{
    int i;
    for (i = node.n + 1; i > index; i--)
    {   /* 資料右移至 INDEX 處 */
        node.key[i] = node.key[i - 1];
        node.link[i] = node.link[i - 1];
    }
    node.key[i] = num;   /* 插入 NUM */
                         /* 調整 NUM 左右鏈結 */
    if (node.link[i - 1] != null && node.link[i - 1].key[0] > num)
    {
        node.link[i] = node.link[i - 1];
        node.link[i - 1] = null;
    }
    node.n++;
}

/* 將節點內資料左移--將節點資料從 INDEX 位置左移 */
public void moveleft(int index)
{
    int i;
    for (i = index; i < node.n; i++)
    {   /* 節點資料左移 */
        node.key[i] = node.key[i + 1];
        node.link[i] = node.link[i + 1];
    }
    node.n--;
}

/* 尋找後繼節點--尋找 NODETEMP 的後繼節點，回傳找到的後繼節點 */
public Node findNext(Node nodeTemp)
{
    prev = node;
    if (nodeTemp != null)
        while (nodeTemp.link[0] != null)
        {
```

```
                    prev = nodeTemp;
                    nodeTemp = nodeTemp.link[0];
            }
        return nodeTemp;
}

/* 尋找前行節點--尋找 NODETEMP 的前行節點，回傳找到的前行節點 */
public Node findPrev(Node nodeTemp)
{
    prev = node;
    if (nodeTemp != null)
        while (nodeTemp.link[MAX - 1] != null)
        {
            prev = nodeTemp;
            nodeTemp = nodeTemp.link[MAX - 1];
        }
    return nodeTemp;
}

/* 給予節點編號--使用前序遞迴方式給予每個節點編號 */
public void preorderId(Node tree)
{
    int i;
    if (tree != null)
    {
        tree.id = id_seq++;
        for (i = 0; i <= tree.n; i++)
            preorderId(tree.link[i]);
    }
}

/* 輸出資料--使用前予遞迴方式輸出節點資料 */
public void preorderNum(Node tree)
{
    int i;
    char linkId;
    if (tree != null)
    {
        /* 當節點鏈節為 null，則顯示鏈結為 0 */
        if (tree.link[0] == null)
            linkId = '0';
        else
            linkId = tree.link[0].id;
        Console.Write(" " + tree.id + ", " + tree.n + ", " + linkId);
        for (i = 1; i <= tree.n; i++)
        {
            if (tree.link[i] == null)
                linkId = '0';
            else
                linkId = tree.link[i].id;
            Console.Write(", (" + tree.key[i] + ", " + linkId + ")");
```

```
            }
            Console.Write("\n");
            for (i = 0; i <= tree.n; i++)
                preorderNum(tree.link[i]);
        }
    }
}

class Program
{
    static void Main(string[] args)
    {
        MWayTree obj = new MWayTree();
        char option;
        do
        {
            Console.Write("\n ***************************\n");
            Console.Write("           <1> insert\n");
            Console.Write("           <2> delete\n");
            Console.Write("           <3> display\n");
            Console.Write("           <4> quit\n");
            Console.Write(" ***************************\n");
            Console.Write(" Please enter your choice: ");

            option = Char.ToUpper(Console.ReadLine().ToCharArray()[0]);
            Console.Write("\n");
            switch (option)
            {
                case '1':
                    obj.insertFunction();
                    break;
                case '2':
                    obj.deleteFunction();
                    break;
                case '3':
                    obj.displayFunction();
                    break;
                case '4':
                    Environment.Exit(0);
                    break;
                default:
                    Console.Write("\n Option error!!\n");
                    break;
            }
        } while (option != '4');
    }
}
}
```

📄 輸出結果

```
**************************
       <1> insert
       <2> delete
       <3> display
       <4> quit
**************************
Please enter your choice: 1


Please enter insert number: 843


**************************
       <1> insert
       <2> delete
       <3> display
       <4> quit
**************************
Please enter your choice: 1


Please enter insert number: 399
Number 399 has been inserted!

**************************
       <1> insert
       <2> delete
       <3> display
       <4> quit
**************************
Please enter your choice: 1


Please enter insert number: 203
Number 203 has been inserted!

**************************
       <1> insert
       <2> delete
       <3> display
       <4> quit
**************************
Please enter your choice: 1


Please enter insert number: 493
Number 493 has been inserted!

**************************
       <1> insert
```

```
        <2> delete
        <3> display
        <4> quit
**************************
Please enter your choice: 3



==================================================
 a, 2, b, (399, c), (843, 0)
 b, 1, 0, (203, 0)
 c, 1, 0, (493, 0)
==================================================

**************************
        <1> insert
        <2> delete
        <3> display
        <4> quit
**************************
Please enter your choice: 1


Please enter insert number: 555
Number 555 has been inserted!

**************************
        <1> insert
        <2> delete
        <3> display
        <4> quit
**************************
Please enter your choice: 3



==================================================
 a, 2, b, (399, c), (843, 0)
 b, 1, 0, (203, 0)
 c, 2, 0, (493, 0), (555, 0)
==================================================

**************************
        <1> insert
        <2> delete
        <3> display
        <4> quit
**************************
Please enter your choice: 2


Please enter delete number: 493
Number 493 has been deleted!!
```

```
**************************
        <1> insert
        <2> delete
        <3> display
        <4> quit
**************************
Please enter your choice: 3


===============================================
 a, 2, b, (399, c), (843, 0)
 b, 1, 0, (203, 0)
 c, 1, 0, (555, 0)
===============================================

**************************
        <1> insert
        <2> delete
        <3> display
        <4> quit
**************************
Please enter your choice: 2


Please enter delete number: 843
Number 843 has been deleted!!

**************************
        <1> insert
        <2> delete
        <3> display
        <4> quit
**************************
Please enter your choice: 3


===============================================
 a, 2, b, (399, 0), (555, 0)
 b, 1, 0, (203, 0)
===============================================

**************************
        <1> insert
        <2> delete
        <3> display
        <4> quit
**************************
Please enter your choice: 4
```

》程式解說

1. 使用鏈結串列來處理 m-way search tree，在此範例中，設定 MAX 為 3 表示 為 一 3-way tree，可經由 MAX 值的修改，成為 m-way search tree。在 Node 中，key[MAX] 與 link[MAX] 表示在一個節點中可有多筆資料與多個鏈結，n 則表示目前節點中的資料筆數。

2. 新增資料

   (a) insert_f()函數會要求輸入新增的資料(鍵值)，並呼叫 create 函數來做新增的工作。

   (b) m-way tree 與 binary search tree 的不同點在於一個節點可以存放多筆資料，所以 create() 函數在一開始會以 search_node() 函數找尋插入點，若該節點有空間可以存放資料(即資料筆數小於 2)，則以 for 迴圈找到資料在節點中的位置，呼叫 moveright() 函數將插入位置的資料往右移後，將新增資料插入。

   (c) 若插入節點已沒有多餘的空間存放資料，則新增一節點來儲存新增資料。

3. 刪除資料

   (a) delete_f() 函數會要求輸入欲刪除資料，以 search_num() 函數找到資料後，node 會指向欲刪除資料所在節點，呼叫 remove() 函數將資料從節點中刪除。

   (b) remove() 函數一開始會找尋刪除資料所在節點之前行節點及後繼節點，若皆無找到，表示該節點為一樹葉節點，將資料移除後，若該節點的資料數是 0，則該節點一併移除。

   (c) 若是有前行或後繼節點，則以該節點的資料替代刪除資料，並將欲刪除資料移除即可。

4. 輸出資料

   輸出資料是使用前序追蹤將資料由小到大輸出。在此之前，會先呼叫 preorder_id() 函數，賦與每個節點一個編號以做為輸出之用。

(二) B-Tree 加入和刪除

C# 程式語言實作》

```
/* File name: BTree.cs */
/* February, 2018 */
/* 利用 B-TREE 來處理資料--新增、刪除、修改、查詢、輸出 */

using System;

namespace BTree
```

```
{
    class Student
    {
        private const int MAX = 2;   // 每一節點內至多可放資料筆數
        private const int MIN = 1;   // 每一節點內至少需放資料筆數
        public int count;
        public int[] id = new int[MAX + 1];
        public string[] name = new string[MAX + 1];
        public int[] score = new int[MAX + 1];
        public Student[] link = new Student[MAX + 1];
    }

    class BTree
    {
        private Student root;
        private const int MAX = 2;    // 每一節點內至多可放資料筆數
        private const int MIN = 1;    // 每一節點內至少需放資料筆數

        public void init_f()
        {
            root = null;
        }

        // 新增一筆資料，並調整為 B-tree
        public void insert_f()
        {
            int position = 0, insert_id, insert_score; // position 記錄資料在節點中新增的位置
            Student node;
            char ans;
            string insert_name;
            Console.Write("\n  ---- INSERT ----\n");
            Console.Write("  Please enter detail data\n");
            Console.Write("  ID number: ");
            insert_id = Convert.ToInt16(Console.ReadLine());
            // 找尋新增資料是否已存在，若存在，則顯示錯誤
            node = search(insert_id, root, ref position);
            if (node != null)
                Console.Write(" ID number has existed!!");
            else
            {
                Console.Write("  Name: ");   // 要求輸入其他詳細資料
                insert_name = Console.ReadLine();
                Console.Write("  Score: ");
                insert_score = Convert.ToInt16(Console.ReadLine());
                Console.Write("  Are you sure? (Y/N): ");
                ans = Char.ToUpper(Console.ReadLine().ToCharArray()[0]);
                Console.Write("\n");
                if (ans == 'Y')
                    root = access(insert_id, insert_name, insert_score, root);
            }
        }
```

```
// 將新增資料加入 B-TREE，node 指加入節點，傳回值為 root 所在
public Student access(int app_id, string app_name, int app_score, Student node)
{
    int x_id = 0, x_score = 0;
    bool pushup;   // pushup 判斷節點是否需劃分而往上新增一節點
    string x_name = "";
    Student xr = null, p;
    pushup = topdown(app_id, app_name, app_score, node,
                                ref x_id, ref x_name, ref x_score, ref xr);
    if (pushup)
    { // 若 pushup 為 1，則配置一個新節點，將資料放入
        p = new Student();
        p.link[0] = null;
        p.link[1] = null;
        p.link[2] = null;
        p.count = 1;
        p.id[1] = x_id;
        p.name[1] = x_name;
        p.score[1] = x_score;
        p.link[0] = root;
        p.link[1] = xr;
        return p;
    }
    return node;
}

// 從樹根往下尋找資料加入節點，將資料新增於 B-tree 中，參數 p 為目前所在節點，
// xr 記錄資料所對應的子鏈結
public bool topdown(int new_id, string new_name, int new_score, Student p,
                    ref int x_id, ref string x_name, ref int x_score,
                    ref Student xr)
{
    int k = 0;
    if (p == null)
    { // p 為 null 表示新增第一筆資料
        x_id = new_id;
        x_name = new_name;
        x_score = new_score;
        xr = null;
        return true;
    }
    else
    {
        if (search_node(new_id, p, ref k))
        { //找尋新增資料鍵值是否重覆，若重覆則顯示錯誤
            Console.Write("  Data error, ID number has existed!!\n");

            quit();
            return false;
        }
```

```
                        // 繼續往下找尋新增節點
                        if (topdown(new_id, new_name, new_score, p.link[k],
                            ref x_id, ref x_name, ref x_score, ref xr))
                        {
                            // 若新增節點有足夠的空間存放資料，則將資料直接加入該節點
                            if (p.count < MAX)
                            {
                                putdata(x_id, x_name, x_score, xr, p, k);
                                return false;
                            }
                            else
                            { // 若無足夠空間，則須劃分節點
                                broken(x_id, x_name, x_score, xr, p, k, ref x_id,
                                    ref x_name, ref x_score, ref xr);
                                return true;
                            }
                        }
                        else
                            return false;
                }
        }

        // 將新增資料直接加入於節點中，xr 為新增資料對應的子鏈結所在，p 為資料加入的節點
        public void putdata(int x_id, string x_name, int x_score, Student xr,
                                            Student p, int k)
        {
            int i;

            // 將節點中的資料逐一右移，以空出新增資料加入的位置
            for (i = p.count; i > k; i--)
            {
                p.id[i + 1] = p.id[i];
                p.name[i + 1] = p.name[i];
                p.score[i + 1] = p.score[i];
                p.link[i + 1] = p.link[i];
            }
            p.id[k + 1] = x_id;
            p.name[k + 1] = x_name;
            p.score[k + 1] = x_score;
            p.link[k + 1] = xr;
            p.count++;
        }

        // 將節點一分為二，yr 為劃分後新增加的節點
        public void broken(int x_id, string x_name, int x_score, Student xr, Student p,
                int k, ref int y_id, ref string y_name, ref int y_score, ref Student yr)
        {
            int i;
            int median;  // median 記錄從何處劃分節點

            if (k <= MIN)
```

```
            median = MIN;
        else
            median = MIN + 1;
        yr = new Student();
        // 將資料從劃分處開始搬移至新節點中
        for (i = median + 1; i <= MAX; i++)
        {
            yr.id[i - median] = p.id[i];
            yr.name[i - median] = p.name[i];
            yr.score[i - median] = p.score[i];
            yr.link[i - median] = p.link[i];
        }
        yr.count = MAX - median;
        p.count = median;
        if (k <= MIN)
            putdata(x_id, x_name, x_score, xr, p, k);
        else
            putdata(x_id, x_name, x_score, xr, yr, k - median);
        y_id = p.id[p.count];
        y_name = p.name[p.count];
        y_score = p.score[p.count];
        yr.link[0] = p.link[p.count];
        p.count--;
    }

    // 修改資料函數
    public void update_f()
    {
        int update_id, update_score, position = 0;
        char ans;
        string update_name;
        Student node;

        Console.Write("\n  ---- UPDATE ----\n");

        Console.Write("  Please enter ID number: ");

        update_id = Convert.ToInt16(Console.ReadLine());
        node = search(update_id, root, ref position);  // 找尋欲修改資料所在節點位置
        if (node != null)
        {
            Console.Write("  Original name: " + node.name[position] + "\n");
            Console.Write("  Please enter new name: ");
            update_name = Console.ReadLine();
            Console.Write("  Original score: " + node.score[position] + "\n");
            Console.Write("  Please enter new score: ");
            update_score = Convert.ToInt16(Console.ReadLine());
            Console.Write("  Are you sure? (Y/N): ");
            ans = Char.ToUpper(Console.ReadLine().ToCharArray()[0]);
            Console.Write("\n");
            if (ans == 'Y')
```

```
        {
                node.score[position] = update_score;
                node.name[position] = update_name;
        }
    }
    else
        Console.Write("  ID number not found!!\n");
}

// 刪除資料函數
public void delete_f()
{
    int del_id, position = 0;   // position 記錄刪除資料在節點中的位置
    char ans;
    Student node;

    Console.Write("\n  ---- DELETE ----\n");
    Console.Write("  Please enter ID number: ");
    del_id = Convert.ToInt16(Console.ReadLine());
    node = search(del_id, root, ref position);
    if (node != null)
    {
        Console.Write("  Are you sure? (Y/N): ");
        ans = Char.ToUpper(Console.ReadLine().ToCharArray()[0]);
        Console.Write("\n");
        if (ans == 'Y')
            root = removing(del_id, root);
    }
    else
        Console.Write("  ID number not found!!\n");
}

// 將資料從 B-tree 中刪除，若刪除後節點內資料筆數為 0，則一併刪除該節點
public Student removing(int del_id, Student node)
{
    Student p;

    if (!deldata(del_id, node))
    {

    }
    else if (node.count == 0)
    {
        p = node;
        node = node.link[0];
        p = null;
    }
    return node;
}

// 將資料從 B-tree 中移除，若刪除失敗則傳回 0，否則傳回資料在節點中所在位置
```

```
public bool deldata(int del_id, Student p)
{
    int k = 0;
    bool found;

    if (p == null)
        return false;
    else
    {
        found = search_node(del_id, p, ref k);
        if (found)
        {
            if (p.link[k - 1] != null)
            {
                replace(p, k);
                found = deldata(p.id[k], p.link[k]);
                if (!found)
                    Console.Write("  Key not found");
            }
            else
                move(p, k);
        }
        else
            found = deldata(del_id, p.link[k]);
        if (p.link[k] != null)
        {
            if (p.link[k].count < MIN)
                restore(p, k);
        }
        return found;
    }
}

// 將節點中的資料從 k 的位置逐一左移
public void move(Student p, int k)
{
    int i;

    for (i = k + 1; i <= p.count; i++)
    {
        p.id[i - 1] = p.id[i];
        p.name[i - 1] = p.name[i];
        p.score[i - 1] = p.score[i];
        p.link[i - 1] = p.link[i];
    }
    p.count--;
}

// 尋找刪除非樹葉時的替代資料
public void replace(Student p, int k)
{
```

```
        Student q;

        for (q = p.link[k]; q.link[0] != null; q = q.link[0]) ;
        p.id[k] = q.id[1];
        p.name[k] = q.name[1];
        p.score[k] = q.score[1];
    }

    // 資料刪除後，重新調整為 B-tree
    public void restore(Student p, int k)
    {
        if (k == 0)
        {   // 刪除資料為節點中的第一筆資料
            if (p.link[1].count > MIN)
                getright(p, 1);
            else
                combine(p, 1);
        }
        else if (k == p.count)
        {   // 刪除資料為節點中的最後一筆資料
            if (p.link[k - 1].count > MIN)
                getleft(p, k);
            else
                combine(p, k);
        }
        else if (p.link[k - 1].count > MIN) // 刪除資料為節點中其他位置的資料
            getleft(p, k);
        else if (p.link[k + 1].count > MIN)
            getright(p, k + 1);
        else
            combine(p, k);
    }

    // 向左兄弟節點借資料時，做資料右移的動作
    public void getleft(Student p, int k)
    {
        int c;
        Student t;

        t = p.link[k];
        for (c = t.count; c > 0; c--)
        {
            t.id[c + 1] = t.id[c];
            t.name[c + 1] = t.name[c];
            t.score[c + 1] = t.score[c];
            t.link[c + 1] = t.link[c];
        }
        t.link[1] = t.link[0];
        t.count++;
        t.id[1] = p.id[k];
        t.name[1] = p.name[k];
```

```
        t.score[1] = p.score[k];
        t = p.link[k - 1];
        p.id[k] = t.id[t.count];
        p.name[k] = t.name[t.count];
        p.score[k] = t.score[t.count];
        p.link[k].link[0] = t.link[t.count];
        t.count--;
    }

    // 向右兄弟節點借資料時，做左移的動作
    public void getright(Student p, int k)
    {
        int c;
        Student t;

        t = p.link[k - 1];
        t.count++;
        t.id[t.count] = p.id[k];
        t.name[t.count] = p.name[k];
        t.score[t.count] = p.score[k];
        t.link[t.count] = p.link[k].link[0];
        t = p.link[k];
        p.id[k] = t.id[1];
        p.name[k] = t.name[1];
        p.score[k] = t.score[1];
        t.link[0] = t.link[1];
        t.count--;
        for (c = 1; c <= t.count; c++)
        {
            t.id[c] = t.id[c + 1];
            t.name[c] = t.name[c + 1];
            t.score[c] = t.score[c + 1];
            t.link[c] = t.link[c + 1];
        }
    }

    // 將三個節點中的資料合併至一個節點中
    public void combine(Student p, int k)
    {
        int c;
        Student l, q;

        q = p.link[k];
        l = p.link[k - 1];
        l.count++;
        l.id[l.count] = p.id[k];
        l.name[l.count] = p.name[k];
        l.score[l.count] = p.score[k];
        l.link[l.count] = q.link[0];
        for (c = 1; c <= q.count; c++)
        {
```

```
            l.count++;
            l.id[l.count] = q.id[c];
            l.name[l.count] = q.name[c];
            l.score[l.count] = q.score[c];
            l.link[l.count] = q.link[c];
        }
        for (c = k; c < p.count; c++)
        {
            p.id[c] = p.id[c + 1];
            p.name[c] = p.name[c + 1];
            p.score[c] = p.score[c + 1];
            p.link[c] = p.link[c + 1];
        }
        p.count--;
        q = null;
    }

// 資料輸出函數
public void list_f()
{
    Console.Write("\n  ---- LIST ----\n");
    Console.Write("  *****************************\n");
    Console.Write("      ID     NAME        SCORE\n");
    Console.Write("  ==============================\n");
    show(root);
    Console.Write("  *****************************\n");
}

// 以遞迴方式輸出節點資料，輸出資料採中序法，nd 為欲輸出資料的節點
public void show(Student nd)
{
    if (nd != null)
    {
        if (nd.count > 0)
        {
            if (nd.count == 1)
            {
                show(nd.link[0]);
                Console.Write("{0, 9} ", nd.id[1]);
                Console.Write("   {0, -10} ", nd.name[1]);
                Console.Write("{0, 4}\n", nd.score[1]);

                show(nd.link[1]);
            }
            else if (nd.count == 2)
            {
                show(nd.link[0]);

                Console.Write("{0, 9} ", nd.id[1]);
                Console.Write("   {0, -10} ", nd.name[1]);
                Console.Write("{0, 4}\n", nd.score[1]);
```

```
                show(nd.link[1]);

                Console.Write("{0, 9} ", nd.id[2]);
                Console.Write("   {0, -10} ", nd.name[2]);
                Console.Write("{0, 4}\n", nd.score[2]);

                show(nd.link[2]);
            }
        }
    }
}

// 查詢某一特定資料
public void query_f()
{
    int query_id, position = 0;
    Student quenode;

    Console.Write("\n  ---- QUERY ----\n");

    Console.Write("  Please enter ID number: ");

    query_id = Convert.ToInt16(Console.ReadLine());
    quenode = search(query_id, root, ref position);
    if (quenode != null)
    {
        Console.Write("  ID number: " + quenode.id[position] + "\n");

        Console.Write("  Name: " + quenode.name[position] + "\n");

        Console.Write("  Score: " + quenode.score[position] + "\n");
    }
    else
        Console.Write("  ID number not found!!\n");
}

// 結束本系統
public void quit()
{
    Console.Write("\n  Thanks for using, bye bye!!\n");
}

/* 搜尋某一鍵值在節點中的位置，target 為搜尋鍵值，k 記錄鍵值所在位置，傳回 0 表
   示搜尋失敗，傳回 1 表示搜尋成功 */
public bool search_node(int target, Student p, ref int k)
{
    if (target < p.id[1])
    {
        k = 0;
        return false;
```

```
        }
        else
        {
            k = p.count;
            while ((target < p.id[k]) && k > 1)
                k--;
            if (target == p.id[k])
                return true;
            else
                return false;
        }
    }

    // 搜尋某一鍵值所在節點，target 為搜尋鍵值，傳回值為 target 所在節點指標，若沒有找
    // 到則傳回 null
    public Student search(int target, Student node, ref int targetpos)
    {
        if (node == null)
            return null;
        else if (search_node(target, node, ref targetpos))
            return node;
        else
            return search(target, node.link[targetpos], ref targetpos);
    }


}

class Program
{
    static void Main(string[] args)
    {
        BTree obj = new BTree();
        char choice, ans;

        obj.init_f();
        while (true)
        {
            do
            {
                Console.Write("\n");
                Console.Write("  ********************\n");
                Console.Write("        1.insert\n");
                Console.Write("        2.update\n");
                Console.Write("        3.delete\n");
                Console.Write("        4.list\n");
                Console.Write("        5.query\n");
                Console.Write("        6.quit\n");
                Console.Write("  ********************\n");
                Console.Write("  Please enter your choice(1..6): ");
```

```
                    choice = Console.ReadLine().ToCharArray()[0];
                    Console.Write("\n");
                    switch (choice)
                    {
                        case '1':
                            obj.insert_f();
                            break;
                        case '2':
                            obj.update_f();
                            break;
                        case '3':
                            obj.delete_f();
                            break;
                        case '4':
                            obj.list_f();
                            break;
                        case '5':
                            obj.query_f();
                            break;
                        case '6':
                            Console.Write("  Are you sure? (Y/N): ");

                            ans = Char.ToUpper(Console.ReadLine().ToCharArray()[0]);
                            if (ans == 'Y')
                            {
                                obj.quit();
                                Environment.Exit(0);
                                break;
                            }
                            else
                                continue;
                        default:
                            Console.Write("  Choice error!!\n");
                            break;
                    }
                } while (choice != '6');
            }
        }
    }
}
```

📑 輸出結果

```
********************
    1.insert
    2.update
    3.delete
    4.list
    5.query
    6.quit
********************
```

```
Please enter your choice(1..6): 1



---- INSERT ----
Please enter detail data
ID number: 73
Name: Rachel
Score: 98
Are you sure? (Y/N): y



*******************
      1.insert
      2.update
      3.delete
      4.list
      5.query
      6.quit
*******************
Please enter your choice(1..6): 1



---- INSERT ----
Please enter detail data
ID number: 44
Name: Weldon
Score: 89
Are you sure? (Y/N): y



*******************
      1.insert
      2.update
      3.delete
      4.list
      5.query
      6.quit
*******************
Please enter your choice(1..6): 1



---- INSERT ----
Please enter detail data
ID number: 37
Name: Barwick
Score: 70
Are you sure? (Y/N): y



*******************
      1.insert
```

```
        2.update
        3.delete
        4.list
        5.query
        6.quit
********************
Please enter your choice(1..6): 4


---- LIST ----
******************************
    ID      NAME        SCORE
    ============================
    37      Barwick     70
    44      Weldon      89
    73      Rachel      98
******************************

********************
        1.insert
        2.update
        3.delete
        4.list
        5.query
        6.quit
********************
Please enter your choice(1..6): 2


---- UPDATE ----
Please enter ID number: 37
Original name: Barwick
Please enter new name: Dabria
Original score: 70
Please enter new score: 90
Are you sure? (Y/N): y


********************
        1.insert
        2.update
        3.delete
        4.list
        5.query
        6.quit
********************
Please enter your choice(1..6): 4


---- LIST ----
******************************
```

```
      ID     NAME      SCORE
  =============================
      37     Dabria     90
      44     Weldon     89
      73     Rachel     98
  *****************************


  ********************
        1.insert
        2.update
        3.delete
        4.list
        5.query
        6.quit
  ********************
  Please enter your choice(1..6): 3



  ---- DELETE ----
  Please enter ID number: 73
  Are you sure? (Y/N): y



  ********************
        1.insert
        2.update
        3.delete
        4.list
        5.query
        6.quit
  ********************
  Please enter your choice(1..6): 4



  ---- LIST ----
  *****************************
      ID     NAME      SCORE
  =============================
      37     Dabria     90
      44     Weldon     89
  *****************************


  ********************
        1.insert
        2.update
        3.delete
        4.list
        5.query
        6.quit
  ********************
  Please enter your choice(1..6): 1
```

```
---- INSERT ----
Please enter detail data
ID number: 12
Name: Sammy
Score: 94
Are you sure? (Y/N): y


********************
      1.insert
      2.update
      3.delete
      4.list
      5.query
      6.quit
********************
Please enter your choice(1..6): 4


---- LIST ----
******************************
   ID      NAME      SCORE
==============================
   12      Sammy       94
   37      Dabria      90
   44      Weldon      89
******************************


********************
      1.insert
      2.update
      3.delete
      4.list
      5.query
      6.quit
********************
Please enter your choice(1..6): 5


---- QUERY ----
Please enter ID number: 73
ID number not found!!


********************
      1.insert
      2.update
      3.delete
      4.list
      5.query
```

```
      6.quit
********************
Please enter your choice(1..6): 5


---- QUERY ----
Please enter ID number: 44
ID number: 44
Name: Weldon
Score: 89

********************
      1.insert
      2.update
      3.delete
      4.list
      5.query
      6.quit
********************
Please enter your choice(1..6): 6

Are you sure? (Y/N): y

Thanks for using, bye bye!!
```

》程式解説

1. 此程式使用鏈結串列來處理 B-Tree 的新增、刪除、查詢及輸出。在程式中，設定節點最大鍵值數 MAX 為 2，最小鍵值數 MIN 為 1，表示此 B-Tree 為一棵 2-3 tree，在 struct student 結構中，count 記錄節點中的鍵值數，id 為學生代碼，為資料處理時的鍵值，id[1] 表示節點內的第一筆資料，id[2] 為第二筆，以此類推；name 為學生姓名；score 為學生成績，link 為節點的子鏈結，在 2-3 tree 中，link[0]、link[1]、link[2] 分別表示節點的三個子鏈結。

2. 新增資料

   (a) insert_f() 函數會要求輸入新增的資料，並呼叫 access_f() 函數來對新增資料加以處理，使其符合 B-Tree 的定義。

   (b) 在 access_f() 函數中新增資料時，會先呼叫 topdown() 函數由樹根往下找尋插入節點，若插入節點存放的資料筆數小於 MAX，則呼叫 putdata() 函數將資料直接加入該節點；否則呼叫 broken() 函數，進行節點的劃分工作。

   (c) topdown() 函數是遞迴的方式來做新增資料於 B-Tree 的動作，當所在節點為非樹葉節點時，topdown() 函數會不斷呼叫自己，直到所在節點為樹葉節點為止。新增資料時，若節點中的資料筆數已為 MAX，會呼叫 broken() 函數。

3. 刪除資料

(a) delete_f() 函數會要求輸入欲刪除資料，找到欲刪除資料所在節點，會呼叫 removing() 函數，再由 removing() 函數呼叫 deldata 來做資料刪除的動作。

(b) 在 restore() 函數中，若刪除資料所在節點為樹葉節點，會呼叫 move() 函數調整節點內資料；若為非樹葉節點，則呼叫 replace() 函數來找出替代資料。資料刪除後會檢查節點內的資料是否小於 MIN，若小於 MIN 則呼叫 restore() 函數，以執行調整的動作。

(c) restore() 函數分為幾種情況：

(i) 刪除資料為節點中的第一筆資料時，判斷右兄弟節點的資料筆數是否大於 MIN，若大於 MIN 程式會呼叫 getright() 函數向右兄弟節點借一筆資料；否則呼叫 combine() 函數執行合併工作。

(ii) 刪除資料為節點中的最後一筆資料時，判斷左兄弟節點的資料筆數是否大於 MIN，若大於 MIN 程式會呼叫 getleft() 函數向左兄弟節點借一筆資料；否則呼叫 combine() 函數執行合併工作。

(iii) 若刪除資料為節點中其他位置的資料，會先向兄弟節點借一筆資料，失敗則會轉向右兄弟節點借，若兩種方法皆行不通，呼叫 combine() 函數執行合併工作。

4. 輸出資料

list_f() 資料輸出的函數中，呼叫 show() 函數，使用前序追蹤將資料依鍵值由小到大輸出，其輸出的方法與 m-way search tree 非常類似，皆是將節點內的資料全數輸出後，再輸出左子鏈結的資料，最後輸出右子鏈結的資料，如此不斷遞迴呼叫 show() 函數，直到資料全數輸出完畢為止。

11.4 動動腦時間

1. 依序將下列資料 50，70，10，60，65，80，100，90，75，105。[11.1]

   (a) 加入並建立 3-way 搜尋樹和 4-way 的搜尋樹

   (b) 將(a)所建立的 3-way 搜尋樹依序刪除 90，70 及 100

2. 有一棵 B-Tree of order 5 如下[11.2]：

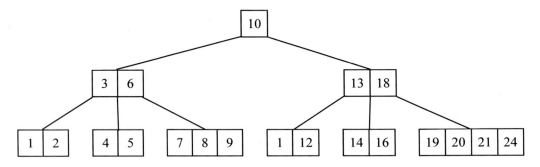

   試依序刪除 8，18，16，4，7，並畫出其所對應的 B-Tree of order 5。

3. 一棵 B-Tree of order 3(或稱 2-3 tree)表示除了樹葉節點外，每個節點皆有 2 個或 3 個子節點，假設 2-3 tree 的高度為 h，試證明[11.2]：

   (a) 這棵 2-3 tree 的所有節點數介於 $2^{h+1}-1$ 與 $(3^{h+1}-1)/2$ 之間。

   (b) 此 2-3 tree 的樹葉節點數介於 2^h 與 3^h 之間。

4. 何謂 B-Tree，其與 AVL-tree 有何差異？[9.1, 11.2]

5. 請寫明 binary search tree 與 m-way search tree 之區別。[7.1, 11.1]

6. 請寫出 B-Tree insert 及 delete 鍵值的演算法。[11.2]

12

圖形結構

圖學理論(graph theory)源於 1736 年瑞士的數學家 Leonhard Euler 為了解決古老的 Koenigsberg bridge(現在的 Kaliningrad)問題，如圖 12.1 之(a)。若以圖 12.1 之(b)表示，圓圈代表城市，連線代表橋，則共有七座橋分別是 a、b、c、d、e、f、g 及四座城市 A、B、C、D。

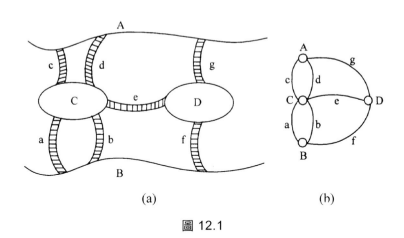

(a)　　　　　　　　　　　　(b)

圖 12.1

當時有一有趣的問題是從某城市開始，需走遍全部的橋，然後再回到原先的起始的城市，試問圖 12.1 之(a)可以嗎？Euler 認為不能。

假若稱 12.1 之(b)中的圓圈為頂點(vertex)，連線為分支度(degree)，如節點 C 的分支度為 5。假使上述問題要能成立的話，必須每個頂點具備偶數的分支度才可以，此現象稱為尤拉循環(Eulerian cycle)。由此可知，圖 12.2 可以從某一座城市經過所有的橋後，再回到原來的城市，因為每個頂點皆具有偶數的分支度。

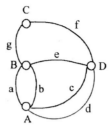

圖 12.2

12.1 圖形的一些專有名詞

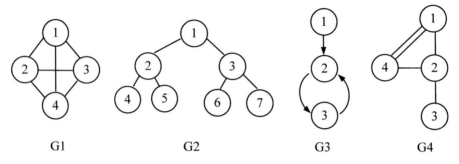

圖 12.3 各式各樣的圖形

1. 頂點(vertex)：圖 12.3 的圓圈稱之。

2. 邊(edge)：圖 12.3 每個頂點之間的連線稱之。

3. 無方向圖形(undirected graph)：在邊上沒有箭頭者稱之。如圖 12.3 中 G1 和 G2 為無方向圖形。

4. 有方向圖形(directed graph)：在邊上有箭頭者稱之。如圖 12.3 中 G3 為有方向圖形。

5. 圖形(graph)：是由所有頂點和所有邊組合而成的，以 G=(V, E)表示。在無方向圖形中，(V_1, V_2)和(V_2, V_1)代表相同的邊，但在有方向圖形中，$<V_1, V_2>$和 $<V_2, V_1>$表示不一樣的邊。在有方向圖形中，$<V_1, V_2>$，V_1 表示邊的前端 (head)，而 V_2 表示邊的尾端(tail)。

6. 在圖 12.3 中 V(G1)={1, 2, 3, 4}；E(G1)={(1, 2), (1, 3), (1, 4), (2, 3), (2, 4), (3, 4)}；V(G2)={1, 2, 3, 4, 5, 6, 7}；E(G2)={(1, 2), (1, 3), (2, 4), (2, 5), (3, 6), (3, 7)}；V(G3)={1, 2, 3}；E(G3)={<1, 2>, <2, 3>, <3, 2>}。

   注意有方向圖形與無方向圖形邊的表示方式不同。有方向圖形一般以 digraph，而無方向圖形則以 graph 稱之。底下若只寫圖形，則表示其為無方向圖形。

7. 多重圖形(multigraph)：假使兩個頂點間，有多條相同的邊，此稱之為多重圖形，而不是圖形，如圖 12.3 之 G4。

8. 完整圖形(complete graph)：在 n 個頂點的無方向圖形中，假使有 n(n–1)/2 個邊，則此圖形稱為完整圖形。如圖 12.3 之 G1 是完整圖形，其餘皆不是(因為 G1 有 4(4–1)/2=6 個邊)。

9. 相鄰(adjacent)：在圖形的某一邊(V_1, V_2)中，我們稱頂點 V_1 與頂點 V_2 是相鄰的。但在有方向圖形中，稱<V_1, V_2>為 V_1 是 adjacent toV_2 或 V_2 是 adjacent from V_1。

10. 附著(incident)：我們稱頂點 V_1 頂點 V_2 是相鄰的，而邊(V_1, V_2)是附著在頂點 V_1 與頂點 V_2 上。我們可發現在 G3 中，附著在頂點 V_2 的邊有<1, 2>, <2, 3>及<3, 2>。

11. 子圖(subgraph)：假使 V(G')⊆V(G)及 E(G')⊆E(G)，我們稱 G'是 G 的子圖。如圖 12.3.1 是圖 12.3 G1 的部份子圖，圖 12.3.2 之(2)則是圖 12.3 G3 的部份子圖。

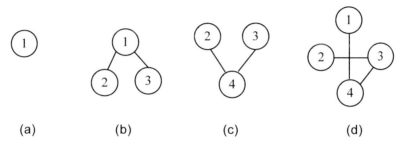

圖 12.3.1 (a)、(b)、(c)、(d)皆為 G1 的部份子圖

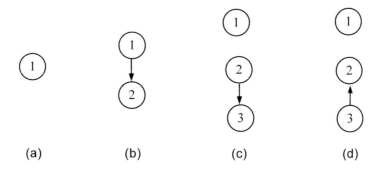

圖 12.3.2 (a)、(b)、(c)、(d)皆為 G3 的部份子圖

12. 路徑(path)：在圖形 G 中，從頂點 V_p 到頂點 V_q 的路徑是指一系列的頂點 V_p，V_{i1}，V_{i2}，……，V_{in}，V_q，其中(V_p, V_{i1})，(V_{i1}, V_{i2})，……，(V_{in}, V_q)是 E(G)上的邊。假若 G'是有方向圖形，則<V_p, V_{i1}>，<V_{i1}, V_{i2}>，……，<V_{in}, V_q>是 E(G')上的邊，故一個路徑是由一個邊或一個以上的邊所組成。

13. 長度(length)：一條路徑上的長度是指該路徑上所有邊的數目。

14. 簡單路徑(simple path)：除了頭尾頂點之外，其餘的頂點皆在不相同的路徑上。如圖 12.3，G1 的兩條路徑 1，2，4，3 和 1，2，4，2，其長度皆為 3。前者是簡單路徑，而後者不是簡單路徑。

15. 循環(cycle)：是指在一條簡單路徑上，頭尾頂點皆相同者稱之，如 G1 的 1，2，3，1 或 G3 的 2，3，2。

16. 連通(connected)：在一個圖形 G 中，如果有一條路徑從 V_1 至 V_2，那麼我們說 V_1 與 V_2 是連通的。如果 V(G)中的每一對不同的頂點 V_i，V_j 都有一條由 V_i 到 V_j 的路徑，則稱該圖形是連通的。圖 12.4 之 G5 不是連通的(因為 g1 與 g2 無法連接起來)。

圖 12.4　G5 不是連通子圖

17. 連通單元(connected component)：或稱單元(component)，是指該圖形中最大的連通子圖(maximal connected subgraph)，如圖 12.4 之 G5 有兩個單元 g1 和 g2。

18. 緊密連通(strongly connected)：在一有方向圖形中，如果 V(G)中的每一對不同頂點 V_i，V_j 各有一條從 V_i 至 V_j 及從 V_j 至 V_i 的有向路徑者稱之。圖 12.3 之 G3 不是緊密連通，因為 G3 沒有 V_2 至 V_1 的路徑。

19. 緊密連通單元(strongly connected component)：是指一個緊密連通最大子圖。如圖 12.3 之 G3 有兩個緊密連通單元。

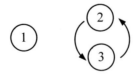

20. 分支度(degree)：附著在頂點的邊數。如圖 12.3 之 G1 的頂點 1，其分支度為 3。若為有方向圖形，則其分支度為內分支度與外分支度之和。

21. 內分支度(in-degree)：頂點 V 的內分支度是指以 V 為終點(即箭頭指向 V)的邊數，如圖 12.3 之 G3 中，頂點 2 的內分支度為 2，而頂點 3 的內分支度為 1。

22. 外分支度(out-degree)：頂點 V 的外分支度是以 V 為起點的邊數，如圖 12.3 之 G3 中，頂點 2 的外分支度為 1，而頂點 1 和 3 的外分支度為 1。內分支度和外分支度是針對有方向圖形而言。

練習題

1. 試問下一圖形中每一節點的內分支度和外分支度

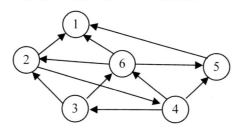

2. 有一圖形如下：

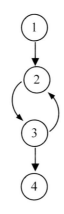

　　　試問 (a)子圖為何？

　　　　　(b)列出其緊密連通單元。

12.2 圖形資料結構表示法

圖形的資料結構表示法常用的有下列二種：

12.2.1 相鄰矩陣

相鄰矩陣(adjacency matrix)乃是將圖形中的 n 個頂點，以一個 n*n 的二維矩陣來表示，其中每一元素 V_{ij}，且 $V_{ij}=1$，表示圖形中 V_i 與 V_j 有一條邊為(V_i, V_j)。假若是有方向圖形的話，表示有一條邊為$<V_i, V_j>$；$V_{ij}=0$ 表示頂點 i 與頂點 j 沒有邊存在。注意！有方向圖形的邊乃是用角括號(< >)括住，而無方向圖形的邊，則以小括號括住。

圖 12.5 之 G1'、G2'、G3'、G5'是以相鄰矩陣的方式來表示圖 12.3 之 G1、G2、G3 與圖 12.4 之 G5。

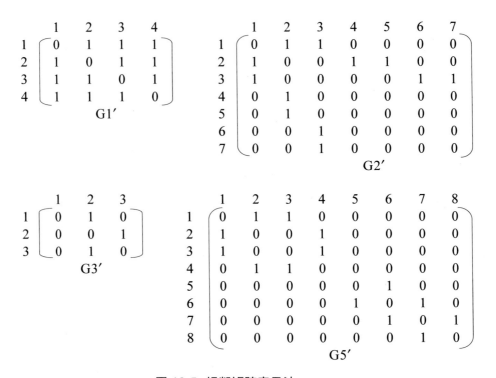

圖 12.5 相鄰矩陣表示法

從圖 12.5 得知，在圖形 G1'、G2'、G5' 中，$V_{ij}=1$ 表示頂點 V_i 到頂點 V_j 有一邊(V_i, V_j)，同時也顯示有一條為(V_j, V_i)的邊，因此相鄰矩陣是對稱性的，而且對角線皆為零，所以圖形中只需要儲存上三角形或下三角形即可，所需儲存空間為 $n(n-1)/2$，而 G3 是有方向圖形，因此相鄰矩陣也許不是對稱性，需一個一個的列出來。

假若要求圖形中某一頂點相鄰邊的數目(即分支度)，只要算算相鄰矩陣中某一列所有 1 之和或某一行所有 1 之和，如要計算 G1' 中頂點 2 的相鄰邊數；可從第 2 列或第 2 行知其頂點 2 的相鄰邊數是 3。

$$
\begin{array}{c c}
 & \begin{array}{cccc} 1 & 2 & 3 & 4 \end{array} \\
\begin{array}{c} 1 \\ 2 \\ 3 \\ 4 \end{array} &
\begin{pmatrix}
0 & 1 & 1 & 1 \\
1 & 0 & 1 & 1 \\
1 & 1 & 0 & 1 \\
1 & 1 & 1 & 0
\end{pmatrix}
\end{array}
$$

而在有方向圖形的相鄰矩陣中，列之和表示頂點的外分支度，行之和表示頂點的內分支度。如下圖 G3'中，第 2 列為 1 的有 1 個，所以頂點 2 的外分支度為 1。而第 2

行為 2，故頂點 2 的內分支度為 2，所以 G3'中頂點 2 的分支度為 3，讀者可以和 G3 相對照。

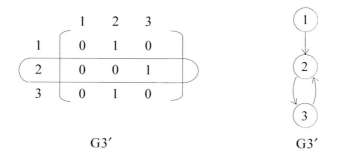

G3′

G3′

12.2.2　相鄰串列

相鄰串列(adjacency list)乃是將圖形中的每個頂點皆形成串列首，而在每個串列首後面的節點，表示它們之間有邊存在。圖 12.6 之 G2", G3"是以相鄰串列來表示圖 12.3 之 G2 和 G3。

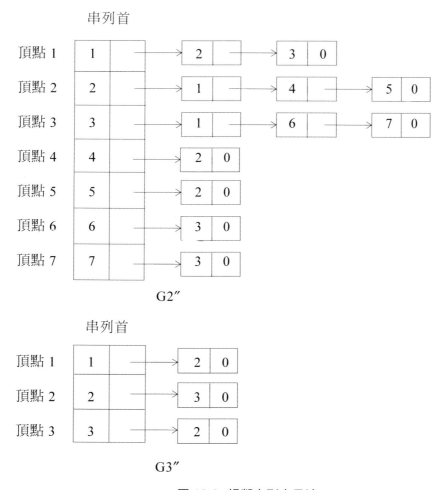

圖 12.6　相鄰串列表示法

圖 12.6 之 G2" 知此圖形有 7 個頂點(因為有 7 個串列首)，頂點 2 有 3 個邊(因為頂點 2 的串列首後有 3 個節點，分別節點 1、節點 4 和節點 5)，依此類推。串列首及後面節點的結構如下：

其中指標為 0 或 null，表示指標是空的。

我們也可以從相鄰串列中知某一頂點的分支度，由此頂點之串列首後有 n 個節點便可計算出來。

在有方向圖形中，每個串列首後面的節點數，表示此頂點的外分支度數目。如圖 12.6 之 G3" 的頂點 2，其後有 1 個節點，因此我們得知頂點 2 的外分支度為 1。若要求內分支度的數目，則必須是把 G3" 變成相反的相鄰串列。步驟如下：

1. 先把圖 12.5 之 G3' 變為轉置矩陣

$$
\begin{array}{c}
\quad \begin{array}{ccc} 1 & 2 & 3 \end{array} \\
\begin{array}{c} 1 \\ 2 \\ 3 \end{array}
\begin{bmatrix} 0 & 1 & 0 \\ 0 & 0 & 1 \\ 0 & 1 & 0 \end{bmatrix}
\end{array}
\Rightarrow
\begin{array}{c}
\quad \begin{array}{ccc} 1 & 2 & 3 \end{array} \\
\begin{array}{c} 1 \\ 2 \\ 3 \end{array}
\begin{bmatrix} 0 & 0 & 0 \\ 1 & 0 & 1 \\ 0 & 1 & 0 \end{bmatrix}
\end{array}
$$

2. 再把轉置矩陣變為相鄰串列

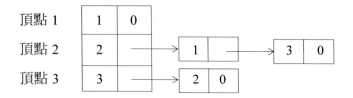

由此可知，頂點 1 的內分支度 0，頂點 2 的內分支度為 2，而頂點 3 的內分支度為 1。

練習題

請將下一圖形以相鄰矩陣和相鄰串列表示之。

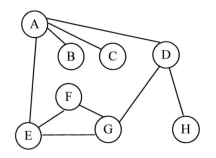

12.3 圖形追蹤

圖形的追蹤是從圖形的某一頂點開始,去拜訪圖形的其他頂點。圖形的追蹤目的在:(1)判斷此圖形是不是連通;(2)找出此圖形的連通單元;(3)畫出此圖形的擴展樹(spanning tree)。讓我們先從圖形的追蹤談起。

圖形的追蹤有兩種方法:

12.3.1 縱向優先搜尋

圖形縱向優先搜尋(depth first search)的過程是:(1)先拜訪起始點 V;(2)然後選擇與 V 相鄰而未被拜訪的頂點 W,以 W 為起始點做縱向優先搜尋;(3)假使有一頂點其相鄰的頂點皆被拜訪過時,就回到最近曾拜訪過之頂點,其尚有未被拜訪過的相鄰頂點,繼續做縱向優先搜尋;(4)假若從任何已走過的頂點,都無法再找到未被走過的相鄰頂點時,此時搜尋就結束了。

其實縱向優先搜尋我們可用堆疊方式來操作。譬如有一個圖形如圖 12.7(a),而(b)是其對應的相鄰串列表示法。

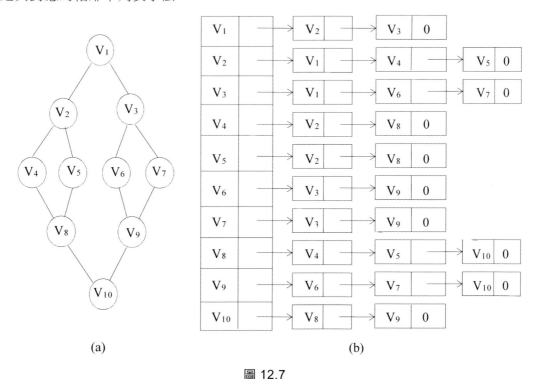

(a)   (b)

圖 12.7

(1)   先輸出 V₁ (V₁為起點)。

(2) 將 V₁ 的相鄰頂點 V₂ 及 V₃ 放入堆疊中。

(3) 彈出堆疊的第一個頂點 V₂，然後將 V₂ 的相鄰頂點 V₁，V₄ 及 V₅ 推入到堆疊。

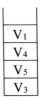

(4) 彈出 V₁，由於 V₁ 已被輸出，故再彈出 V₄，將 V₄ 的相鄰頂點 V₂ 及 V₈ 放入堆疊。

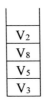

(5) 彈出 V₂，由於 V₂ 已被輸出過，故再彈出 V₈，再將 V₈ 的相鄰頂點 V₄、V₅ 及 V₁₀ 放入堆疊。

| V₄ |
| V₅ |
| V₁₀ |
| V₅ |
| V₃ |

(6) 彈出 V₄，由於已輸出過，故再彈出 V₅，然後將 V₅ 的相鄰頂點 V₂ 及 V₈ 放入堆疊中。

| V₂ |
| V₈ |
| V₁₀ |
| V₅ |
| V₃ |

(7) 彈出 V₂ 及 V₈，由於此二頂點已被輸出過，故再彈出 V₁₀，再將 V₁₀ 的相鄰點 V₈ 及 V₉ 放入堆疊。

(8)　彈出 V_8，此頂點已被輸出，故再彈出 V_9，將 V_9 的相鄰頂點 V_6、V_7 及
V_{10} 放入堆疊。

V_6
V_7
V_{10}
V_5
V_3

(9)　彈出 V_6，再將 V_6 的相鄰頂點 V_3 及 V_9 放入堆疊。

V_3
V_9
V_7
V_{10}
V_5
V_3

(10)　彈出 V_3，將 V_1 與 V_7 放入堆疊。

V_1
V_7
V_9
V_7
V_{10}
V_5
V_3

(11)　彈出 V_1，此頂點已輸出故再彈出 V_7，再將 V_3 及 V_9 放入堆疊。

V_3
V_9
V_9
V_7
V_{10}
V_5
V_3

(12)　最後彈出 V_3、V_9、V_9、V_7、V_{10}、V_5、V_3，由於這些頂點皆已輸出過；
此時堆疊是空的，表示搜尋已結束。

從上述的搜尋步驟可知其順序為：V_1、V_2、V_4、V_8、V_5、V_{10}、V_9、V_6、V_3、V_7。
讀者須注意的是此順序並不是唯一，而是根據頂點放入堆疊的順序而定。

有關縱向優先搜尋之程式實作，請參閱 12.10 節。

12.3.2 橫向優先搜尋

橫向優先搜尋(breadth first search)和縱向優先搜尋不同的是：橫向搜尋先拜訪完所有的相鄰頂點，再去找尋下一層的其他頂點。如圖 12.7 以橫向優先搜尋，其拜訪頂點的順序是 V_1、V_2、V_3、V_4、V_5、V_6、V_7、V_8、V_9、V_{10}。縱向優先搜尋是以堆疊來操作，而橫向優先搜尋則以佇列來運作。

1. 先拜訪 V_1 並將相鄰的 V_2 及 V_3 也放入佇列。

V_2	V_3

2. 拜訪 V_2，再將 V_2 的相鄰頂點 V_4 及 V_5 放入佇列。

V_3	V_4	V_5

(由於 V_1 已被拜訪過，故不放入佇列中。)

3. 拜訪 V_3，並將 V_6 及 V_7 放入佇列。

V_4	V_5	V_6	V_7

(同理 V1 也已拜訪過，故也不放入佇列。)

4. 拜訪 V_4，並將 V_8 放入佇列。

V_5	V_6	V_7	V_8

(由於 V_2 已被拜訪過，故不放入佇列。)

依此類推，最後得知，以橫向優先搜尋的拜訪順序是：V_1、V_2、V_3、V_4、V_5、V_6、V_7、V_8、V_9、V_{10}。

如果 G 是一個無方向圖形，若要判斷 G 是否為連通，只要利用縱向優先搜尋或橫橫向優先搜尋，視其有無被拜訪的節點，假若全部頂點皆被拜訪過，則此圖形是連通，這也是圖形追蹤的目的之一。

若 G 是一 n 個頂點的圖形，G=(V, E)。若 G 是一棵樹，則必須具備：(1)G 有 n–1 個邊，而且沒有循環；(2)G 是連通的。如圖 12.3 之 G2 共有 7 個頂點，6 個邊，沒有循環，而且是連通的。此棵樹稱為**自由樹**(free tree)，此時若加上一邊時，則會形成循環。

假若一圖形有循環的現象，則稱此圖形為循環圖形(cyclic)；若沒有循環，則稱此圖形為無循環圖形(acyclic)。

練習題

試求下一圖形的縱向優先追蹤與橫向優先追蹤。

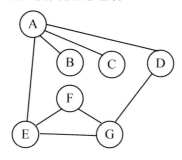

12.4 擴展樹

擴展樹是以最少的邊數，來連接圖形中所有的頂點。如下圖有一完整圖形。

下列是其部份的擴展樹

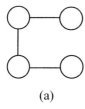 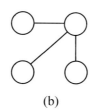 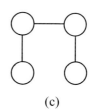

(a)   (b)   (c)

在 12.3 節曾提及圖形的追蹤，它可用來畫出圖形的擴展樹，若以縱向優先搜尋的追蹤方式畫出，則稱為縱向優先搜尋擴展樹 (depth first search spanning tree)。若使用橫向優先搜尋的追蹤方式畫出，則稱為橫向優先搜尋擴展樹(breadth first search spanning tree)。因此，我們可將圖 12.7 畫出其以兩種不同追蹤方式所產生的擴展樹，如圖 12.8 之(a)、(b)所示。

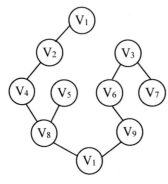
(a)縱向優先搜尋擴展樹

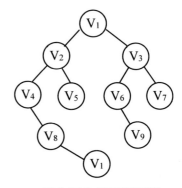
(b)橫向優先搜尋擴展樹

圖 12.8

若 G = (V, E)是一圖形，而 S=(V, T)是 G 的擴展樹。其中 T 為追蹤時所拜訪過的邊，而 K 表示追蹤後未被拜訪的邊。此時擴展樹具有下列幾點特性：

1. E = T+K；

2. V 中的任何兩個頂點 V1 及 V2，在 S 中有唯一的邊；

3. 加入 K 中任何一邊於 S 中，會造成循環。

若圖形中每一個邊加上一些數值，此數值稱為比重(weight)，而稱此圖形為比重圖形(weight graph)。假設此比重是成本(cost)或距離(distance)，則此圖形稱為網路(network)。從擴展樹的定義，得知一個圖形有許多不同的擴展樹，假若在網路中有一擴展樹具有最小成本時，則稱此為最小成本擴展樹(minimum cost spanning tree)。

一般求最小成本擴展樹有兩種方法：

12.4.1 Prim's 演算法

有一網路，G = (V, E)，其中 V={1, 2, 3, ……, n}。起初設定 U={1}，U 及 V 是兩個頂點的集合，然後從 V-U 集合中找一頂點 x，能與 U 集合中的某頂點形成最小的邊，把這一頂點 x 加入 U 集合，繼續此步驟，直到 U 集合等於 V 集合為止。

今有一網路，如圖 12.9 所示：

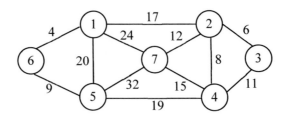

圖 12.9

若以 Prim's algorithm 尋找其最小成本擴展樹，則過程如下：

1. V={1, 2, 3, 4, 5, 6, 7}，U={1}。

2. 從 V-U={2, 3, 4, 5, 6, 7}中找一頂點，與 U={1}頂點能形成最小成本的邊；發現是頂點 6，然後加此頂點於 U 中，U={1, 6}。

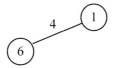

3. 此時 V-U={2, 3, 4, 5, 7}，從這些頂點中找一頂點，與 U={1, 6}頂點能形成最小成本的邊，答案是頂點 5，因為其成本或距離為 9；加此頂點於 U 中，U={1, 5, 6}，V-U={2, 3, 4, 7}。

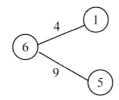

4. 以同樣方法，找到一頂點 2，能與 V 中的頂點 1 形成最小的邊，加此頂點於 U 中，U={1, 2, 5, 6}，V-U={3, 4, 7}。

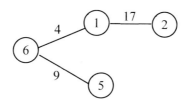

5. 以同樣方法，將頂點 3 加入於 U 中，U={1, 2, 3, 5, 6}，V-U={4, 7}。

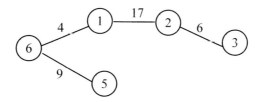

6. 以同樣的方法，將頂點 4 加入於 U 中，U={1, 2, 3, 4, 5, 6}，V-U={7}。

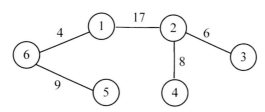

7. 將頂點 7 加入於 U 中，U={1, 2, 3, 4, 5, 6, 7}，V–U=ϕ，V=U，此時的圖形就是最小成本擴展樹。

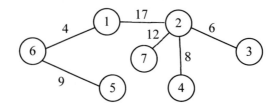

12.4.2 Kruskal's 演算法

有一網路 G=(V, E)，V={1, 2, 3, ……, n}，E 中每一邊皆有一成本，T=(V，ϕ)表示開始時 T 沒有邊。首先從 E 中找具有最小成本的邊；若此邊加入 T 中不會形成循環，則將此邊從 E 刪除並加入 T 中，直到 T 中含有 n–1 個邊為止。

圖 12.9 若以 Kruskal's algorithm 找出其最小成本擴展樹，則過程如下：

1. 在圖 12.9 中，以頂點 1 到頂點 6 的邊具有最小成本。

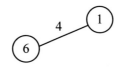

2. 承 1，以同樣方法，頂點 2 到頂點 3 的邊具有最小成本。

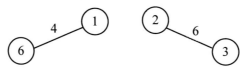

3. 承 2，以同樣的方法，可知頂點 2 到頂點 4 的邊有最小成本。

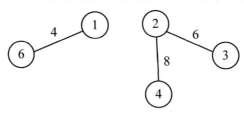

4. 承 3，以同樣的方法，可知頂點 5 到頂點 6 的邊有最小成本。

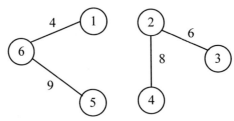

5. 承 4，從其餘的邊中，知頂點 3 到頂點 4 具有最小成本，但此邊加入 T 後會形成循環，故不考慮，而以頂點 2 到頂點 7 邊加入 T 中。

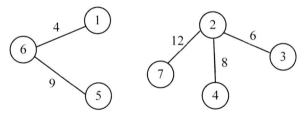

6. 承 5，由於頂點 4 到頂點 7 的邊會使 T 形成循環，故不考慮，而選擇頂點 1 到頂點 2，最後最小成本擴展樹如下：

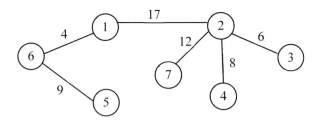

有關利用 Kruskal's 演算法求出最小成本的擴展樹之程式實作，請參閱 12.10 節。

12.4.3 Sollin's 演算法

除了上述 Prim's 和 Kruskal's 演算法外，還有另一種演算法也可以算出最小成本的擴展樹，那就是 Sollin's 演算法，其過程如下：

1. 在圖 12.9 中分別由節點 1，2，3，4，5，6，7 出發，即分別以這些為起點，找一邊為最短的，結果分別為(1, 6)，(2, 3)，(3, 2)，(4, 2)，(5, 6)，(6, 1)，(7, 2)

2. 在上述找出的邊中，加以過濾，去掉相同的邊，如(1, 6)和(6, 1)是相同的，因此只要取(1, 6)即可，因此只剩下(1, 6)，(2, 3)，(4, 2)，(5, 6)，(7, 2)這五個邊，如下圖所示：

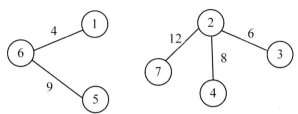

3. 接下來，將第2步驟的那二棵樹(分別由1，5，6和2，3，4，7所組成)那一最小邊可使這二棵樹連起來，結果發現(1, 2)最小，故最後的最小成本擴展樹為

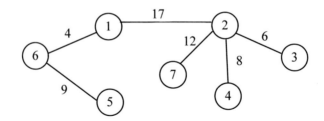

因此，我們發現不論使用 Prim's 演算法或 Kruskal's 演算法或 Sollin's 演算法，所得到的最小成本擴展樹是一樣的。

⌨ 練習題 --- ■

有一網路如下：

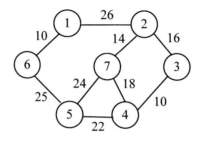

請分別利用 Prim's、Kruskal's 及 Sollin's 演算法，求出其最小成本擴展樹。
--- ■

12.5 最短路徑

我們曾提及在圖形的每一邊上加上比重(weight)，此比重可能是成本或距離，這時的圖形稱之為網路。而網路最基本的應用問題是：如何求出從某一起始點 V_s 到某一終止點 V_t 的最短距離或最短路徑(shortest path)。

12.5.1 Dijkstra's 演算法

要找出某一頂點到其他節點的最短路徑，可利用 Dijkstra's 演算法加以求得。其過程如下：

步驟 1： D[I] = A[F, I] (I = 1, N)

S = {F}

V = {1, 2, ……, N}

D 為 N 個位置的陣列，用來儲存某一頂點到其他頂點的最短距離，F 表示由某一起始點開始，A[F, I]是表示 F 點到 I 點的距離，V 是網路中所有頂點的集合，S 也是頂點的集合。

步驟 2： 從 V−S 集合中找一頂點 t 使得 D[t]是最小值，並將 t 放入 S 集合，一直到 V−S 是空集合為止。

步驟 3： 根據下面的公式調整 D 陣列中的值。

D[I] = min(D[I], D[t]+A[t, I])　　　((I, t)∈ E)

此處 I 是指 t 的相鄰各頂點。

繼續回到步驟 2 執行。

圖 12.10 頂點表示城市，邊是表示兩城市之間所需花費的成本。現欲求頂點 1 到各個頂點之最短距離為何？

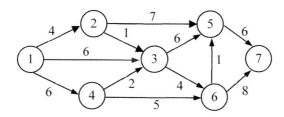

圖 12.10

1. F=1；S={1}，V={1, 2, 3, 4, 5, 6, 7}

1	2	3	4	5	6	7
0	4	6	6	∞	∞	∞

D 陣列表示 D[1]=0，D[2]=4 表示從頂點 1 到頂點 2 的距離為 4，D[3]=6 表示從頂點 1 到頂點 3 的距離為 6，D[4]=5 表示頂點 1 到頂點 4 的距離為 5，其餘的∞表示頂點 1 無法抵達此頂點。很清楚的可看出 D 陣列中 D[2]=4 最少，因此將頂點 2 加入到 S 集合中，S={1, 2}，V−S={3, 4, 5, 6, 7}，而且頂點 2 之相鄰頂點有 3 和 5，所以

　D[3] = min(D[3], D[2]+A[2, 3]) = min(6, 4+1) = 5

　D[5] = min(D[5], D[2]+A[2, 5]) = min(∞, 4+7) = 11

此時 D 陣列變為

1	2	3	4	5	6	7
0	4	5	6	11	∞	∞

2. 從 V–S ={3, 4, 5, 6, 7}找出 D 陣列的最小值是 D[3] = 5，而頂點的相鄰點為 5、6

∴S={1, 2, 3}，V–S={4, 5, 6, 7}

D[5] = min(D[5], D[3]+A[3, 5]) = min(11, 5+6) = 11

D[6] = min(D[6], D[3]+A[3, 6]) = min(∞, 5+4) = 9

所以 D 陣列變為

1	2	3	4	5	6	7
0	4	5	6	11	9	∞

3. 從 V–S={4, 5, 6, 7}中挑出最小為 D[4]=6 而 4 的相鄰點為 3、6

∴D[3] = min(D[3], D[4]+A[4, 3]) = min(5, 6+2) = 5

D[6] = min(D[6], D[4]+A[4, 6]) = min(9, 6+5) = 9

所以 D 陣列變為

1	2	3	4	5	6	7
0	4	5	6	11	9	∞

4. 將 4 加入 S 集合中，從 V–S={5, 6, 7}中，得知 D[6]=9 為最小而頂點 6 與頂點 5、7 相鄰

D[5] = min(D[5], D[6]+A[6, 5]) = min(11, 9+1) = 10

D[7] = min(D[7], D[6]+A[6, 7]) = min(∞, 9+8) = 17

所以 D 陣列變為

1	2	3	4	5	6	7
0	4	5	6	10	9	17

將 6 加入 S 集合後，V–S={5, 7}

5. 從 V–S={5, 7}集合中，得知 D[5]=10 最小，而頂點 5 的相鄰頂點為 7。將 5 加入 S，V–S={7}。

D[7] = min(D[7], D[5]+A[5, 7]) = min(17, 10+6) = 16

頂點 7 為最終頂點，將其加入 S 集合後，V–S={ ϕ }，最後 D 陣列為

1	2	3	4	5	6	7
0	4	5	6	10	9	16

此陣列表示從頂點 1 到任何頂點的距離，如 D[7]表示從頂點 1 到頂點 7 的距離為 16，依此類推。

依據上述的做法，我們可以整理出一從頂點 1 到任何頂點的最短距離的簡易表格，如下表所示：

步驟	S	選擇的節點	距離						
			[1]	[2]	[3]	[4]	[5]	[6]	[7]
初始時	---	1	0	4	6	6	∞	∞	∞
1	{1}	2	0	4	5	6	11	∞	∞
2	{1, 2}	3	0	4	5	6	11	9	∞
3	{1, 2, 3}	4	0	4	5	6	11	9	∞
4	{1, 2, 3, 4}	6	0	4	5	6	10	9	17
5	{1, 2, 3, 4, 6}	5	0	4	5	6	10	9	16
6	{1, 2, 3, 4, 5, 6}	7	0	4	5	6	10	9	16

從上表中可以很清楚的看出，從頂點 1 到頂點 7 的最短距離為 16，同理由頂點 1 到頂點 5 的最短距離為 10，…依此類推。

假若我們也想知道從頂點 1 到頂點 7 所經過的頂點也很簡單，首先假設有一陣列 Y，其情形如下：

1	2	3	4	5	6	7
1	1	1	1	1	1	1

由於 1 為起始頂點，故將 Y 陣列初始值皆設為 1。然後檢查上述 1~4 步驟中，凡是 D[I] > D[t] + A[t, I] 的話，則將 t 放入 Y[I] 中，在步驟 1 中，D[3] > D[2]+ A[2, 3] 且 D[5] > D[2]+A[2, 5]，表示從頂點 1 到頂點 3 或頂點 5，經由頂點 2 會比直接到這些頂點來得近，所以將 2 分別放在 Y[3] 和 Y[5] 中

1	2	3	4	5	6	7
1	1	2	1	2	1	1

步驟 2 中，因為 D[6] > D[3]+A[3, 6]，所以將 3 放入 D[6] 中

1	2	3	4	5	6	7
1	1	2	1	2	3	1

在步驟 4 中，D[5] > D[6]+A[6, 5]，D[7] > D[6]+A[6, 7]，故分別將 6 放在 Y[5] 和 Y[7] 中

1	2	3	4	5	6	7
1	1	2	1	6	3	6

在步驟 5 中，由於 D[7] > D[5]+A[5, 7]，故將 5 放入 Y[7]中

1	2	3	4	5	6	7
1	1	2	1	6	3	5

此為最後的 Y 陣列，表示到達頂點 7 必須先經頂點 5，經過頂點 5 必先經過頂點 6，經過頂點 6 必先經過頂點 3，而經過頂點 3 必須先經過頂點 2，然後再到達頂點 1，因此，經過的頂點為頂點 1–>頂點 2–>頂點 3–>頂點 6–>頂點 5–>頂點 7。筆者需提醒讀者的是，最短路徑可能不是唯一，也許有二條是相同，這道理應很容易了解才對。

12.5.2 另一種表達方式

上述的解決方式似乎繁瑣了一點，我們利用另一種表達方式讓讀者比較一下是否簡單了一些，但基本原理是一樣的，即是直接從 A 走到 B 不見得是最短的，也許從 A 經由 C 再到 B 才是最短的。

假設 U_j 是從頂點 1 到頂點 j 最短的距離，則 U_j 計算如下：

$$U_j = \min\{U_i + d_{ij}\}$$
$$= \min_i \{U_i + d_{ij}\}$$

其中 U_i 為頂點 1 到頂點 i 最短距離，而 d_{ij} 為頂點 i 到頂點 j 的距離。

此處的 i 為到 j 頂點的中繼頂點，因此可能不止一個。

上述是計算從頂點 1 到各頂點的最短距離，其經過的頂點，我們也可以將其記錄起來。假使頂點 j 的記錄標籤 = $[U_j, k]$，k 為使得 U_j 為最短距離的前一頂點；

$$U_j = \min \{ U_i + d_{ij}\}$$
$$= U_k + d_{kj}。$$

而頂點 1 定義為[0，－]表示頂點 1 為起始頂點。

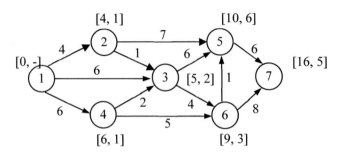

其計算如下：

頂點 j	u_j	記錄標籤
1	$u_1 = 0$	[0, –]
2	$u_2 = u_1 + d_{12} = 0 + 4 = 4$, from 1	[4, 1]
4	$u_4 = u_1 + d_{14} = 0 + 6 = 6$, from 1	[6, 1]
3	$u_3 = \min\{ u_1 + d_{13}, u_2 + d_{23}, u_4 + d_{43} \}$ 　$= \min\{ 0 + 6, 4 + 1, 6 + 2 \}$ 　$= 5$, from 2	[5, 2]
6	$u_6 = \min\{ u_3 + d_{36}, u_4 + d_{46} \}$ 　$= \min\{ 5 + 4, 6 + 5 \}$ 　$= 9$, from 3	[9, 3]
5	$u_5 = \min\{ u_2 + d_{25}, u_3 + d_{35}, u_6 + d_{65} \}$ 　$= \min\{ 4 + 7, 5 + 6, 9 + 1 \}$ 　$= 10$, from 6	[10, 6]
7	$u_7 = \min\{ u_5 + d_{57}, u_6 + d_{67} \}$ 　$= \min\{ 10 + 6, 9 + 8 \}$ 　$= 16$, from 5	[16, 5]

有關利用 Dijkstra's 演算法求出最短路徑之程式實作，請參閱 12.10 節。

🖮 練習題

有一方向圖如下：

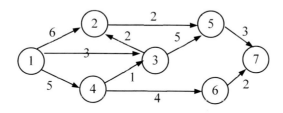

試求頂點 1 到頂點 7 的最短距離及經過的頂點。

12.6 含有負的路徑權重

12.5 節所討論的是在路徑權重沒有負的情況下的結果。路徑的權重一般可為距離或是成本。而負的路徑權重表示經過此路徑可以節省成本。例如某一條路徑太過於擁塞了，為了使大家少走這條路徑，而將其他路徑的權重設為負的，以鼓勵大家來走這些路徑。

雖然我們允許路徑權重可以為負的，但此情況在有方向圖形中是不可以有負的循環。因為如果有負的循環，則可能會導致–∞的情況發生，如下圖所示：

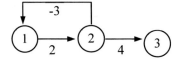

例如：1, 2, 1, 2, 1, 2, …，從節點 1 到節點 2，然後再從節點 2 回到節點 1，循環不已，則會產生–∞的值，因此，必須限定它是沒有負的循環才行，如

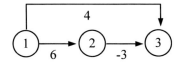

大致可看出由節點 1 到節點 3，成本為 4，但若經過節點 2 的話，則成本為 3(6 + (–3))，所以經由節點 2 為比較好的路徑。當有負的權重時應如何地求解呢？

Bellman 和 Ford 提出了一演算法，首先定義 $dist^k[v]$ 表示從起點 u 到終點 v，其經過的路徑最多包含 k 個邊，所產生的最短路徑長，其公式如下：

$$dist^k[v] = min\{ dist^{k-1}[v], min\{ dist^{k-1}[i]+length[i, v] \} \}$$

由此可知計算 $dist^k[v]$ 乃是經由 $dist^{k-1}[v]$ 而來，其中 k = 2, 3, …, n–1。而 $min\{ dist^{k-1}[i]+length[i, v]\}$ 表示節點 i 有一路徑到節點 v。以下舉一範列來說明之，有一有方向圖形如下所示：

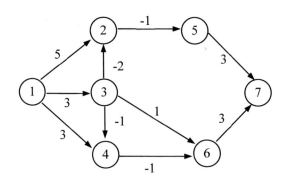

求解的過程如下：

$$\text{dist}^k[7]$$

k \ v	1	2	3	4	5	6	7
1	0	5	3	3	∞	∞	∞
2	0	1*	3	2*	4*	2*	∞
3	0	1	3	2	0	1*	5
4	0	1	3	2	0	1	3*
5	0	1	3	2	0	1	3
6	0	1	3	2	0	1	3

其中上表有*記號的表示上一次的值已被更新的。

$\text{dist}^k[v]$表示由起點 1 到終點 v 的最短距離，v 可能為 2, 3, …, 7。其中上圖有*的記號是表示此值與上一次所計算的距離來得小，而 k 表示經過的 edge 個數，如 k = 3，v = 6 就是表示 $\text{dist}^3[6] = 1$，其路徑為 1 –> 3 –> 4 –> 6，經過了<1, 3>、<3, 4>和<4, 6>三個方向邊。我們以上表的第 2 列即 k=2 為例做一說明，k=2 表示經過的邊有二個，$\text{dist}^2[1]$還是 0，$\text{dist}^2[2]$為 1，因為可經由<1, 3>、<3, 2>這二個邊，由於

$$\text{dist}^2[2] = \min\{\text{dist}^1[2], \min\{\text{dist}^1[3]+\text{length}[3, 2]\}$$
$$= \min\{5, 1\}$$
$$= 1$$

$\text{dist}^2[4]$可經由<1, 3>、<3, 4>二個方向邊到達 4，其長度為 2，由於 2 小於 ∞ 故以 2 取代之，$\text{dist}^2[5]$亦可經由<1, 2>、<2, 5>到達頂點 5，其距離為 4，取代原先 $\text{dist}^1[5]$的 ∞，最後 $\text{dist}^2[6]$亦可經由<1, 4>、<4, 6>到達頂點 6，其距離為 2，取代原先的 ∞。同理可得 $\text{dist}^3[6]=1$，$\text{dist}^4[7]=3$(可經由<1, 3>、<3, 2>、<2, 5>及<5, 7>到達)。

如何求出含有負的路徑權重的最短路徑之程式實作，請參閱 12.10 節。

練習題

有一方向圖形，並含有負的加權路徑長，如右所示：

試計算由頂點 1 到各頂點的最短距離。

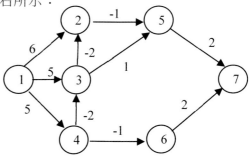

12.7 任兩點之間的最短路徑

前兩節所探討的是固定一點為起點，而其他節點為終點節點。而本節所探討的是任何兩點之間的最短距離(All – pairs shortest paths)，其公式如下：

$$A^k[i, j] = \min\{ A^{k-1}[i, j] , A^{k-1}[i, k] + A^{k-1}[k, j]\}, k \geq 1 \text{及} A^0[i, j] = length[i, j]$$

此處的 k 為經過節點的名稱，即 $A^k[i, j]$ 表示由 i 到 j 經由 k 節點的最短距離。

以下舉一範例來說明之，假設有一有方向圖形如下所示：

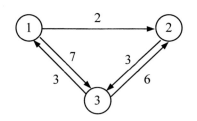

A^0	j 1	2	3
1	0	2	7
i 2	∞	0	3
3	3	6	0

$A^0[i, j] = length[i, j]$

表示由 i 到 j 的最短距離，其間不經由任何節點。

A^1	j 1	2	3
1	0	2	7
i 2	∞	0	3
3	3	5*	0

$A^1[i, j]$表示由 i 到 j，經由節點 1 的最短路徑，其中有*記號表示其值已被更新了。

3–>2 原來是 6，但經由 1 則為 5，即 3–>1–>2 的距離較短，因此將其值更新。

A^2	j 1	2	3
1	0	2	5*
i 2	∞	0	3
3	3	5	0

$A^2[i, j]$表示由 i 到 j，經由節點 2 的最短路徑，$A^1[1, 3]$原先是 7，但經由節點 2 則為 5，比 7 小，故更新之，即 1–>2–>3 的距離為 5。

		j	
A^3	1	2	3
1	0	2	5
i　2	6*	0	3
3	3	5	0

$A^3[i, j]$ 表示由 i 到 j 經由節點 3 的最短路徑，

$A^2[2, 1]$ 為 ∞，但是經由 3 時，$A^3[2, 1]$ 則為 6，

故更新之。

如何求出任兩點之間最短路徑之程式實作，請參閱 12.10 節。

⌨ 練習題

有一方向圖形如下：

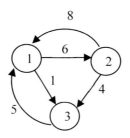

試計算任兩頂點間之最短距離。

12.8 拓樸排序

在沒有談到拓樸排序前。先來討論幾個名詞。

1. AOV-network：在一有方向圖形中，每一頂點代表工作(task)或活動(activity)，而邊表示工作之間的優先順序(precedence relations)。邊(V_i, V_j)表示 V_i 的工作必先處理完後才能去處理 V_j 的工作，此種有方向圖形稱之為 activity on vertex network 或 AOV-network。

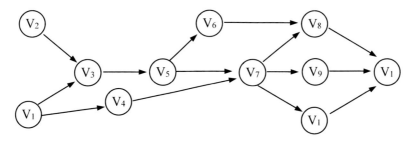

圖 12.11 AOV-network

2. 立即前行者(immediate predecessor)與立即後繼者(immediate successor)：若在有方向圖形 G 中有一邊<V_i, V_j>，則稱 V_i 是 V_j 的立即前行者，而 V_j 是 V_i 的立即後繼者。在圖 12.11 中 V_7 是 V_8、V_9、V_{10} 的立即前行者，而 V_8、V_9、V_{10} 是 V_7 的立即後繼者。

3. 前行者(predecessor)與後繼者(successor)：在 AOV-network 中，假若從頂點 V_i 到頂點 V_j 存在一條路徑，則稱 V_i 是 V_j 的前行者，而 V_j 是 V_i 的後繼者。如圖 12.11，V_3 是 V_6 的前行者，而 V_6 是 V_3 的後繼者。

若在 AOV-network 中，V_i 是 V_j 的前行者，則在線性排列中，V_i 一定在 V_j 的前面，此種特性稱之為拓樸排序(topological sort)。找尋 AOV-network 的拓樸排序的過程如下：

步驟 1： 在 AOV-network 中任意挑選沒有前行者的頂點。

步驟 2： 輸出此頂點，並將此頂點所連接的邊刪除。重覆步驟 1 及步驟 2，一直到全部的頂點皆輸出為止。

如圖 12.12 其拓樸排序過程如下：

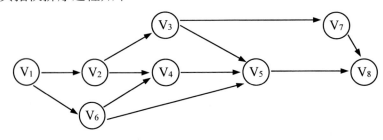

圖 12.12

1. 輸出 V_1，並刪除<V_1, V_2>與<V_1, V_6>兩個邊。

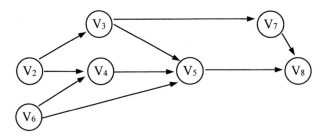

2. 此時 V_2 和 V_6 皆沒有前行者，若輸出 V_2，則刪除<V_2, V_3>與<V_2, V_4>兩個邊。

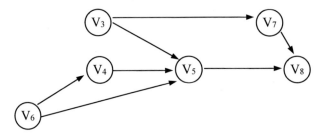

3. 運用相同的原理，選擇輸出 V6，並刪除<V6, V4>與<V6, V5>兩個邊。

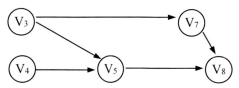

4. 輸出 V₃，並刪除<V₃, V₅>及<V₃, V₇>兩個邊。

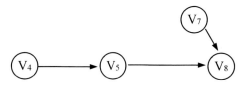

5. 輸出 V₄，並刪除<V₄, V₅>。

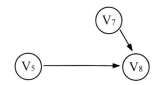

6. 輸出 V₅，並刪除<V₅, V₈>。

7. 輸出 V₇，並刪除<V₇, V₈>。

8. 輸出 V₈。

圖 12.12 的拓樸排序並非只有一種，因為在過程 2 時，假若選的頂點不是 V2，其拓樸排序所排出來的順序就會不一樣。因此 AOV-network 的拓樸排序並不是唯一。若依上述的方式，其資料的排列順序是 V₁、V₂、V₆、V₃、V₄、V₅、V₇ 及 V₈。

假若將圖 12.12 以相鄰串列來表示，則如下圖所示，其中 count(i)為頂點 i 的內分支度，即表示有多少頂點指向頂點 i。

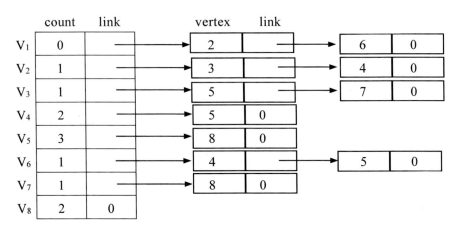

圖 12.13 相鄰串列表示法

有關拓撲排序之程式實作，請參閱 12.10 節。

練習題

有一 AOV 網路如下：

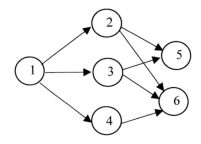

試求 (a) 拓撲排序為何

(b) 請利用相鄰串列表示此 AOV 網路

12.9 臨界路徑法

第六節已談過 AOV 網路，假若利用 AOV-network 的邊來代表某種活動(activity)，而頂點表示事件(events)，則稱此網路為 AOE(Activity-on Edge)。圖 12.14 是一個 AOE 網路，其中有 7 個事件，分別是 V_1、V_2、V_3、……、V_7，有 11 個活動分別為 a_{12}、a_{13}、a_{15}、a_{24}、a_{34}、a_{35}、a_{45}、a_{46}、a_{47}、a_{57}、a_{67}。而且從圖 12.14 可知 V_1 是這個專案(project)的起始點，V_7 是結束點，其他如 V_5 表示必須完成活動。$a_{13} = 3$ 表示 V_1 到 V_3 所需的時間為 3 天，$a_{35} = 2$ 為 V_3 到 V_5 所需的時間為 2 天，依此類推。而

a_{45} 為虛擬活動路徑(dummy activity path)其值為 0，因為我們假設 V_5 需要 V_1, V_3 及 V_4 事件完成之後才可進行事件 V_5。

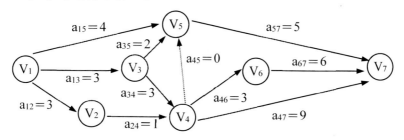

圖 12.14 AOE 網路

AOE 網路已被利用在某些類型的計畫績效評估(performance evaluation)。評估的範圍包括：(1)完成計畫所需要最短的時間，(2)為縮短整個計畫而應加速那些活動。目前有不少的技術已開發完成，用來評估各個計畫的績效，如專案評估與技術查核(Project Evaluation and Review Technique, PERT)及臨界路徑法(Critical Path Method, CPM)。CPM 和 PERT 幾乎同時在 1956 至 1958 年間被發展出來，CPM 第一次被 E.I.doDont de Nemous & Company，之後被 Mauchly Associates 加以改良，而 PERT 則由美國海軍所發展出來用於飛彈計畫(Polaris Missile Program)。CPM 最早應用於建築或建構專案方面。

AOE 網路上的活動是可以並行處理的，而一個計畫所需完成的最短時間，是從起始點到結束點間最長的路徑來算。長度為最長的路徑稱為臨界路徑(Critical Path)。在圖 12.14 AOE 網路可以看出其臨界路徑是 V_1、V_3、V_4、V_6、V_7，其長度為 15。注意 AOE 網路上的臨界路徑可能不止一條。

在 AOE-network 上所有的活動皆有兩種時間：一、是最早時間(Early Start time)表示一活動最早開始的時間，以 ES(i)表示活動 ai 最早開始時間；二、為最晚開始時間(Lastest Start time)指一活動在不影響整個計畫完成之下，最晚能夠開始進行的時間，以 LS(i)表示活動 ai 最晚開始的時間。LS(i)減去 ES(i)為一活動臨界之數量，它表示在不耽誤或增加整個計畫完成之時間下，i 活動所能夠延遲時間之數量。例如 LS(i)–ES(i) = 3，表示 i 活動可以延遲三天也不會影響整個計畫的完成。當 LS(i) = ES(i)，即 LS(i)–ES(i) = 0 時，表示 i 活動是臨界的活動(Critical Activity)。

臨界活動分析的目的，在於辨別那些路徑是臨界路徑(Critical path)，以便能夠集中資源在這些臨界活動上，進而縮短計畫完成的時間。然而並不是加速臨界活動就可以縮短計畫完成的時間，除非此臨界活動是在全部的臨界路徑上。圖 12.14 的臨界路徑如圖 12.15 所示：

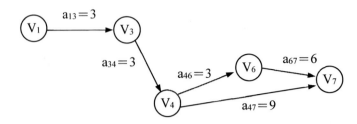

圖 12.15　臨界路徑

若將圖 12.14，a_{47} 的活動增加速度，由原來的 9 天提前 8 天完成，並不會使整個計畫提前 1 天，它仍需 15 天才可完成。因為還有一條臨界路徑 V_1、V_3、V_4、V_6、V_7，其不包括 a_{47}，故不會縮短計畫完成的時間。但若將 a_{13} 由原來的 3 天加快速度，使其 1 天就可完成，此時整個計畫就可提前 2 天完成，故只需 13 天就可完成。

12.9.1　計算最早發生的時間

如何求得 AOE 網路的臨界路徑呢？首先要計算事件最早發生的時間 ES(j)及事件最晚發生的時間 LS(j)，其中：

$$ES(j) = \max\{ES(j), ES(i) + <i, j>時間\} \quad (i \in p(j))$$

p(j)是所有與 j 相鄰頂點所成的集合。

首先我們利用拓樸排序，每當輸出一個事件時，就修正此事件到各事件之最早的時間，如果拓樸排序輸出是事件 j，而事件 j 指向事件 k，此時的 $ES(k) = \max\{ES(k), ES(j) + <j, k>時間\}$

圖 12.14 的相鄰串列表示法，如圖 12.16 所示：

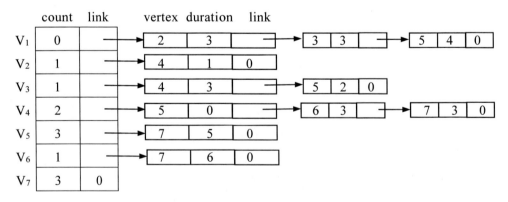

圖 12.16　此為圖 12.14 之相鄰串列表示法

其中 count 表示某事件前行者的數目，duration 表示活動完成的時間。首先，設 ES(i) = 0，1≤ i ≤ 7，如下所示：

ES	(1)	(2)	(3)	(4)	(5)	(6)	(7)
開始	0	0	0	0	0	0	0

1. 由於 1 沒有前行者，故輸出 V_1，此時 V_2、V_3 皆沒有前行者，所以將 V_2、V_3 放入堆疊，並假設頂點編號大的，其放置的位置在編號小的上端。當然誰在上面，誰在下面並不會影響最後的結果。接著計算 V_1 相鄰頂點 V_2, V_3 及 V_5 的最早發生時間。

   ES(2) = max{ES(2), ES(1) + <1, 2>} = max{0, 0+3} = 3
   ES(3) = max{ES(3), ES(1) + <1, 3>} = max{0, 0+3} = 3
   ES(5) = max{ES(5), ES(1) + <1, 5>} = max{0, 0+4} = 4

∴ ES	(1)	(2)	(3)	(4)	(5)	(6)	(7)
	0	3	3	0	4	0	0

2. 從堆疊彈出 V_3，但並沒有使那一頂點為無前行者，故只計算與其相鄰的頂點 V_4、V_5 之最早發生時間。

   ES(4) = max{ES(4), ES(3) + <3, 4>} = max{0, 3+3} = 6
   ES(5) = max{ES(5), ES(3) + <3, 5>} = max{0, 3+2} = 5

∴ ES	(1)	(2)	(3)	(4)	(5)	(6)	(7)
	0	3	3	6	5	0	0

3. 從堆疊彈出 V_2，此時 V_4 沒有前行者，故將 V_4 放入堆疊，並計算 V_4

   ES(4) = max{ES(4), ES(2) + <2, 4>} = max{6, 3+1} = 6

∴ ES	(1)	(2)	(3)	(4)	(5)	(6)	(7)
	0	3	3	6	5	0	0

4. 從堆疊彈出 V_4，去掉<V_4, V_5>, <V_4, V_6>, <V_4, V_7>後，V_5 及 V_6 為無前行者，所以將 V_5, V_6 放入堆疊中。

   ES(5) = max{ES(5), ES(4) + <4, 5>} = max{5, 6+0} = 6
   ES(6) = max{ES(6), ES(4) + <4, 6>} = max{0, 6+3} = 9
   ES(7) = max{ES(7), ES(4) + <4, 7>} = max{0, 6+9} = 15

∴ ES	(1)	(2)	(3)	(4)	(5)	(6)	(7)
	0	3	3	6	6	9	15

5. 再彈出 V_6，此時也沒有使那一頂點為無前行者

$$ES(7) = \max\{ES(7), ES(6) + <6, 7>\} = \max\{5, 9+6\} = 15$$

∴ ES
(1)	(2)	(3)	(4)	(5)	(6)	(7)
0	3	3	6	6	9	15

6. 將堆疊中的 V_5 彈出來，此時 V_7 變成沒有前行者，所以將 V_7 推入堆疊中

$$ES(7) = \max\{ES(7), ES(5) + <5, 7>\} = \max\{15, 6+5\} = 15$$

∴ ES
(1)	(2)	(3)	(4)	(5)	(6)	(7)
0	3	3	6	6	9	15

7. 輸出 V_7

我們可以將上述的解說利用下表表示之。

ES	頂點							堆疊
	(1)	(2)	(3)	(4)	(5)	(6)	(7)	
開始	0	0	0	0	0	0	0	1
彈出 1	0	3	3	0	4	0	0	3 / 2
彈出 3	0	3	3	6	5	0	0	2
彈出 2	0	3	3	6	5	0	0	4
彈出 4	0	3	3	6	6	9	9	6 / 5
彈出 6	0	3	3	6	6	9	15	5
彈出 5	0	3	3	6	6	9	15	7
彈出 7	0	3	3	6	6	9	15	空的

12.9.2　計算最晚開始的時間

計算事件最早發生的時間 ES(j)後，再繼續計算事件最晚開始的時間 LS(j)。開始時每一事件的 LS 皆是 ES(7) = 15。

LS(j) = min{LS(j), LS(i) – <j, i>時間} {i∈ s(j)}

s(j)是所有與頂點 j 相鄰頂點的集合。

若藉拓樸排序，將每一事件一一輸出時，然後利用 LS(k) = min{LS(k), LS(j) –<j, k>}，此時須先將圖 12.14 轉為圖 12.17 反相鄰串列。

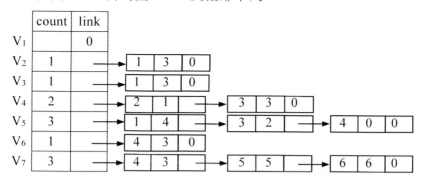

圖 12.17　此為圖 12.14 的反相鄰串列

過程如下：

LS	(1)	(2)	(3)	(4)	(5)	(6)	(7)
開始	15	15	15	15	15	15	15

1. 彈出 V_7，因為在反相鄰串列中，由於 V_7 沒有前行者，故刪除<V_7, V_4>，<V_7, V_5>及<V_7, V_6>，此時 V_6、V_5 沒有前行者，將它推入堆疊並計算如下

   LS(4) = min{LS(4), LS(7) – <7, 4>} = min{15, 15–9} = 6
   LS(5) = min{LS(5), LS(7) – <7, 5>} = min{15, 15–5} = 10
   LS(6) = min{LS(6), LS(7) – <7, 6>} = min{15, 15–6} = 9

∴　LS	(1)	(2)	(3)	(4)	(5)	(6)	(7)
	15	15	15	6	10	9	15

2. 彈出 V_5，刪除<V_5, V_4>，<V_5, V_3>及<V_5, V_1>，並計算

   LS(1) = min{LS(1), LS(5) – <5, 1>} = min{15, 10–4} = 6
   LS(3) = min{LS(3), LS(5) – <5, 3>} = min{15, 10–2} = 8
   LS(4) = min{LS(4), LS(5) – <5, 4>} = min{12, 10–0} = 10

∴　LS	(1)	(2)	(3)	(4)	(5)	(6)	(7)
	6	15	8	10	10	9	15

3. 彈出 V_6，刪除<V_6, V_4>邊後，使得 V_4 無前行者，因此將其推入堆疊，並計算

   $$LS(4) = \min\{LS(4), LS(6) - <6, 4>\} = \min\{6, 9-3\} = 6$$

   ∴ LS (1)　(2)　(3)　(4)　(5)　(6)　(7)

   　　　6　　15　　8　　6　　10　　9　　15

4. 彈出 V_4，並刪除<V_4, V_3>，<V_4, V_2>二個邊，使得 V_3 和 V_2 同時無前行者，因此將他們推入堆疊，並計算

   $$LS(2) = \min\{LS(2), LS(4) - <4, 2>\} = \min\{15, 6-1\} = 5$$
   $$LS(3) = \min\{LS(3), LS(4) - <4, 3>\} = \min\{8, 6-3\} = 3$$

   ∴ LS (1)　(2)　(3)　(4)　(5)　(6)　(7)

   　　　6　　5　　3　　6　　10　　9　　15

5. 彈出 V_2，刪除<V_2, V_1>，計算如下

   $$LS(1) = \min\{LS(1), LS(2) - <2, 1>\} = \min\{6, 5-3\} = 2$$

   ∴ LS (1)　(2)　(3)　(4)　(5)　(6)　(7)

   　　　2　　5　　3　　6　　10　　9　　15

6. 彈出 V_3，此時刪除<V_3, V_1>後，V_1 為無前行者，將其推入堆疊，並計算

   $$LS(1) = \min\{LS(1), LS(3) - <3, 1>\} = \min\{2, 3-3\} = 0$$

   ∴ LS (1)　(2)　(3)　(4)　(5)　(6)　(7)

   　　　0　　5　　3　　6　　10　　9　　15

我們可以將上述整理如下表所示：

LS	頂點							堆疊
	(1)	(2)	(3)	(4)	(5)	(6)	(7)	
開始	15	15	15	15	15	15	15	7
彈出 7	15	15	15	6	10	9	15	5 / 6
彈出 5	6	15	8	10	10	9	15	6
彈出 6	6	15	8	6	10	9	15	4

LS	頂點							堆疊
	(1)	(2)	(3)	(4)	(5)	(6)	(7)	
彈出 4	6	5	3	6	10	9	15	2 3
彈出 2	2	5	3	6	10	9	15	3
彈出 3	0	5	3	6	10	9	15	1
彈出 1	0	5	3	6	10	9	15	空的

12.9.3 如何求得臨界路徑？

之後，我們將 ES(i)的值放在□，而 LS(i)的值則放在 △ 圖樣上，如下圖所示：

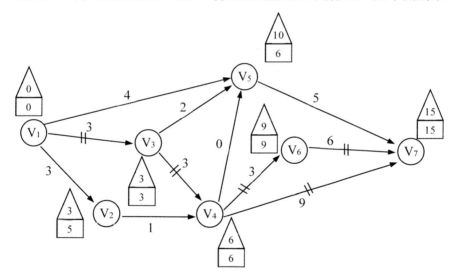

當下列三個條件皆成立時，便可求出二頂點 V_i 與 V_j 之間的路徑是否為臨界路徑

(1) $ES(i) = LS(i)$

(2) $ES(j) = LS(j)$

(3) $ES(j) - ES(i) = LS(j) - LS(i) = a_{ij}$

如 V_1V_3 之間的路徑為臨界路徑，因為

(1) ES(1) = LS(1) = 0

(2) ES(3) = LS(3) = 3

(3) ES(3)–LS(1) = LS(3)–LS(1) = a_{13} = 3

同理，V_3V_4 之間的路徑也是臨界路徑，但 V_1V_2 之間的路徑，則不是臨界路徑，因為(2)(3)的條件不符，依此類推。臨界路徑不是唯一的，如上圖，V_1，V_3，V_4，V_6，V_7 和 V_1，V_3，V_4，V_7 皆為臨界路徑。

有關如何求出臨界路徑之程式實作，請參閱 12.10 節。

練習題

1. 圖 12.14 中的 a_{45} 為虛擬活動路徑，試問若沒有此路徑，與有此路徑有何差別。

2. 有一 AOE 網路如下：

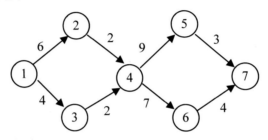

試求其臨界路徑。

12.10 程式集錦

(一) 縱向優先搜尋

C# 程式語言實作》

```
/* File name: Dfs.cs */
/* February, 2018 */
/* 圖形的追蹤：相鄰串列與縱向優先搜尋法(DFS) */

using System;
using System.IO;

namespace Dfs
{
    class Node
    {
        public int vertex;
```

```
        public Node link;
    }

    class Dfs
    {
        private const int MAX_V = 100;          // 最大節點數
        private Node[] adjlist = new Node[MAX_V + 1];          // 選購啊相鄰串列
        private bool[] visited = new bool[MAX_V + 1];          // 記錄頂點是否已拜訪
        private int total_vertex;

        public void build_adjlist()
        {
            string filePath = @"C:\Users\Apple\Desktop\DS using CSharp\Data
files\dfs.dat";
            Node node, lastnode;
            int vi, vj, weight;
            if (!File.Exists(filePath))
            {
                Console.WriteLine("File does not exit!");
                Console.WriteLine("Press any key to continue");
                Console.ReadKey();
                Environment.Exit(1);
            }

            StreamReader fin = new StreamReader(filePath);
            // 讀取節點總數
            total_vertex = Convert.ToInt16(fin.ReadLine());
            for (vi = 1; vi <= total_vertex; vi++)
            {
                // 設定陣列及各串列起始值
                visited[vi] = false;
                adjlist[vi] = new Node();
                adjlist[vi].vertex = vi;
                adjlist[vi].link = null;
            }
            // 讀取節點資料
            for (vi = 1; vi <= total_vertex; vi++)
            {
                string lineTemp = fin.ReadLine();
                string[] lineTempArr = lineTemp.Split(' ');
                for (vj = 1; vj <= total_vertex; vj++)
                {
                    weight = Convert.ToInt16(lineTempArr[vj-1]);
                    // 資料檔以相鄰矩陣格式儲存,以 1 代表相鄰
                    // 0 代表不相鄰，將相鄰頂點鏈結在各串列後
                    if (weight != 0)
                    {
                        node = new Node();
                        node.vertex = vj;
                        node.link = null;
                        lastnode = searchlast(adjlist[vi]);
```

```
                                lastnode.link = node;
                }
            }
        }
    fin.Close();
}

// 顯示各相鄰串列之資料
public void show_adjlist()
{
    int index;
    Node ptr;

    Console.Write("Head     adjacency nodes\n");
    Console.Write("-----------------------------\n");
    for (index = 1; index <= total_vertex; index++)
    {
        Console.Write("V" + adjlist[index].vertex + " ");
        ptr = adjlist[index].link;
        while (ptr != null)
        {
            Console.Write("--> V" + ptr.vertex + " ");
            ptr = ptr.link;
        }
        Console.Write("\n");
    }
}

// 圖形之縱向優先搜尋
public void dfs(int v)
{
    Node ptr;
    int w;

    Console.Write("V" + adjlist[v].vertex + " ");

    visited[v] = true;              // 設定 v 頂點為已拜訪過
    ptr = adjlist[v].link;          // 拜訪相鄰頂點
    do
    {
        // 若頂點尚未走訪，則以此頂點為新起始點繼續
        // 做縱向優先搜尋法走訪，否則找與其相鄰的頂點
        // 直到所有相連接的節點都已走訪
        w = ptr.vertex;
        if (!visited[w])
            dfs(w);
        else
            ptr = ptr.link;
    } while (ptr != null);
}
```

```
        // 搜尋串列最後節點函數
        public Node searchlast(Node linklist)
        {
            Node ptr;

            ptr = linklist;
            while (ptr.link != null)
                ptr = ptr.link;
            return ptr;
        }

    }

    class Program
    {
        static void Main(string[] args)
        {
            Dfs obj = new Dfs();

            obj.build_adjlist(); // 以相鄰串列表示圖形
            obj.show_adjlist();  // 顯示串列之資料
            Console.Write("\n------Depth Fisrt Search------\n");

            obj.dfs(1);          // 圖形之縱向優先搜尋，以頂點 1 為起始頂點

            Console.ReadKey();
        }
    }
}
```

輸入檔 dfs.dat

```
10
0 1 1 0 0 0 0 0 0 0
1 0 0 1 1 0 0 0 0 0
1 0 0 0 0 1 1 0 0 0
0 1 0 0 0 0 1 0 0
0 1 0 0 0 0 1 0 0
0 0 1 0 0 0 0 1 0
0 0 1 0 0 0 0 1 0
0 0 0 1 1 0 0 0 0 1
0 0 0 0 0 1 1 0 0 1
0 0 0 0 0 0 1 1 0
```

輸出結果

```
Head    adjacency nodes
----------------------------
V1  --> V2 --> V3
V2  --> V1 --> V4 --> V5
V3  --> V1 --> V6 --> V7
V4  --> V2 --> V8
V5  --> V2 --> V8
```

```
V6  --> V3 --> V9
V7  --> V3 --> V9
V8  --> V4 --> V5 --> V10
V9  --> V6 --> V7 --> V10
V10 --> V8 --> V9

------Depth Fisrt Search------
V1 V2 V4 V8 V5 V10 V9 V6 V3 V7
```

(二) 利用 Kruskal's 演算法求出最小成本擴展樹

C# 程式語言實作》

```
/* File name: Kruskal.cs */
/* February, 2018 */
/* 利用 Kruskal's 演算法求出最小成本擴展樹 */

using System;
using System.IO;

namespace Kruskal
{
    class Edge
    {
        public int vertex1;
        public int vertex2;
        public int weight;
        public bool edge_deleted;
    }

    class Graph
    {
        private const int MAX_V = 100;        // 最大節點數
        public int[] vertex = new int[MAX_V];
        public int edges;
    }

    class Kruskal
    {
        private const int MAX_V = 100;
        private Edge[] E = new Edge[MAX_V];
        private Graph T = new Graph();
        private int total_vertex, total_edge;
        int[,] adjmatrix = new int[MAX_V, MAX_V];

        public void build_adjmatrix()
        {
            string filePath = @"C:\Users\Apple\Desktop\DS using CSharp\Data
                files\kruskal.dat";
            int vi, vj;
            if (!File.Exists(filePath))
```

```
    {
        Console.WriteLine("File does not exit!");
        Console.WriteLine("Press any key to continue");
        Console.ReadKey();
        Environment.Exit(0);
    }

    StreamReader fin = new StreamReader(filePath);
    // 讀取節點總數
    total_vertex = Convert.ToInt16(fin.ReadLine());
    for (vi = 1; vi <= total_vertex; vi++)
    {
        string temp = fin.ReadLine();
        string[] tempArr = temp.Split(' ');
        for (vj = 1; vj <= total_vertex; vj++)
        {
            adjmatrix[vi, vj] = Convert.ToInt16(tempArr[vj - 1]);
        }
    }
    fin.Close();
}

public void adjust()
{
    Edge e;
    int i, j, weight = 0;
    for (i = 1; i <= total_vertex; i++)
        for (j = i + 1; j <= total_vertex; j++)
        {
            weight = adjmatrix[i, j];
            if (weight != 0)
            {
                e = new Edge();
                e.vertex1 = i;
                e.vertex2 = j;
                e.weight = weight;
                e.edge_deleted = false;
                addEdge(e);
            }
        }
}

public void addEdge(Edge e)
{
    E[++total_edge] = e;
}

public void showEdge()
{
    int i = 1;
    Console.Write("total vertex = " + total_vertex + "  ");
```

```csharp
            Console.Write("total_edge = " + total_edge + "\n");
            while (i <= total_edge)
            {
                Console.Write("V" + E[i].vertex1 + "  <----->  V" + E[i].vertex2
                + "   weight= " + E[i].weight + "\n");
                i++;
            }
    }
    public Edge mincostEdge()
    {
        int i, min = 1;
        long minweight = 10000000;

        for (i = 1; i <= total_edge; i++)
        {
            if (E[i].edge_deleted == false && E[i].weight < minweight)
            {
                minweight = E[i].weight;
                min = i;
            }
        }
        E[min].edge_deleted = true;
        return E[min];
    }

    public void kruskal()
    {
        Edge e = new Edge();
        int i, loop = 1;

        // init T
        for (i = 1; i <= total_vertex; i++)
            T.vertex[i] = 0;
        T.edges = 0;
        Console.Write("\nMinimum cost spanning tree using Kruskal\n");
        Console.Write("-------------------------------------------\n");
        while (T.edges != total_vertex - 1)
        {
            e = mincostEdge();
            if (!cyclicT(e))
            {
                Console.Write(loop++ + "th min edge : ");
                Console.Write("V" + e.vertex1 + "  <----->  V" + e.vertex2
                    + "   weight= " + e.weight + "\n");
            }
        }
    }

    public bool cyclicT(Edge e)
    {
        int v1 = e.vertex1;
```

```
                int v2 = e.vertex2;

                T.vertex[v1]++;
                T.vertex[v2]++;
                T.edges++;
                if (T.vertex[v1] >= 2 && T.vertex[v2] >= 2)
                {
                    if (v2 == 2)
                        return false;
                    T.vertex[v1]--;
                    T.vertex[v2]--;
                    T.edges--;
                    return true;
                }
                else
                    return false;
            }
        }

        class Program
        {
            static void Main(string[] args)
            {
                Kruskal obj = new Kruskal();

                obj.build_adjmatrix();
                obj.adjust();
                obj.showEdge();
                obj.kruskal();

                Console.ReadKey();
            }
        }
}
```

輸入檔 kruskal.dat

```
7
0    17   0    0    20   4    24
17   0    6    8    0    0    12
0    6    0    11   0    0    0
0    8    11   0    19   0    15
20   0    0    19   0    9    32
4    0    0    0    9    0    0
24   12   0    15   32   0    0
```

輸出結果

```
total vertex = 7  total_edge = 12
V1  <----->  V2   weight= 17
V1  <----->  V5   weight= 20
V1  <----->  V6   weight= 4
```

```
V1 <-----> V7    weight= 24
V2 <-----> V3    weight= 6
V2 <-----> V4    weight= 8
V2 <-----> V7    weight= 12
V3 <-----> V4    weight= 11
V4 <-----> V5    weight= 19
V4 <-----> V7    weight= 15
V5 <-----> V6    weight= 9
V5 <-----> V7    weight= 32

Minimum cost spanning tree using Kruskal
-----------------------------------------
1th min edge : V1 <-----> V6  weight= 4
2th min edge : V2 <-----> V3  weight= 6
3th min edge : V2 <-----> V4  weight= 8
4th min edge : V5 <-----> V6  weight= 9
5th min edge : V2 <-----> V7  weight= 12
6th min edge : V1 <-----> V2  weight= 17
```

(三) 利用 Dijkstra's 演算法求出最短路徑

C# 程式語言實作》

```csharp
/* File name: ShPath.cs */
/* February, 2018 */
/* 最短路徑 : Dijkstra 法 */

using System;
using System.IO;

namespace ShPath
{
    class ShPath
    {
        private const int MAX_V = 100;     // 最大節點數
        private const bool VISITED = true;
        private const bool NOTVISITED = false;
        private const int Infinite = 1073741823;

        private int[,] A = new int[MAX_V + 1, MAX_V + 1];  // A[1..N, 1..N] 為圖形的相
            鄰矩陣
        private int[] D = new int[MAX_V + 1];              // D[i] i=1..N 用來儲存某
            起始頂點到 i 節點的最短距離
        private bool[] S = new bool[MAX_V + 1];            // S[1..N] 用來記錄頂點是
            否已經拜訪過
        private int[] P = new int[MAX_V + 1];              // P[1..N] 用來記錄最近經過
            的中間節點
        private int source, sink, N;
        private int step;
        private int top;   // 堆疊指標
        private int[] Stack = new int[MAX_V + 1];      // 堆疊空間
```

```csharp
public ShPath()
{
    step = 1;
    top = -1;
}
public void init()
{
    string filePath = @"C:\Users\Apple\Desktop\DS using CSharp\Data
        files\shPath.dat";
    int i, j;
    int weight;
    if (!File.Exists(filePath))
    {
        Console.WriteLine("File does not exit!");
        Console.WriteLine("Press any key to continue");
        Console.ReadKey();
        Environment.Exit(0);
    }

    StreamReader fin = new StreamReader(filePath);
    N = Convert.ToInt16(fin.ReadLine());    // 讀取圖形節點數
    for (i = 1; i <= N; i++)
    {
        for (j = 1; j <= N; j++)
            A[i, j] = Infinite;  // 起始 A[1..N, 1..N]相鄰矩陣
    }

    while (!fin.EndOfStream)
    {
        string temp = fin.ReadLine();
        string[] tempArr = temp.Split(' ');
        i = Convert.ToInt16(tempArr[0]);
        j = Convert.ToInt16(tempArr[1]);
        weight = Convert.ToInt16(tempArr[2]);
        A[i, j] = weight;          // 讀取 i 節點到 j 節點的 weight
    }
    fin.Close();
    Console.Write("Enter source node : ");
    source = Convert.ToInt16(Console.ReadLine());
    Console.Write("Enter sink node : ");
    sink = Convert.ToInt16(Console.ReadLine());
    // 起始各陣列初值
    for (i = 1; i <= N; i++)
    {
        S[i] = NOTVISITED;    // 各頂點設為尚未拜訪
        D[i] = A[source, i]; // 記錄起始頂點至各頂點最短距離
        P[i] = source;
    }
    S[source] = VISITED;      // 始起節點設為已經走訪
    D[source] = 0;
}
```

```csharp
public void access()
{
    int I, t;

    for (step = 2; step <= N; step++)
    {
        // minD 傳回一值 t 使得 D[t] 為最小
        t = minD();
        S[t] = VISITED;
        // 找出經過 t 點會使路徑縮短的節點
        for (I = 1; I <= N; I++)
            if ((S[I] == NOTVISITED) && (D[t] + A[t, I] <= D[I]))
            {
                D[I] = D[t] + A[t, I];
                P[I] = t;
            }
        output_step();
    }
}
public int minD()
{
    int i, t = 0;
    int minimum = Infinite;

    for (i = 1; i <= N; i++)
    {
        if ((S[i] == NOTVISITED) && D[i] < minimum)
        {
            minimum = D[i];
            t = i;
        }
    }
    return t;
}

// 顯示目前的 D 陣列與 P 陣列狀況
public void output_step()
{
    int i;

    Console.Write("\n Step #" + step);
    Console.Write("\n=================================================\n");
    for (i = 1; i <= N; i++)
        Console.Write("  D[" + i + "]");
    Console.Write("\n");
    for (i = 1; i <= N; i++)
        if (D[i] == Infinite)
            Console.Write("  ----");
        else
        {
```

```
                Console.Write("{0, 6}", D[i]);
            }
        Console.Write("\n================================================\n");
        for (i = 1; i <= N; i++)
            Console.Write("  P[" + i + "]");
        Console.Write("\n");
        for (i = 1; i <= N; i++)
        {
            Console.Write("{0, 6}", P[i]);
        }
    }

    // 顯示最短路徑
    public void output_path()
    {
        int node = sink;

        // 判斷是否起始頂點等於終點或無路徑至終點
        if ((sink == source) || (D[sink] == Infinite))
        {
            Console.Write("\nNode " + source
            + " has no Path to Node " + sink);
            return;
        }
        Console.Write("\n");
        Console.Write(" The shortest Path from V" + source + " to V" + sink + " :");
        Console.Write("\n-------------------------------------------\n");
        // 由終點開始將上一次經過的中間節點推入堆疊直到起始節點
        Console.Write("  V" + source);
        while (node != source)
        {
            Push(node);
            node = P[node];
        }
        while (node != sink)
        {
            node = Pop();
            Console.Write(" --" + A[P[node], node] + "-->");
            Console.Write("V" + node);
        }
        Console.Write("\n Total length : " + D[sink] + "\n");
    }

    public void Push(int value)
    {
        if (top >= MAX_V)
        {
            Console.Write("Stack overflow!\n");
            Environment.Exit(1);
        }
        else
```

```
                Stack[++top] = value;
        }

        public int Pop()
        {
            if (top < 0)
            {
                Console.Write("Stack empty!\n");
                Environment.Exit(1);
            }
            return Stack[top--];
        }
    }

    class Program
    {
        static void Main(string[] args)
        {
            ShPath obj = new ShPath();

            obj.init();
            obj.output_step();
            obj.access();
            obj.output_path();

            Console.ReadKey();
        }
    }
}
```

📄 **輸入檔** shPath.dat

```
7
1 2 4
1 3 6
1 4 6
2 3 1
2 5 7
3 5 6
3 6 4
4 3 2
4 6 5
5 7 6
6 5 1
6 7 8
```

📋 輸出結果

```
Enter source node : 1
Enter sink node : 7

 Step #1
========================================
    D[1]  D[2]  D[3]  D[4]  D[5]  D[6]  D[7]
     0    4     6     6     ----  ----  ----
========================================
    P[1]  P[2]  P[3]  P[4]  P[5]  P[6]  P[7]
     1    1     1     1     1     1     1
 Step #2
========================================
    D[1]  D[2]  D[3]  D[4]  D[5]  D[6]  D[7]
     0    4     5     6     11    ----  ----
========================================
    P[1]  P[2]  P[3]  P[4]  P[5]  P[6]  P[7]
     1    1     2     1     2     1     1
 Step #3
========================================
    D[1]  D[2]  D[3]  D[4]  D[5]  D[6]  D[7]
     0    4     5     6     11    9     ----
========================================
    P[1]  P[2]  P[3]  P[4]  P[5]  P[6]  P[7]
     1    1     2     1     3     3     1
 Step #4
========================================
    D[1]  D[2]  D[3]  D[4]  D[5]  D[6]  D[7]
     0    4     5     6     11    9     ----
========================================
    P[1]  P[2]  P[3]  P[4]  P[5]  P[6]  P[7]
     1    1     2     1     3     3     1
 Step #5
========================================
    D[1]  D[2]  D[3]  D[4]  D[5]  D[6]  D[7]
     0    4     5     6     10    9     17
========================================
    P[1]  P[2]  P[3]  P[4]  P[5]  P[6]  P[7]
     1    1     2     1     6     3     6
 Step #6
========================================
    D[1]  D[2]  D[3]  D[4]  D[5]  D[6]  D[7]
     0    4     5     6     10    9     16
========================================
    P[1]  P[2]  P[3]  P[4]  P[5]  P[6]  P[7]
     1    1     2     1     6     3     5
 Step #7
========================================
    D[1]  D[2]  D[3]  D[4]  D[5]  D[6]  D[7]
     0    4     5     6     10    9     16
```

```
===============================================
 P[1]  P[2]  P[3]  P[4]  P[5]  P[6]  P[7]
    1     1     2     1     6     3     5
 The shortest Path from V1 to V7 :
-------------------------------------------
 V1 --4-->V2 --1-->V3 --4-->V6 --1-->V5 --6-->V7
 Total length : 16
```

(四) 求出含有負的路徑權重之最短路徑

C# 程式語言實作》

```csharp
/* File name: BellmanFord.cs */
/* February, 2018 */

using System;
using System.IO;

namespace BellmanFord
{
    class BellmanFord
    {
        private const int MAXV = 100;
        private const int Infinite = 1073741823;

        private int[,] A = new int[MAXV + 1, MAXV + 1];
        private int[] D = new int[MAXV + 1];
        private int[] changed = new int[MAXV + 1];
        private int N;

        public BellmanFord()
        {
            init();
        }

        public void init()
        {
            string filePath = @"C:\Users\Apple\Desktop\DS using CSharp\Data
                files\source.dat";
            int i, j;
            int weight;
            if (!File.Exists(filePath))
            {
                Console.WriteLine("File does not exit!");
                Console.WriteLine("Press any key to continue");
                Console.ReadKey();
                Environment.Exit(1);
            }

            StreamReader fin = new StreamReader(filePath);
            N = Convert.ToInt16(fin.ReadLine());       /*讀取圖形節點數*/
```

```
    for (i = 1; i <= N; i++)
    {
        for (j = 1; j <= N; j++)
        {
            A[i, j] = Infinite;  /*起始 A[1..N, 1..N]相鄰矩陣*/
        }
    }
    while (!fin.EndOfStream)
    {
        string temp = fin.ReadLine();
        string[] tempArr = temp.Split(' ');
        i = Convert.ToInt16(tempArr[0]);
        j = Convert.ToInt16(tempArr[1]);
        weight = Convert.ToInt16(tempArr[2]);
        A[i, j] = weight;          /*讀取 i 節點到 j 節點的權 weight */
    }
    fin.Close();

    /* 起始各陣列初值*/
    for (i = 1; i <= N; i++)
    {
        D[i] = A[1, i]; /*記錄起始頂點至各頂點最短距離*/
        changed[i] = A[1, i];
    }
    changed[1] = 0;
    D[1] = 0;
    Console.Write("       disk[" + N + "]\n");
    for (i = 1; i <= N; i++)
        Console.Write("=====");
    Console.Write("\n");
    for (i = 1; i <= N; i++)
        Console.Write("{0, 4}", i);
    Console.Write("\n");
    for (i = 1; i <= N; i++)
        Console.Write("-----");

    Console.Write("\n");

    Output();
    Console.Write("\n");
}

public void BellmanFord_access()
{
    int i, u, k;
    for (k = 1; k <= N - 2; k++)
    {
        for (u = 1; u <= N; u++)
        {
            for (i = 1; i <= N; i++)
            {
```

```
                            if (D[u] > D[i] + A[i, u])
                            {
                                if (changed[u] > D[i] + A[i, u])
                                    changed[u] = D[i] + A[i, u];
                            }
                        }
                    }
                Output();
                Console.Write("\n");
            }
        Console.Write("\n");
        for (i = 1; i <= N; i++)
            Console.Write("=====");

        Console.Write("\n");
    }

    public void Output()
    {
        int i = 0, j = 0;
        for (j = 1; j <= N; j++)
        {
            if (changed[j] == Infinite)
                Console.Write("   ∞");
            else
            {
                if (changed[j] != D[j])
                    Console.Write("   *" + changed[j]);
                else
                    Console.Write("{0,4}", changed[j]);
            }
        }
        for (i = 1; i <= N; i++)
            D[i] = changed[i];
    }
}

class Program
{
    static void Main(string[] args)
    {
        BellmanFord obj = new BellmanFord();
        obj.BellmanFord_access();
        Console.ReadKey();
    }
}
}
```

📑 輸入檔 source.dat

```
7
1 2 5
1 3 3
1 4 3
2 5 -1
3 2 -2
3 4 -1
3 6 1
4 6 -1
5 7 3
6 7 3
```

📑 輸出結果

```
          disk[7]
==========================
1   2   3   4   5   6   7
--------------------------
0   5   3   3   ∞   ∞   ∞
0  *1   3  *2  *4  *2   ∞
0   1   3   2  *0  *1  *5
0   1   3   2   0   1  *3
0   1   3   2   0   1   3
0   1   3   2   0   1   3
==========================
```

(五) 求出任兩點之間的最短路徑

📑 C# 程式語言實作 》

```csharp
/* File name: Allpair.cs */
/* February, 2018 */

using System;
using System.IO;

namespace AllPair
{
    class AllPair
    {
        private const int MAXV = 10;
        private const int Infinite = 1073741823;
        private int[,] A = new int[MAXV + 1, MAXV + 1];
        private int[,] D = new int[MAXV + 1, MAXV + 1];
        private int[,] Origin = new int[MAXV + 1, MAXV + 1];
        private int N;
        private int first = 1;

        public AllPair()
```

```
{
    init();
}

public void init()
{
    string filePath = @"C:\Users\Apple\Desktop\DS using CSharp\Data
        files\allpair.dat";
    int i, j;
    int weight;

    if (!File.Exists(filePath))
    {
        Console.WriteLine("File does not exit!");
        Console.WriteLine("Press any key to continue");
        Console.ReadKey();
        Environment.Exit(1);
    }

    StreamReader fin = new StreamReader(filePath);
    N = Convert.ToInt16(fin.ReadLine());
    for (i = 1; i <= N; i++)
        for (j = 1; j <= N; j++)
            A[i, j] = Infinite;

    while (!fin.EndOfStream)
    {
        string temp = fin.ReadLine();
        string[] tempArr = temp.Split(' ');
        i = Convert.ToInt16(tempArr[0]);
        j = Convert.ToInt16(tempArr[1]);
        weight = Convert.ToInt16(tempArr[2]);
        A[i, j] = weight;
    }
    fin.Close();

    for (i = 1; i <= N; i++)
    {
        for (j = 1; j <= N; j++)
        {
            D[i, j] = A[i, j];
        }
        D[i, i] = 0;
    }
    Console.Write("If the distance is changed, \nthen it will have '*'
        symbol !!\n");
    Console.Write("    A#{0}", 0);
    Output();
}

public void AllPairLength()
```

```
    {
        int i, j, k;
        first = 0;

        for (k = 1; k <= N; k++)
        {
            for (i = 1; i <= N; i++)
            {
                for (j = 1; j <= N; j++)
                {
                    if ((D[i, k] + D[k, j]) < D[i, j])
                    {
                        D[i, j] = D[i, k] + D[k, j];
                    }
                }
            }
            Console.Write("\n    A#{0}", k);
            Changed(k);
            Output();
        }
    }

    public void Output()
    {
        int i = 0, j = 0;

        Console.Write("\n");
        for (i = 1; i <= N; i++)
            Console.Write("======");
        Console.Write("\n");
        Console.Write("    j");
        for (i = 1; i <= N; i++)
            Console.Write("{0, 4}", i);
        Console.Write("\n");
        for (i = 1; i <= N; i++)
            Console.Write("------");
        Console.Write("\n");
        for (i = 1; i <= N; i++)
        {
            if (i == (1 + N) / 2)
                Console.Write("i");
            else
                Console.Write(" ");
            Console.Write("{0, 4}", i);
            for (j = 1; j <= N; j++)
                if (D[i, j] == Infinite)
                    Console.Write("  ∞");
                else
                {
                    if (Origin[i, j] != D[i, j] && first != 1)
                        Console.Write("  *{0}", D[i, j]);
```

```
                else
                    Console.Write("{0, 4}", D[i, j]);
            }
            Console.Write("\n");
        }
        Console.Write("\n");
        for (i = 1; i <= N; i++)
            Console.Write("======");
        Console.Write("\n");
    }

    public void Changed(int num)
    {
        int i, j, k;
        switch (num)
        {
            case 1:
                for (i = 1; i <= N; i++)
                {
                    for (j = 1; j <= N; j++)
                    {
                        Origin[i, j] = A[i, j];
                    }
                    Origin[i, i] = 0;
                }
                break;
            default:
                for (k = num - 1; k <= num - 1; k++)
                {
                    for (i = 1; i <= N; i++)
                    {
                        for (j = 1; j <= N; j++)
                        {
                            if ((Origin[i, k] + Origin[k, j]) < Origin[i, j])
                                Origin[i, j] = Origin[i, k] + Origin[k, j];
                        }
                    }
                }
                break;
        }
    }
}

class Program
{
    static void Main(string[] args)
    {
        AllPair obj = new AllPair();
        obj.AllPairLength();
        Console.ReadKey();
    }
```

```
        }
}
```

輸入檔 allpair.dat

```
3
1 2 2
1 3 7
2 3 3
3 1 3
3 2 6
```

輸出結果

```
If the distance is changed,
then it will have '*' symbol !!
    A#0
=================
    j  1  2  3
-----------------
    1  0  2  7
i   2  ∞  0  3
    3  3  6  0

=================

    A#1
=================
    j  1  2  3
-----------------
    1  0  2  7
i   2  ∞  0  3
    3  3 *5  0

=================

    A#2
=================
    j  1  2  3
-----------------
    1  0  2 *5
i   2  ∞  0  3
    3  3  5  0

=================

    A#3
=================
    j  1  2  3
-----------------
    1  0  2  5
i   2 *6  0  3
    3  3  5  0

=================
```

(六) 拓樸排序

C# 程式語言實作 》

```csharp
/* File name: TopologicSort.cs */
/* February, 2018 */

using System;
using System.IO;

namespace TopologicSort
{
    class Node
    {
        public int vertex;
        public Node link;
    }

    class TopologicSort
    {
        private const int MAXV = 100;        // 最大節點數
        private Node[] adjlist = new Node[MAXV + 1];      // 宣告相鄰串列
        private bool[] visited = new bool[MAXV + 1];       // 記錄頂點是否已拜訪
        private int[] TopOrder = new int[MAXV + 1];
        private int N;
        private int place;

        public TopologicSort()
        {

        }

        public void buildAdjlist()
        {
            Node node, lastnode;
            int vi, vj;
            string filePath = @"C:\Users\Apple\Desktop\DS using CSharp\Data
                files\topSort.dat";
            if (!File.Exists(filePath))
            {
                Console.WriteLine("File does not exit!");
                Console.WriteLine("Press any key to continue");
                Console.ReadKey();
                Environment.Exit(1);
            }

            StreamReader fin = new StreamReader(filePath);
            /*讀取節點總數*/
            N = Convert.ToInt16(fin.ReadLine());
            for (vi = 1; vi <= N; vi++)
            {
```

```
        /*設定陣列及各串列起始值*/
        adjlist[vi] = new Node();
        adjlist[vi].vertex = vi;
        adjlist[vi].link = null;
    }
    /*讀取節點資料*/
    while (!fin.EndOfStream)
    {
        string temp = fin.ReadLine();
        string[] tempArr = temp.Split(' ');
        vi = Convert.ToInt16(tempArr[0]);
        vj = Convert.ToInt16(tempArr[1]);
        node = new Node();
        node.vertex = vj;
        node.link = null;
        if (adjlist[vi].link == null)
            adjlist[vi].link = node;
        else
        {
            lastnode = searchlast(adjlist[vi]);
            lastnode.link = node;
        }
    }
    fin.Close();
}

/*顯示各相鄰串列之資料*/
public void showAdjlist()
{
    int v;
    Node ptr;
    Console.WriteLine("Head     adjacency nodes");
    Console.WriteLine("-----------------------------");
    for (v = 1; v <= N; v++)
    {
        Console.Write("V" + adjlist[v].vertex + " ");
        ptr = adjlist[v].link;
        while (ptr != null)
        {
            Console.Write("--> V" + ptr.vertex + " ");
            ptr = ptr.link;
        }
        Console.Write("\n");
    }
}

/*圖形之縱向優先搜尋*/
public void topological()
{
    int v;
    for (v = 1; v <= N; v++)
```

```
                    visited[v] = false;
            place = N;
            for (v = 1; v <= N; v++)
                if (!visited[v])
                    topSort(v);
    }

    public void topSort(int k)
    {
        Node ptr;
        int w;

        visited[k] = true;          /*設定 v 頂點為已拜訪過*/
        ptr = adjlist[k].link;      /*拜訪 v 相鄰頂點*/
        while (ptr != null)
        {
            w = ptr.vertex;          /* w 為 v 的立即後繼者 */
            if (!visited[w])
                topSort(w);
            ptr = ptr.link;
        }
        TopOrder[--place] = k;
    }

    /*搜尋串列最後節點函數*/
    public Node searchlast(Node linklist)
    {
        Node ptr;

        ptr = linklist;
        while (ptr.link != null)
            ptr = ptr.link;
        return ptr;
    }

    public void printResult()
    {
        int i;
        for (i = 0; i < N; i++)
            Console.Write("V" + TopOrder[i] + " ");
    }
}

class Program
{
    static void Main(string[] args)
    {
        TopologicSort obj = new TopologicSort();

        obj.buildAdjlist(); /*以相鄰串列表示圖形*/
        obj.showAdjlist();   /*顯示串列之資料*/
```

```
                obj.topological();    /*圖形之縱向優先搜尋，以頂點1為起始頂點*/
                Console.WriteLine("\n------Toplogical order sort------");
                obj.printResult();

                Console.ReadKey();
            }
        }
    }
```

📄 輸入檔 topSort.dat

```
8
1 2
1 6
2 3
2 4
3 5
3 7
4 5
5 8
6 4
6 5
7 8
```

📄 輸出結果

```
Head      adjacency nodes
-----------------------------
V1 --> V2 --> V6
V2 --> V3 --> V4
V3 --> V5 --> V7
V4 --> V5
V5 --> V8
V6 --> V4 --> V5
V7 --> V8
V8

------Toplogical order sort------
V1 V6 V2 V4 V3 V7 V5 V8
```

(七) 臨界路徑

📘 **C# 程式語言實作》**

```
/* File name: Critical.cs */
/* February, 2018 */

using System;
using System.Collections.Generic;
using System.IO;


namespace Critical
```

```csharp
{
    class Node
    {
        public int vertex;
        public int duration;
        public Node link;
    }

    class HeadNode
    {
        public int count;
        public Node link;
    }

    class Stackstruct
    {
        private const int MAXV = 100;         // 最大節點數
        public int top;
        public Node[] item = new Node[MAXV + 1];
    }

    class Critical
    {
        private const int MAXV = 100;         // 最大節點數
        private const int empty = -1;
        private HeadNode[] adjlist1 = new HeadNode[MAXV + 1];     // 相鄰串列
        private HeadNode[] adjlist2 = new HeadNode[MAXV + 1];     // 反相鄰串列
        private Stackstruct Stack1 = new Stackstruct { top = empty };
        private Stackstruct Stack2 = new Stackstruct { top = empty };
        private int N;        // 頂點總數
        private int source, sink;        // 起始頂點、終點頂點
        private int[] ES = new int[MAXV + 1];        // 最早時間
        private int[] LC = new int[MAXV + 1];        // 最晚時間
        private int[] CriticalNode = new int[MAXV + 1];
        private int nodeCount, pathCount;
        private List<Node> list = new List<Node>();

        public Critical()
        {
            buildAdjlist();
            showAdjlist(adjlist1);                   /*顯示相鄰串列*/
            initialES();                             /*起始 ES(最早時間)*/
            ToplogicalSort(adjlist1, ES);            /*以拓排序法求出 ES*/
            initialLC();                             /*起始 LC(最晚時間)*/
            showAdjlist(adjlist2);                   /*顯示反相鄰串列*/
            ToplogicalSort(adjlist2, LC);            /*以拓排序法求出 LC*/
            printESLC();                             /*列出最早及最晚時間*/
            printCriticalNode();                     /*列出臨界點*/
            printCriticalPath();                     /*列出臨路徑*/
        }
```

```
public void buildAdjlist()
{
    int vi, vj, w;
    string filePath = @"C:\Users\Apple\Desktop\DS using CSharp\Data
        files\critical.dat";
    Node node;

    if (!File.Exists(filePath))
    {
        Console.WriteLine("File does not exit!");
        Console.WriteLine("Press any key to continue");
        Console.ReadKey();
        Environment.Exit(1);
    }

    StreamReader fin = new StreamReader(filePath);
    N = Convert.ToInt16(fin.ReadLine());
    /*起始相鄰串列, count 為前行者的數目 */
    for (vi = 1; vi <= N; vi++)
    {
        adjlist1[vi] = new HeadNode();
        adjlist2[vi] = new HeadNode();
        adjlist1[vi].count = 0;
        adjlist2[vi].count = 0;
        adjlist1[vi].link = null;
        adjlist2[vi].link = null;
    }
    /* 讀取 vi 到 vj 的權 w(duration)並串至相鄰串列及反相鄰串列 */
    while (!fin.EndOfStream)
    {
        string temp = fin.ReadLine();
        string[] tempArr = temp.Split(' ');
        vi = Convert.ToInt16(tempArr[0]);
        vj = Convert.ToInt16(tempArr[1]);
        w = Convert.ToInt16(tempArr[2]);
        node = new Node();
        node.vertex = vj;
        node.duration = w;
        node.link = adjlist1[vi].link;
        adjlist1[vi].link = node;
        adjlist1[vj].count++;        /*前行者數加1*/
        list.Add(node);
        node = new Node();
        node.vertex = vi;
        node.duration = w;
        node.link = adjlist2[vj].link;
        adjlist2[vj].link = node;
        adjlist2[vi].count++;        /*前行者數加1*/
        list.Add(node);
    }
    fin.Close();
```

```csharp
        /*找出開始頂點*/
        for (vi = 1; vi <= N; vi++)
            if (adjlist1[vi].count == 0)
            {
                source = vi;
                break;
            }
        /*找出結束結點*/
        for (vi = 1; vi <= N; vi++)
            if (adjlist1[vi].link == null)
            {
                sink = vi;
                break;
            }
    }

    /*顯示相鄰串列函數*/
    public void showAdjlist(HeadNode[] adjlist)
    {
        int v;
        Node ptr;

        /*判斷為相鄰串列 adjlist1 或反相鄰串列 adjlist2*/
        if (adjlist == adjlist1)
            Console.Write("\nThe adjacency lists [adjlist1] of the Graph");
        else
            Console.WriteLine("\n\nThe inverse adjaccny list[adjlist2]of the
                Graph");
        Console.WriteLine("Headnodes     adjacency nodes");
        Console.WriteLine("  /count         /duration   ");
        Console.WriteLine("------------------------------");
        for (v = 1; v <= N; v++)
        {
            Console.Write("V{0}: {1}", v, adjlist[v].count);
            ptr = adjlist[v].link;
            while (ptr != null)
            {
                Console.Write(" --> V{0}({1})", ptr.vertex, ptr.duration);
                ptr = ptr.link;
            }
            Console.Write("\n");
        }
    }

    /*以拓排序法計算最早時間(ES)及最晚時間(LC)*/
    public void ToplogicalSort(HeadNode[] adjlist, int[] ESLC)
    {
        int vi, vj, k, dur;
        Node ptr;
```

```
                /*將沒有前行者的頂點推入堆疊*/
        for (vi = 1; vi <= N; vi++)
            if (adjlist[vi].count == 0)
                Push(Stack1, vi, null);
        printSteps(ESLC, 0);    /*列出堆疊及 ESLC 狀況*/
        for (k = 1; k <= N; k++)
        {
            if (Stack1.top == empty)
            {
                Console.Write("\nCyclic Path found....\n");
                Environment.Exit(1);
            }
            /*從堆疊彈出頂點*/
            vi = Pop(Stack1).vertex;
            ptr = adjlist[vi].link;   /*ptr 指向 vi 的相鄰邊串列*/
            while (ptr != null)
            {
                vj = ptr.vertex;       /*vj 為 vi 的立即後行者*/
                dur = ptr.duration;
                adjlist[vj].count--;   /*vj 前行者數減 1*/
                if (adjlist[vj].count == 0)
                    Push(Stack1, vj, null);
                if (adjlist == adjlist1) /*判斷計算 ES 或 LC*/
                    ESLC[vj] = Math.Max(ESLC[vj], ESLC[vi] + dur);
                else
                    ESLC[vj] = Math.Min(ESLC[vj], ESLC[vi] - dur);
                ptr = ptr.link;
            }
            printSteps(ESLC, vi);
        }
    }

/*顯示目前堆疊狀況及 ES 或 LC 值*/
public void printSteps(int[] ESLC, int v)
{
    int i;

    if (v == 0)
    {
        Console.Write("\nComputation of ESLC :\n");
        Console.Write("---------------------\n");
        Console.Write("ESLC[N]  : ");
        for (i = 1; i <= N; i++)
            Console.Write(" [{0}]", i);
        Console.Write("     Current Stack");
        Console.Write("\ninitial   :");
    }
    else
        Console.Write("\nPopout V{0} :", v);
    for (i = 1; i <= N; i++)
        Console.Write(" {0, 3}", ESLC[i]);
```

```
        Console.Write("      ");
        for (i = 0; i <= Stack1.top; i++)
            Console.Write(" {0}, ", Stack1.item[i]);
}

/*顯示各頂點的最早時間(ES)及早晚時間(LC)值*/
public void printESLC()
{
    int i;

    Console.Write("\n");
    for (i = 1; i <= N; i++)
        Console.Write("\nES({0}) = {1, 3}   LC({2}) = {3, 3} ES  - LC = {4, 3}",
                 i, ES[i], i, LC[i], ES[i] - LC[i]);
}

/*列出臨界點*/
public void printCriticalNode()
{
    int v;

    for (v = 1; v <= N; v++)
        if (LC[v] == ES[v])     /*當 LC == ES 時頂點為臨界點*/
            CriticalNode[++nodeCount] = v;
    Console.Write("\n\nThe Critical Nodes of the Graph :\n");
    for (v = 1; v <= nodeCount; v++)
        Console.Write("{0}, ", CriticalNode[v]);
}

/*列出界路徑*/
public void printCriticalPath()
{
    Console.Write("\n\nThe Critical Paths of the Graph :");
    /*從起始頂點開始找尋臨界路徑*/
    printPathNode(adjlist1[source].link, source);
}

public void printPathNode(Node ptr, int v)
{
    int i;
    /* 判斷相鄰頂點是否為臨界點，將臨界點推入堆疊
       並從該臨界點繼續遞迴呼叫 printPathNode() */
    while (ptr != null)
    {
        for (i = 1; i <= nodeCount; i++)
            if (CriticalNode[i] == ptr.vertex)
            {
                Push(Stack1, -1, ptr);
                Push(Stack2, v, null);
                v = ptr.vertex;
                ptr = adjlist1[v].link;
```

```
                    printPathNode(ptr, v);
              }
          ptr = ptr.link;
      }
      if (v == source)
      {
          Console.Write("\n\nThere are {0} Critical paths from {1} to {2}\n",
                  pathCount, source, sink);
      }
      /* 當到達終點節點時即找到一臨界路徑 */
      /* 列出堆疊 Stack1 所存放的臨界點及 Stack2 所存放的臨界活動          */
      if (v == sink)
      {
          Console.Write("\n");
          for (i = 0; i <= Stack2.top; i++)
          {
              v = Stack2.item[i].vertex;
              ptr = Stack1.item[i];
              Console.Write("V{0}--{1}-->", v, ptr.duration);
          }
          Console.Write("V{0}", sink);
          pathCount++;
      }
      /* 彈出堆疊中的前一層臨界頂點及臨界活，繼續搜尋其相鄰頂點是否有臨界路徑 */
      ptr = Pop(Stack1);
      ptr = ptr.link;
      v = Pop(Stack2).vertex;
      printPathNode(ptr, v);
}

/*起始 ES 初值*/
public void initialES()
{
    int i;
    for (i = 1; i <= N; i++)
        ES[1] = 0;
}

/*起始 LC 初值, LC 初值為 ES 最大值*/
public void initialLC()
{
    int i, max = 0;
    for (i = 1; i <= N; i++)
        max = Math.Max(max, ES[i]);
    for (i = 1; i <= N; i++)
        LC[i] = max;
}

public void Push(Stackstruct stack, int value, Node node)
{
    if (stack.top >= MAXV)
```

```
        {
            Console.Write("Stack is Overflow!!\n");
            Environment.Exit(1);
        }
        else
        {
            if (node != null)
            {
                stack.item[++stack.top] = node;
            }
            else
            {
                stack.item[++stack.top] = new Node { vertex = value };
            }
        }
    }

    public Node Pop(Stackstruct stack)
    {
        if (stack.top == empty)
        {
            Console.Write("Stack is empty!!");
            Console.ReadKey();
            Environment.Exit(1);
        }
        return (stack.item[stack.top--]);
    }
}

class Program
{
    static void Main(string[] args)
    {
        Critical obj = new Critical();
        Console.ReadKey();
    }
}
}
```

📋 **輸入檔** critical.dat

```
7
1 5 4
1 3 3
1 2 3
2 4 1
3 5 2
3 4 3
4 7 9
4 6 3
4 5 0
```

```
5 7 5
6 7 6
```

輸出結果

```
The adjacency lists [adjlist1] of the Graph
Headnodes       adjacency nodes
  /count              /duration
------------------------------
V1: 0 --> V2(3) --> V3(3) --> V5(4)
V2: 1 --> V4(1)
V3: 1 --> V4(3) --> V5(2)
V4: 2 --> V5(0) --> V6(3) --> V7(9)
V5: 3 --> V7(5)
V6: 1 --> V7(6)

V7: 3

Computation of ESLC :
---------------------
ESLC[N]   : [1]  [2]  [3]  [4]  [5]  [6]  [7]   Current Stack
initial   :  0    0    0    0    0    0    0    1,
Popout V1 :  0    3    3    0    4    0    0    2,    3,
Popout V3 :  0    3    3    6    5    0    0    2,
Popout V2 :  0    3    3    6    5    0    0    4,
Popout V4 :  0    3    3    6    6    9   15    5,    6,
Popout V6 :  0    3    3    6    6    9   15    5,
Popout V5 :  0    3    3    6    6    9   15    7,
Popout V7 :  0    3    3    6    6    9   15
The inverse adjaccny list[adjlist2]of the Graph
Headnodes       adjacency nodes
  /count              /duration
------------------------------
V1: 3
V2: 1 --> V1(3)
V3: 2 --> V1(3)
V4: 3 --> V3(3) --> V2(1)
V5: 1 --> V4(0) --> V3(2) --> V1(4)
V6: 1 --> V4(3)
V7: 0 --> V6(6) --> V5(5) --> V4(9)

Computation of ESLC :
---------------------
ESLC[N]   : [1]  [2]  [3]  [4]  [5]  [6]  [7]   Current Stack
initial   : 15   15   15   15   15   15   15    7,
Popout V7 : 15   15   15    6   10    9   15    6,    5,
Popout V5 :  6   15    8    6   10    9   15    6,
Popout V6 :  6   15    8    6   10    9   15    4,
Popout V4 :  6    5    3    6   10    9   15    3,
Popout V3 :  0    5    3    6   10    9   15    1,
Popout V1 :  0    5    3    6   10    9   15
```

```
ES(1) =    0    LC(1) =    0 ES  - LC =    0
ES(2) =    3    LC(2) =    5 ES  - LC =   -2
ES(3) =    3    LC(3) =    3 ES  - LC =    0
ES(4) =    6    LC(4) =    6 ES  - LC =    0
ES(5) =    6    LC(5) =   10 ES  - LC =   -4
ES(6) =    9    LC(6) =    9 ES  - LC =    0
ES(7) =   15    LC(7) =   15 ES  - LC =    0

The Critical Nodes of the Graph :
1, 3, 4, 6, 7,

The Critical Paths of the Graph :
V1--3-->V3--3-->V4--3-->V6--6-->V7
V1--3-->V3--3-->V4--9-->V7

There are 2 Critical paths from 1 to 7
Stack is empty!!
```

12.11 動動腦時間

1. 請問下圖是否可以形成尤拉循環[12.1]

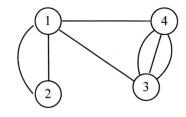

2. 有一有向圖形如下所示[12.1, 12.2]

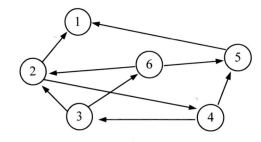

(a) 請寫出每一節點的內分支度及外分支度各為多少。

(b) 將上圖利用相鄰矩陣及相鄰串列表示之。

3. 有一圖形如下所示[12.2, 12.3]

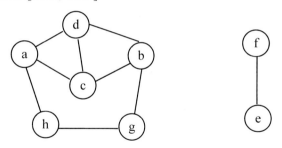

(a) 請以相鄰矩陣與相鄰串列方式表示之。

(b) 根據(a)由節點 a 作 depth-first search 及 breadth-first search，結果分別如何？

(c) 試說明上述搜尋之用途。

4. 有二個圖形如下[12.3]

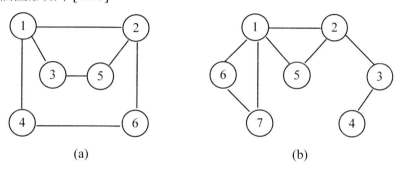

分別由節點 1 利用 depth-first search 與 breadth-first search，其結果如何？

5. 請畫出下列兩個圖形之 depth-first search spanning tree 與 breadth-first search spanning tree。[12.3, 12.4]

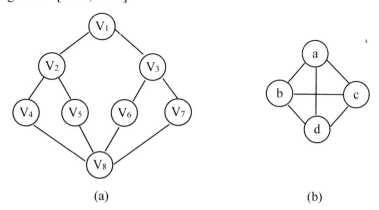

6. 試求下圖節點 1 到各節點之最短路徑。[12.5]

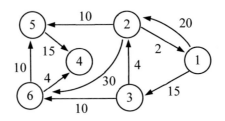

7. 利用下面的 AOE 網路試求[12.9]：

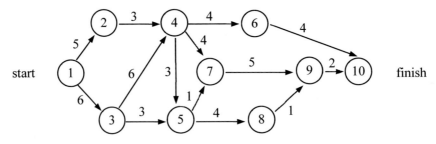

(a) 每一事件最早開始的時間及最晚開始的時間。

(b) 該計劃最早完成的時間為何？

(c) 那些事件具有臨界性。

(d) 是否有任何事件經加速之後，會縮短該計畫的長度。

8. 有一網路如下[12.4]：

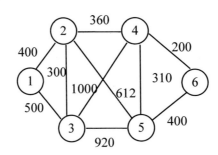

請利用

(a) Prim's 演算法

(b) Kruskal's 演算法

(c) Sollin's 演算法

求出最小成本擴展樹。

9. 試寫出最短路徑的演算法。[12.5]

10. 試寫出臨界路徑的演算法。[12.9]

11. 試以 C# 語言完成橫向優先追蹤(BFS)之程式。[12.3]

12. 有一 AOV 網路如下[12.8]：

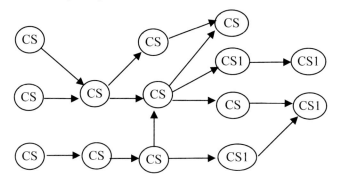

試問(a)拓樸排序為何

　　(b)請利用相鄰串列表示此 AOV 網路

13. 有 AOV 網路如下[12.8]：

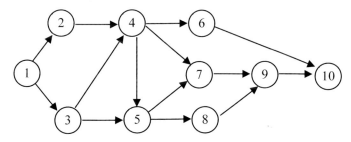

試問拓樸排序為何。

14. 有一 網路如下[12.9]：

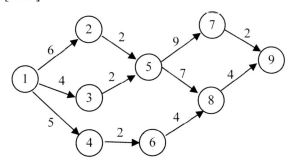

求出其臨界路徑。

15. 底下為一美國的城市分佈圖，城市與城市之間的距離(單位：公里)如下圖所示
　　[12.5]：

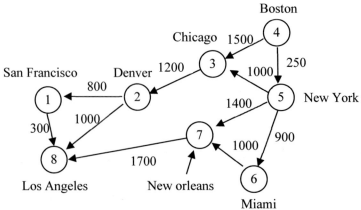

　　試畫一表格表示由 Boston 到 Los Angeles 的最短距離為何，並寫出其經過的城
　　市。

13

排序

排序(sorting)顧名思義就是將一堆雜亂無章的資料由小至大(ascending)或由大至小(decending)排列之。而其使用的方法可以分成兩種:(1)如果記錄是在主記憶體(main memory)中進行分類,則稱之為內部排序(internal sort);(2)假若記錄太多,以致無法全部存於主記憶體,需借助輔助記憶體,如磁碟或磁帶來進行分類,此種方式稱之為外部排序(external sort)。本書著重在內部排序的方法。因此以下章節所提出的排序方法皆屬於內部排序。

除了上述內部排序和外部排序之區別外,也可以分成下列兩類:(1)如果排序方式是比較整個鍵值的話,稱之為比較排序(comparative sort);(2)假使是一次只比較鍵值的某一位數,此類稱之為分配排序(distributive sort)。

存在檔案(file)中的記錄(record),可能含有相同的鍵值。對於兩個鍵值 k(i) = k(j)的記錄 r(i)和 r(j),如果在原始檔案中,r(i)排在 r(j)之前;而在排序後,檔案中的 r(i)仍在 r(j)之前,則稱此排序具有穩定性(stable);反之,如果 r(j)在 r(i)之前,則稱此排序為不穩定性(unstable)。亦即表示當兩個鍵值 一樣時並不需要互換,此稱為穩定性排序;反之,若鍵值相同仍需互換者,則稱為不穩定性排序。

排序可能就記錄本身或在一個輔助的指標中進行。譬如圖 13.1 之(a)的檔案有 5 個記錄,排序後如圖 13.1 之(b),這種方式是真正對記錄本身做排序。

	鍵值	資料			鍵值	資料
記錄 1	4	DD			1	AA
記錄 2	2	BB			2	BB
記錄 3	1	AA			3	CC
記錄 4	5	EE			4	DD
記錄 5	3	CC			5	EE
	(a)原來檔案				(b)排序後檔案	

圖 13.1 沒有利用指標做排序的工作

如果圖 13.1 之(a)檔案中的每一記錄含有大量資料的話，則搬移這些資料必會耗費相當多的時間。在這種情況之下，最好能使用輔助的指標表，利用指標的改變取代原來資料的搬移，如圖 13.2。

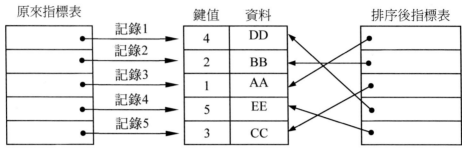

圖 13.2 利用指標來處理排序的工作

13.1 氣泡排序

氣泡排序(bubble sort)又稱為交換排序(interchange sort)。相鄰兩個資料相比，假使前一個比後一個大時，則互相對調。通常有 n 個資料時最多需要做 n–1 次掃描，一次掃描完後，資料量減少 1，當沒有對調時，就表示已排序好了。

例如有 5 個資料，分別是 18，2，20，34，12 以氣泡排序的步驟如下：

```
第一次掃描    18 換 2    20    34    12  ┐
              2    18   20   34    12  │  4次比較
              2    18   20   34    12  │  有二次交換
              2    18   20   34 換 12  ┘
結果          2    18   20   12   (34)

第二次掃描    2    18   20   12       ┐
              2    18   20   12       │  3次比較
              2    18   12 換 20      ┘
結果          2    18   12   (20)

第三次掃描    2    18   12            ┐  2次比較
              2    18 換 12          ┘
結果          2    12   (18)

第四次掃描    2    12        1次比較
結果          2   (12)
```

假設鍵值是 12, 18, 2, 20, 34，則需要幾次掃描呢？

當沒有交換動作出現時，其實資料已排序完成，我們可以利用一變數加以輔助之，當有交換時，此變數就設定為 1，否則為 0，因此，要做下一次掃描時，即可先判讀此變數，若此變數為 0，表示排序已完成了，就無需再進行下一次的掃描動作了。

由於在第三次掃描，沒有做互換的動作，因此可知資料已排序好，不用再比較了。氣泡排序是 stable，最壞時間與平均時間複雜度均為 $O(n^2)$，所需要額外空間也很少。

C# 程式語言實作》

```
/* File name: BubbleSort.cs */
/* February, 2018 */
/* 氣泡排序 */

using System;

namespace BubbleSort
{
    class BubbleSort
    {
        public void bubble_sort(int[] data)
        {
            int size = 0, i;
            Console.Write("\nPlease enter number to sort ( enter 0 when end ):\n");
            Console.Write("Number : ");
            string temp = Console.ReadLine();
            string[] tempArr = temp.Split(' ');
            do
            {   // 要求輸入數字直到輸入數字為零
```

```
            data[size] = Convert.ToInt16(tempArr[size]);
        } while (data[size++] != 0);
        for (i = 0; i < 60; i++)
            Console.Write("-");
        Console.Write("\n");
        access(data, --size);  // --size 用於將資料為零者排除
        for (i = 0; i < 60; i++)
            Console.Write("-");
        Console.Write("\nSorted : ");
        for (i = 0; i < size; i++)
            Console.Write(data[i] + "  ");
    }

    public void access(int[] data, int size)
    {
        int i, j, k, temp, flag;

        for (i = 0; i < size - 1; i++)
        {
            flag = 0;
            /*印出第幾次的 Pass */
            Console.Write("#" + i + 1 + " pass : \n");
            for (j = 0; j < size - i - 1; j++)
            {
                // 當某一筆資料大於其下一筆資料時，將兩資料對調
                if (data[j] > data[j + 1])
                {
                    flag = 1;
                    temp = data[j];
                    data[j] = data[j + 1];
                    data[j + 1] = temp;
                }
                /* 印出每一次的 compare */
                Console.Write("   #" + (j + 1) + " compare : ");
                /* 每一次的 compare 資料量會減 1，故以在迴圈中以 size-i 為結束點 */
                for (k = 0; k < size - i; k++)
                    Console.Write(data[k] + " ");
                Console.WriteLine();
            }
            /*印出每一次的 Pass 的最後的資料 */
            Console.Write("#" + i + 1 + " pass finished : ");
            for (k = 0; k < size; k++)
                Console.Write(data[k] + "  ");
            Console.Write("\n\n");
            if (flag != 1)
                break;
        }
    }
}

class Program
```

```
    {
        static void Main(string[] args)
        {
            BubbleSort obj = new BubbleSort();
            int[] data = new int[20];

            obj.bubble_sort(data);

            Console.WriteLine();
            Console.ReadKey();
        }
    }
}
```

輸出結果

```
Please enter number to sort ( enter 0 when end ):
Number : 32 82 11 29 3 94 28 45 7 0
------------------------------------------------------------
#1 pass :
   #1 compare : 32 82 11 29 3 94 28 45 7
   #2 compare : 32 11 82 29 3 94 28 45 7
   #3 compare : 32 11 29 82 3 94 28 45 7
   #4 compare : 32 11 29 3 82 94 28 45 7
   #5 compare : 32 11 29 3 82 94 28 45 7
   #6 compare : 32 11 29 3 82 28 94 45 7
   #7 compare : 32 11 29 3 82 28 45 94 7
   #8 compare : 32 11 29 3 82 28 45 7 94
#1 pass finished : 32  11  29  3  82  28  45  7  94

#2 pass :
   #1 compare : 11 32 29 3 82 28 45 7
   #2 compare : 11 29 32 3 82 28 45 7
   #3 compare : 11 29 3 32 82 28 45 7
   #4 compare : 11 29 3 32 82 28 45 7
   #5 compare : 11 29 3 32 28 82 45 7
   #6 compare : 11 29 3 32 28 45 82 7
   #7 compare : 11 29 3 32 28 45 7 82
#2 pass finished : 11  29  3  32  28  45  7  82  94

#3 pass :
   #1 compare : 11 29 3 32 28 45 7
   #2 compare : 11 3 29 32 28 45 7
   #3 compare : 11 3 29 32 28 45 7
   #4 compare : 11 3 29 28 32 45 7
   #5 compare : 11 3 29 28 32 45 7
   #6 compare : 11 3 29 28 32 7 45
#3 pass finished : 11  3  29  28  32  7  45  82  94

#4 pass :
   #1 compare : 3 11 29 28 32 7
```

```
    #2 compare : 3 11 29 28 32 7
    #3 compare : 3 11 28 29 32 7
    #4 compare : 3 11 28 29 32 7
    #5 compare : 3 11 28 29 7 32
#4 pass finished : 3  11  28  29  7  32  45  82  94

#5 pass :
    #1 compare : 3 11 28 29 7
    #2 compare : 3 11 28 29 7
    #3 compare : 3 11 28 29 7
    #4 compare : 3 11 28 7 29
#5 pass finished : 3  11  28  7  29  32  45  82  94

#6 pass :
    #1 compare : 3 11 28 7
    #2 compare : 3 11 28 7
    #3 compare : 3 11 7 28
#6 pass finished : 3  11  7  28  29  32  45  82  94

#7 pass :
    #1 compare : 3 11 7
    #2 compare : 3 7 11
#7 pass finished : 3  7  11  28  29  32  45  82  94

#8 pass :
    #1 compare : 3 7
#8 pass finished : 3  7  11  28  29  32  45  82  94

------------------------------------------------------------
Sorted : 3  7  11  28  29  32  45  82  94
```

練習題

將下列資料 15，8，20，7，66，54，利用氣泡排序由小至大排列之。

13.2 選擇排序

選擇排序(selection sort)首先在所有的資料中挑選一個最小的鍵值，將其放置在第一個位置(因為由小到大排序)，之後，再從第二個開始挑選一個最小的鍵值放置於第二個位置一直下去。假設有 n 個記錄，則最多需要 n–1 次對調，以及 n(n–1)/2 次比較。

例如有 5 個記錄，其鍵值為 18，2，20，34，12。利用選擇排序，其做法如下：

			[1]	[2]	[3]	[4]	[5]
			18	2	20	34	12
Step 1:	最小的資料為 2	⟶	②	18	20	34	12
Step 2:	從第 2 位置開始挑最小為 12	⟶	②	⑫	20	34	18
Step 3:	從第 3 位置開始挑最小為 18	⟶	②	⑫	⑱	34	20
Step 4:	從第 4 位置開始挑最小為 20	⟶	②	⑫	⑱	⑳	34

選擇排序跟氣泡排序一樣是穩定性的，最壞時間與平均時間複雜度都是 $O(n^2)$，所需要的額外空間亦很少。

C# 程式語言實作 》

```
/* File name: SelectionSort.cs */
/* February, 2018 */
/* 選擇排序 */

using System;

namespace SelectionSort
{
    class SelectionSort
    {
        public void select_sort(int[] data)
        {
            int size = 0, i;

            // 要求輸入資料直到輸入為零
            Console.Write("\nPlease enter number to sort ( enter 0 when end ):\n");

            Console.Write("Number : ");
            string temp = Console.ReadLine();
            string[] tempArr = temp.Split(' ');
            do
            {
                data[size] = Convert.ToInt16(tempArr[size]);
            } while (data[size++] != 0);
            for (i = 0; i < 60; i++)
                Console.Write("-");
            Console.Write("\n");
            access(data, --size);
            for (i = 0; i < 60; i++)
                Console.Write("-");
            Console.Write("\nSorted: ");
            for (i = 0; i < size; i++)
                Console.Write(data[i] + "  ");
```

```
        }

    public void access(int[] data, int size)
    {
        int b, compare, min, i;

        for (b = 0; b < size - 1; b++)
        {
            // 將目前資料與後面資料中最小的對調
            min = b;
            for (compare = b + 1; compare < size; compare++)
                if (data[compare] < data[min])
                    min = compare;
            Console.Write("#" + b + 1 + " selected data is : " + data[min] + "\n");
            int temp = data[min];
            data[min] = data[b];
            data[b] = temp;

            for (i = 0; i < size; i++)
                Console.Write(data[i] + "  ");
            Console.Write("\n\n");
        }
    }
}

class Program
{
    static void Main(string[] args)
    {
        SelectionSort obj = new SelectionSort();
        int[] data = new int[20];

        obj.select_sort(data);

        Console.WriteLine();
        Console.ReadKey();
    }
}
}
```

📑 輸出結果

```
Please enter number to sort ( enter 0 when end ):
Number : 37 29 11 2 44 57 9 0
-------------------------------------------------------------
#1 selected data is : 2
2  29  11  37  44  57  9

#2 selected data is : 9
2  9  11  37  44  57  29
```

```
#3 selected data is : 11
2  9  11  37  44  57  29

#4 selected data is : 29
2  9  11  29  44  57  37

#5 selected data is : 37
2  9  11  29  37  57  44

#6 selected data is : 44
2  9  11  29  37  44  57

-----------------------------------------------------------
Sorted: 2  9  11  29  37  44  57
```

⌨ 練習題

請將下列資料 15，8，20，7，66，54，18，26，利用選擇排序由小至大排列之。

13.3 插入排序

插入排序(insertion sort)乃是將加入的資料置於適當的位置，如圖 13.3 所示：

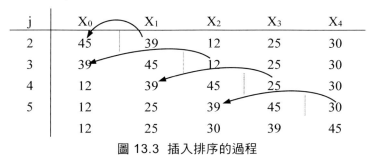

j	X_0	X_1	X_2	X_3	X_4
2	45	39	12	25	30
3	39	45	12	25	30
4	12	39	45	25	30
5	12	25	39	45	30
	12	25	30	39	45

圖 13.3 插入排序的過程

插入排序是 stable，最壞時間與平均時間複雜度為 $O(n^2)$，所需額外空間很少。

📑 C# 程式語言實作》

```
/* File name: InsertionSort.cs */
/* February, 2018 */
/* 插入排序 */

using System;

namespace InsertionSort
{
    class InsertionSort
    {
        public void insertion_sort(int[] data)
```

```csharp
    {
        int size = 0, i;

        Console.Write("\nPlease enter number to sort ( enter 0 when end ):\n");
        Console.Write("Unsorted data is : ");
        string temp = Console.ReadLine();
        string[] tempArr = temp.Split(' ');
        do
        {    // 要求輸入資料直到輸入為零
            data[size] = Convert.ToInt16(tempArr[size]);
        } while (data[size++] != 0);
        for (i = 0; i < 60; i++)
            Console.Write("-");

        Console.WriteLine();
        access(data, --size);
        for (i = 0; i < 60; i++)
            Console.Write("-");

        Console.Write("\nSorted : ");
        for (i = 0; i < size; i++)
            Console.Write(data[i] + "  ");
    }

    public void access(int[] data, int size)
    {
        int b, compare, i;
        Console.Write("First data is " + data[0] + "\n\n");
        for (b = 1; b < size; b++)
        {
            // 當資料小於第一筆，則插於前方，否則與後面資料比對找出插入位置
            int temp = data[b];
            compare = b;
            Console.Write("Insert data is " + data[b] + "\n");
            while (compare > 0 && data[compare - 1] > temp)
            {
                data[compare] = data[compare - 1];
                data[compare - 1] = temp;
                compare--;
            }
            Console.Write("Ater #" + b + " insertion : ");
            for (i = 0; i <= b; i++)
                Console.Write(data[i] + "  ");
            Console.Write("\n\n");
        }
    }
}

class Program
{
    static void Main(string[] args)
```

```
        {
            InsertionSort obj = new InsertionSort();
            int[] data = new int[20];

            obj.insertion_sort(data);

            Console.WriteLine();
            Console.ReadKey();
        }
    }
}
```

📑 輸出結果

```
Please enter number to sort ( enter 0 when end ):
Unsorted data is : 44 8 17 74 29 10 2 83 0
-------------------------------------------------------------
First data is 44

Insert data is 8
Ater #1 insertion : 8   44

Insert data is 17
Ater #2 insertion : 8   17   44

Insert data is 74
Ater #3 insertion : 8   17   44   74

Insert data is 29
Ater #4 insertion : 8   17   29   44   74

Insert data is 10
Ater #5 insertion : 8   10   17   29   44   74

Insert data is 2
Ater #6 insertion : 2   8   10   17   29   44   74

Insert data is 83
Ater #7 insertion : 2   8   10   17   29   44   74   83

-------------------------------------------------------------
Sorted : 2   8   10   17   29   44   74   83
```

⌨ 練習題

請將下列資料 15，8，20，7，66，54，18，26，利用插入排序由小至大排列之。

13.4 合併排序

合併排序(merge sort)乃是將兩個或兩個以上已排序好的檔案,合併成一個大的已排序好的檔案。例如有兩個已排序好的檔案分別為甲={2, 10, 12, 18, 25},乙= {6, 16, 20, 32, 34}。合併排序過程如下:甲檔案的第一個資料是 2,而乙第一個資料是 6,由於 2 小於 6,故將 2 寫入丙檔案的第一個資料;甲檔案的第二個資料是 10,10 比 6 大,故 6 寫入丙檔案的第二個資料;乙檔案的第二個資料為 16,16 比 10 大,故 10 寫入丙檔案的第三個資料;以此類推,最後丙檔案為{2, 6, 10, 12, 16, 18, 20, 25, 32, 34}。

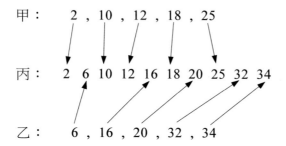

上述的合併排序的前提是將兩個已經排序好的資料合併在一個檔案中。假使在一堆無排序的資料,我們可以將其分割成二部份,一直分割到每一群組只有一個資料時,再將它們兩兩合併,如下圖所示,假設有下列 8 個鍵值 18,2,20,34,12,32,6,16。

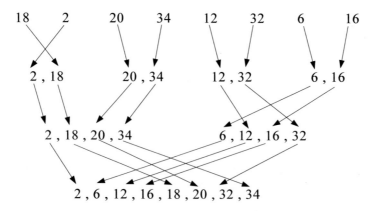

從上圖大致可以發現最後合併的動作乃是應用上面對兩個已排序好的資料加以合併的方法。

合併排序的分類是 stable,最壞時間與平均時間複雜度均為 O(nlogn)。所需的額外空間與檔案大小成正比。

C# 程式語言實作 》

```csharp
/* Name : MergeSort.cs */
/* February, 2018 */
/* 合併排序 */

using System;

namespace MergeSort
{
    class MergeSort
    {
        private int[] data1 = new int[10];
        private int[] data2 = new int[10];
        private int[] data3 = new int[20];

        public void merge_sort()
        {
            int size1 = 0, size2 = 0, i;

            // 要求輸入兩個數列做合併
            Console.Write("\nPlease enter data 1 to sort ( enter 0 when end ):\n");
            Console.Write("Number : ");
            string temp1 = Console.ReadLine();
            string[] tempArr1 = temp1.Split(' ');
            do
            {
                data1[size1] = Convert.ToInt16(tempArr1[size1]);
            } while (data1[size1++] != 0);

            Console.Write("Please enter data 2 to sort ( enter 0 when end ):\n");
            Console.Write("Number : ");
            string temp2 = Console.ReadLine();
            string[] tempArr2 = temp2.Split(' ');
            do
            {
                data2[size2] = Convert.ToInt16(tempArr2[size2]);
            } while (data2[size2++] != 0);
            // 先使用選擇排序將兩數列排序，再做合併
            select_sort(data1, --size1);
            select_sort(data2, --size2);
            for (i = 0; i < 60; i++)
                Console.Write("-");

            Console.Write("\nData 1 : ");
            for (i = 0; i < size1; i++)
                Console.Write(data1[i] + "  ");

            Console.Write("\n");

            Console.Write("Data 2 : ");
```

```
            for (i = 0; i < size2; i++)
                Console.Write(data2[i] + "  ");

        Console.Write("\n");
        for (i = 0; i < 60; i++)
            Console.Write("-");

        Console.Write("\n");

        access(size1, size2);
        for (i = 0; i < 60; i++)
            Console.Write("-");

        Console.Write("\nSorted data: ");
        for (i = 0; i < size1 + size2; i++)
            Console.Write(data3[i] + "  ");
    }

    public void select_sort(int[] data, int size)
    {
        int b, compare, min;

        for (b = 0; b < size - 1; b++)
        {
            min = b;
            for (compare = b + 1; compare < size; compare++)
                if (data[compare] < data[min])
                    min = compare;
            int temp = data[min];
            data[min] = data[b];
            data[b] = temp;
        }
    }

    public void access(int size1, int size2)
    {
        int arg1, arg2, arg3, i;

        data1[size1] = 32767;
        data2[size2] = 32767;
        arg1 = 0;
        arg2 = 0;
        for (arg3 = 0; arg3 < size1 + size2; arg3++)
        {
            // 比較兩數列，資料小的先存於合併後的數列
            if (data1[arg1] < data2[arg2])
            {
                data3[arg3] = data1[arg1];
                arg1++;
                Console.Write("This step is extract " + data3[arg3] + " from
                    data1\n");
```

```
            }
            else
            {
                data3[arg3] = data2[arg2];
                arg2++;
                Console.Write("This step is extract " + data3[arg3] + " from
                    data2\n");
            }
            Console.Write("sorting data : ");
            for (i = 0; i < arg3 + 1; i++)
                Console.Write(data3[i] + "   ");

            Console.Write("\n\n");
        }
    }
}

class Program
{
    static void Main(string[] args)
    {
        MergeSort obj = new MergeSort();

        obj.merge_sort();

        Console.WriteLine();
        Console.ReadKey();
    }
}
}
```

輸出結果

```
Please enter data 1 to sort ( enter 0 when end ):
Number : 27 1 99 47 21 3 0
Please enter data 2 to sort ( enter 0 when end ):
Number : 38 11 2 0
-----------------------------------------------------------
Data 1 : 1  3  21  27  47  99
Data 2 : 2  11  38
-----------------------------------------------------------
This step is extract 1 from data1
sorting data : 1

This step is extract 2 from data2
sorting data : 1  2

This step is extract 3 from data1
sorting data : 1  2  3

This step is extract 11 from data2
```

```
sorting data : 1  2  3  11

This step is extract 21 from data1
sorting data : 1  2  3  11  21

This step is extract 27 from data1
sorting data : 1  2  3  11  21  27

This step is extract 38 from data2
sorting data : 1  2  3  11  21  27  38

This step is extract 47 from data1
sorting data : 1  2  3  11  21  27  38  47

This step is extract 99 from data1
sorting data : 1  2  3  11  21  27  38  47  99

------------------------------------------------------------
Sorted data: 1  2  3  11  21  27  38  47  99
```

練習題

請將下列資料 15，8，20，7，66，54，18，26，利用合併排序由小至大排列之。

13.5 快速排序

快速排序(quick sort)又稱為劃分交換排序(partition exchange sorting)。就平均時間而言，快速排序是所有排序中效率較不錯的方式。假設有 n 個資料 R_1，R_2，R_3，…，R_n，其鍵值為 K_1，K_2，K_3，…，K_n。快速排序法其步驟如下：

1. 以第一個記錄的鍵值 k_1 做基準 K。

2. 由左至右 i = 2，3，...，n，一直找到 $k_i \geq K$。

3. 由右至左 j = n，n–1，n–2，...，2，一直找到 $k_j \leq K$。

4. 當 i<j 時，R_i 與 R_j 互換，否則 R_1 與 R_j 互換。

例如有十個記錄，其鍵值分別為 39，11，48，5，77，18，70，25，55，33，利用快速排序過程如圖 13.4 所示：

	R₁	R₂	R₃	R₄	R₅	R₆	R₇	R₈	R₉	R₁₀

R_1　R_2　R_3　R_4　R_5　R_6　R_7　R_8　R_9　R_{10}

　(39)　11　48　5　77　18　70　25　55　33　　∵i<j　∴R_3與R_{10}對調
　　　　　　　i　　　　　　　　　　　　　　j

　(39)　11　33　5　77　18　70　25　55　48　　∵i<j　∴R_5與R_8對調
　　　　　　　　　　i　　　　　　j

　(39)　11　33　5　25　18　70　77　55　48　　∵i>j　∴R_1與R_6對調
　　　　　　　　　　　　j　　i

　[18　11　33　5　25]　39　[70　77　55　48]

圖 13.4　快速排序過程

此時在 39 的左半部之鍵值皆比 39 小，而右半部皆比 39 大。再利用上述方法將左半部與右半部排序，形成遞迴。全部排序過程如下所示：

R_1	R_2	R_3	R_4	R_5	R_6	R_7	R_8	R_9	R_{10}
39	11	48	5	77	18	70	25	55	33
[18	11	33	5	25]	39	[70	77	55	48]
[5	11]	18	[33	25]	39	[70	77	55	48]
5	11	18	[33	25]	39	[70	77	55	48]
5	11	18	25	33	39	[70	77	55	48]
5	11	18	25	33	39	[55	48]	70	[77]
5	11	18	25	33	39	48	55	70	[77]
5	11	18	25	33	39	48	55	70	77

快速排序是 unstable，最壞時間複雜度是 $O(n^2)$，平均時間複雜度是($n \log_2 n$)。

📑 C# 程式語言實作》

```
/* File name: QuickSort.cs */
/* February, 2018 */
/* 快速排序 */

using System;

namespace QuickSort
{
    class QuickSort
    {
        public void quick_sort(int[] data)
        {
            int size = 0, i;

            // 要求輸入資料直到輸入資料為零
```

```
            Console.Write("\nPlease enter number to sort ( enter 0 when end ):\n");
            Console.Write("Number : ");
            string temp = Console.ReadLine();
            string[] tempArr = temp.Split(' ');
            do
            {
                data[size] = Convert.ToInt16(tempArr[size]);
            } while (data[size++] != 0);
            for (i = 0; i < 60; i++)
                Console.Write("-");

            Console.Write("\n");

            access(data, 0, --size - 1, size - 1);
            for (i = 0; i < 60; i++)
                Console.Write("-");

            Console.Write("\nSorted data: ");
            for (i = 0; i < size; i++)
                Console.Write(data[i] + "  ");
        }

        public void access(int[] data, int left, int right, int size)
        {
            // left 與 right 分別表欲排序資料兩端
            int lbase, rbase, i;
            int temp;

            if (left < right)
            {
                lbase = left + 1;
                while (data[lbase] < data[left])
                    lbase++;
                rbase = right;
                while (data[rbase] > data[left])
                    rbase--;
                while (lbase < rbase)
                { // 若 lbase 小於 rbase，則兩資料對調
                    temp = data[lbase];
                    data[lbase] = data[rbase];
                    data[rbase] = temp;
                    lbase++;
                    while (data[lbase] < data[left])
                        lbase++;
                    rbase--;
                    while (data[rbase] > data[left])
                        rbase--;
                }
                temp = data[left];   // 此時 lbase 大於 rbase，則 rbase 的資料與第一筆對調
                data[left] = data[rbase];
                data[rbase] = temp;
```

```
                Console.Write("Access : ");
                for (i = 0; i < size; i++)
                    Console.Write(data[i] + "  ");

                Console.Write("\n");

                access(data, left, rbase - 1, size);
                access(data, rbase + 1, right, size);
            }
        }
    }

    class Program
    {
        static void Main(string[] args)
        {
            QuickSort obj = new QuickSort();
            int[] data = new int[20];

            obj.quick_sort(data);

            Console.WriteLine();
            Console.ReadKey();
        }
    }
}
```

輸出結果

```
Please enter number to sort ( enter 0 when end ):
Number : 96 3 18 23 94 72 48 88 0
-----------------------------------------------------------
Access : 88   3   18   23   94   72   48
Access : 72   3   18   23   48   88   94
Access : 48   3   18   23   72   88   94
Access : 23   3   18   48   72   88   94
Access : 18   3   23   48   72   88   94
Access : 3   18   23   48   72   88   94
-----------------------------------------------------------
Sorted data: 3   18   23   48   72   88   94   96
```

練習題

請將下列資料 15，8，20，7，66，54，18，26，利用快速排序由小至大排列之。

13.6 堆積排序

堆積的特性乃是父節點皆大於其子節點，而不必管左子節點和右子節點之間的大小，至於如何將一棵二元樹調整為一棵堆積，請參閱 8.1 節。此節我們將以堆積排序(Heap sort)來排序資料。

例如有十個資料 27，7，80，5，67，18，62，24，58，25，若以陣列表示，則 A[1] = 27，A[2] = 7，A[3] = 80，A[4] = 5，...，A[10] = 25。以二元樹表示的話如圖 13.5 所示：

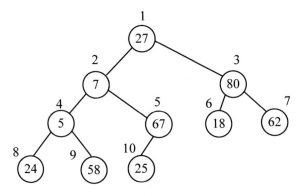

圖 13.5 一棵完整二元樹

現在我們要將此十個資料利用堆積排序由大至小排序之。

經由 8.1 節的由下而上的方法，將圖 13.5 轉換為一棵 heap，如下所示：

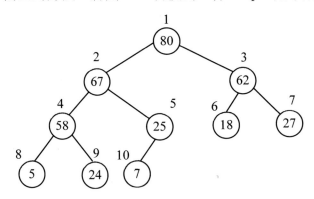

第 1 個節點資料 80 最大，此時 80 與第 10 個(最後一個)的鍵值資料 7 對調，對調之後，最後一個資料就固定不動了，下面調整時資料量已減少 1 個。

因此 i=1 時，原先堆積變成

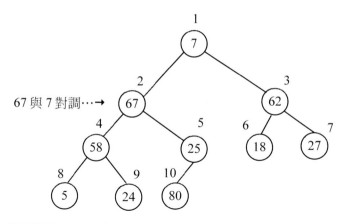

此時左、右子節點各為 67 和 62，根據 8.1 節由上而下的方法調整之，由於 67 大於 62，因此將 67 與父節點 7 對調，以同樣的方法只要調整左半部即可(因為 67 在父節點的左邊)，而右半部不必做調整(因為右半部沒更動)，此時並輸出 80。

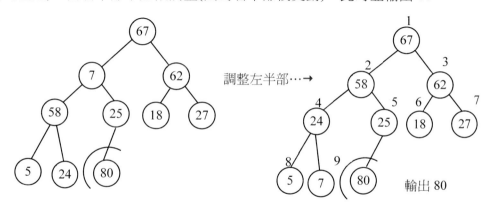

調整左半部…➡

輸出 80

[i = 2]：承 i=1，先將樹根節點與 A[9]對調，其情形如下：

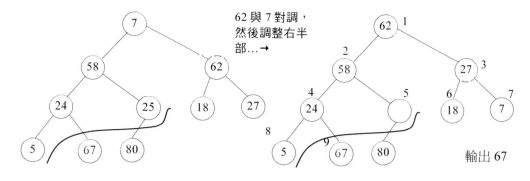

62 與 7 對調，
然後調整右半
部…➡

輸出 67

[i = 3]：承 i=2，先將樹根節點與 A[8]對調，其情形如下：

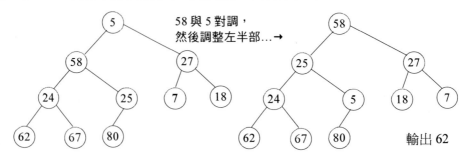

58 與 5 對調，
然後調整左半部…→

輸出 62

以此類推，不再贅述，最後的輸出結果為 80，67，62，58，27，25，24，18，7，5。

假若您利用 heap sort 處理由小至大的排序時，則需利用一堆疊，將每次的樹根節點放入堆疊中，最後結果再將堆疊的資料一一彈出。反之，若是處理由大至小的排序時，則須利用佇列加以處理之。

堆積排序是 unstable，平均時間與最壞時間複雜度是 $O(n\log_2 n)$，所需的額外空間很少。

C# 程式語言實作》

```
/* Name: HeapSort.cs */
/* February, 2018 */
/* 堆積排序 */

using System;

namespace HeapSort
{
    class HeapSort
    {
        public void heap_sort(int[] data)
        {
            int i, k, temp;

            Console.Write("\n<< Heap sort >>\n");

            Console.Write("\nNumber : ");
            for (k = 1; k <= 10; k++)
                Console.Write(data[k] + "  ");

            Console.Write("\n");
            for (k = 0; k < 60; k++)
                Console.Write("-");
            for (i = 10 / 2; i > 0; i--)
                adjust(data, i, 10);
            Console.Write("\nHeap   : ");
            for (k = 1; k <= 10; k++)
```

```
                Console.Write(data[k] + "  ");
        for (i = 9; i > 0; i--)
        {
            temp = data[i + 1];
            data[i + 1] = data[1];
            data[1] = temp;      // 將樹根和最後的節點交換
            adjust(data, 1, i);   // 再重新調整為堆積樹
            Console.Write("\nAccess : ");
            for (k = 1; k <= 10; k++)
                Console.Write(data[k] + "  ");
        }
        Console.Write("\n");
        for (k = 0; k < 60; k++)
            Console.Write("-");

        Console.Write("\nSorted: ");
        for (k = 1; k <= 10; k++)
            Console.Write(data[k] + "  ");
    }

    // 將資料調整為堆積樹
    public void adjust(int[] data, int i, int n)
    {
        int j, k, done = 0;

        k = data[i];
        j = 2 * i;
        while ((j <= n) && (done == 0))
        {
            if ((j < n) && (data[j] < data[j + 1]))
                j++;
            if (k >= data[j])
                done = 1;
            else
            {
                data[j / 2] = data[j];
                j *= 2;
            }
        }
        data[j / 2] = k;
    }
}

class Program
{
    static void Main(string[] args)
    {
        HeapSort obj = new HeapSort();
        int[] data = { 0, 5, 67, 93, 33, 57, 52, 29, 64, 71, 12 };

        obj.heap_sort(data);
```

```
        Console.WriteLine();
        Console.ReadKey();
    }
  }
}
```

輸出結果

```
<< Heap sort >>

Number : 5  67  93  33  57  52  29  64  71  12
------------------------------------------------------------
Heap   : 93  71  52  67  57  5   29  64  33  12
Access : 71  67  52  64  57  5   29  12  33  93
Access : 67  64  52  33  57  5   29  12  71  93
Access : 64  57  52  33  12  5   29  67  71  93
Access : 57  33  52  29  12  5   64  67  71  93
Access : 52  33  5   29  12  57  64  67  71  93
Access : 33  29  5   12  52  57  64  67  71  93
Access : 29  12  5   33  52  57  64  67  71  93
Access : 12  5   29  33  52  57  64  67  71  93
Access : 5   12  29  33  52  57  64  67  71  93
------------------------------------------------------------
Sorted : 5   12  29  33  52  57  64  67  71  93
```

練習題

1. 請將下列資料利用 heap sort 由大至小排序之 25，8，6，20，40，50

2. 若將上述的資料利用 heap sort 由小至大排序之，那又要如何做呢？

13.7 謝耳排序

假設有 9 個資料，分別是 39，11，48，5，77，18，70，25，55。謝耳排序(shell sort)方法如下：

1. 先將所有的資料分成 Y = (9/2)部份，即 Y = 4，Y 為劃分數，其中第 1, 5, 9 個數字是第一部份；第 2, 6 個數字是屬於第二部份；第 3, 7 個數字是第三部份；第 4, 8 個數字是第四部份。

2. 每一循環的劃分數是 Y，皆是上一循環二分數除以 2，即 $Y_{i+1} = Y_i/2$，最後一個循環的劃分數為 1。

3. 先比較每一部份的前兩個，如[1:5]，[2:6]，[3:7]，[4:8]，及[5:9]。

4. 前兩個比較完成後，再比較每一部份的第二個和第三個，將較小的放入第二個，放入後還要和第一個相比較，若比第一個小，則需要調換。

謝耳排序主要的用意乃事先將資料整理之，不致於太零亂，最後一對一的比較就有點像在做插入排序法。

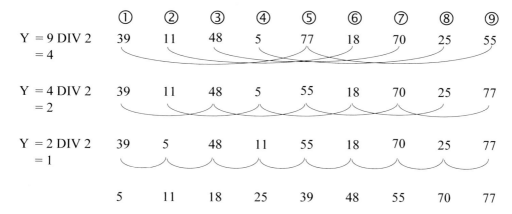

$$Y = 9 \text{ DIV } 2 = 4$$
$$Y = 4 \text{ DIV } 2 = 2$$
$$Y = 2 \text{ DIV } 2 = 1$$

C# 程式語言實作》

```
/* File name: ShellSort.cs */
/* February, 2018 */
/* 謝耳排序 */

using System;

namespace ShellSort
{
    class ShellSort
    {
        public void shell_sort(int[] data)
        {
            int i, j, k, incr, temp;
            Console.Write("\n<< Shell sort >>\n");

            Console.Write("\nUnsorted data : ");
            for (i = 1; i <= 10; i++)
                Console.Write(data[i] + " ");

            Console.WriteLine();
            for (i = 0; i < 60; i++) Console.Write("-");

            incr = 10 / 2;
            while (incr > 0)
            {
                for (i = incr + 1; i <= 10; i++)
                {
                    j = i - incr;
                    while (j > 0)
                        if (data[j] > data[j + incr])
                        { /* 比較每部分的資料看看是否要交換 */
                            temp = data[j];
                            data[j] = data[j + incr];
```

```
                            data[j + incr] = temp;
                            j = j - incr;
                        }
                    else
                        j = 0;
                }
            Console.Write("\nProcessing : ");
            for (k = 1; k <= 10; k++)
                Console.Write(data[k] + " ");

            incr = incr / 2;
        }
        Console.WriteLine();
        for (i = 0; i < 60; i++)
            Console.Write("-");

        Console.Write("\nIncreasing data : ");
        for (i = 1; i <= 10; i++)
            Console.Write(data[i] + " ");

        Console.Write("\n");
        }
    }

    class Program
    {
        static void Main(string[] args)
        {
            ShellSort obj = new ShellSort();
            int[] data = { 0, 55, 7, 17, 54, 57, 12, 29, 64, 28, 32 };
            obj.shell_sort(data);
            Console.ReadKey();
        }
    }
}
```

🔍 輸出結果

```
<< Shell sort >>

Unsorted data : 55 7 17 54 57 12 29 64 28 32
------------------------------------------------------------
Processing : 12 7 17 28 32 55 29 64 54 57
Processing : 12 7 17 28 29 55 32 57 54 64
Processing : 7 12 17 28 29 32 54 55 57 64
------------------------------------------------------------
Increasing data : 7 12 17 28 29 32 54 55 57 64
```

⌨️ 練習題

請將下列的資料，30，50，60，10，20，40，90，8，利用謝耳排序由小至大排序之。

13.8　二元樹排序

二元樹排序(binary tree sort)乃是先將所有的資料建立成二元搜尋樹，再利用中序追蹤，步驟如下：

1.　將第一個資料放在樹根。

2.　進來的資料皆與樹根相比較，若比樹根大，則置於右子樹；反之，置於左子樹。

3.　二元搜尋樹建立完後，利用中序追蹤，即可得到由小至大的排序資料。

假設有十個資料分別是 18，2，20，34，12，32，6，16，25，10，建立二元搜尋樹之過程如下：

(1) 加入 18　18

(2) 加入 2　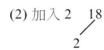

(3) 加入 20　18
　　　　　／＼
　　　　2　20

(4) 加入 34　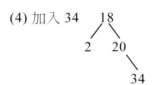

(5) 加入 12　18
　　　　　／＼
　　　　2　20
　　　　　＼　＼
　　　　　12　34

(6) 加入 32　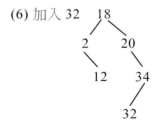

(7) 加入 6　18
　　　　／＼
　　　2　20
　　　　＼　＼
　　　12　34
　　　／　／
　　6　32

(8) 加入 16　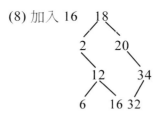

(9) 加入 25　18
　　　　／＼
　　　2　20
　　　　＼　＼
　　　12　34
　　／＼　／
　6　16 32
　　　　／
　　　25

(10) 加入 10　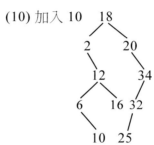

最後，利用中序法來追蹤就可將完成排序(由小至大)。(有關中序追蹤方法請參考第6.4節)

C# 程式語言實作》

```csharp
/* File name: BinaryTreeSort.cs */
/* February, 2018 */
/* 二元樹排序 */

using System;

namespace BinaryTreeSort
{
    class Data
    {
        public int num;
        public Data lbaby, rbaby;
    }

    class BinaryTreeSort
    {
        private Data root, tree, leaf;

        public void binarytree_sort(int[] data)
        {
            int i;

            Console.Write("\n<< Binary tree sort >>\n");

            Console.Write("\nNumber : ");
            for (i = 0; i < 10; i++)
                Console.Write(data[i] + "  ");

            Console.Write("\n");
            for (i = 0; i < 60; i++)
                Console.Write("-");

            root = new Data();
            root.num = data[0];      // 建樹根
            root.lbaby = null;
            root.rbaby = null;
            Console.Write("\nAccess : ");

            output(root);
            leaf = new Data();
            for (i = 1; i < 10; i++)
            { // 建樹枝
                leaf.num = data[i];
                leaf.lbaby = null;
                leaf.rbaby = null;
                find(leaf.num, root);
```

```
            if (leaf.num > tree.num)  // 若比父節點大，則放右子樹
                tree.rbaby = leaf;
            else                        // 否則放在左子樹
                tree.lbaby = leaf;
            Console.Write("\nAccess : ");

            output(root);
            leaf = new Data();
        }
        Console.Write("\n");
        for (i = 0; i < 60; i++)
            Console.Write("-");

        Console.Write("\nSorting: ");

        output(root);
    }

    // 尋找新節點存放的位置
    public void find(int input, Data papa)
    {
        if ((input > papa.num) && (papa.rbaby != null))
            find(input, papa.rbaby);
        else if ((input < papa.num) && (papa.lbaby != null))
            find(input, papa.lbaby);
        else
            tree = papa;
    }

    // 用中序追蹤將資料印出
    public void output(Data node)
    {
        if (node != null)
        {
            output(node.lbaby);
            Console.Write(node.num + "  ");

            output(node.rbaby);
        }
    }
}

class Program
{
    static void Main(string[] args)
    {
        BinaryTreeSort obj = new BinaryTreeSort();
        int[] data = { 15, 35, 4, 48, 57, 1, 29, 64, 37, 82 };

        obj.binarytree_sort(data);
```

```
            Console.WriteLine();
            Console.ReadKey();
        }
    }
}
```

📖 輸出結果

```
<< Binary tree sort >>

Number : 15  35  4  48  57  1  29  64  37  82
--------------------------------------------------------
Access : 15
Access : 15  35
Access : 4  15  35
Access : 4  15  35  48
Access : 4  15  35  48  57
Access : 1  4  15  35  48  57
Access : 1  4  15  29  35  48  57
Access : 1  4  15  29  35  48  57  64
Access : 1  4  15  29  35  37  48  57  64
Access : 1  4  15  29  35  37  48  57  64  82
--------------------------------------------------------
Sorting: 1  4  15  29  35  37  48  57  64  82
```

⌨ 練習題

請將下列資料利用二元樹排序方法，由小至大排序之，25，8，6，20，40，50，15，30。

13.9 基數排序

基數排序(radix sort)又稱為 bucket sort 或 bin sort。它是屬於分配排序(distribution sort)。基數排序是依據每個記錄的鍵值劃分為若干單元，把相同的單元放置在同一箱子。排序的過程可採用 LSD(Least Significant Digital)或 MSD(Most Significant Digit)。假設有 n 位數使用 LSD，則需要 n 次的分配。若使用 MSD(即由左邊第一位開始)，則第一次分配後，資料已分為 m 堆，$1 \le m \le n$。這時在每一堆可以利用插入排序來完成排序的工作。

基數排序是 stable，所需的平均時間複雜度是 $O(n \log_r m)$，其中 r 為所採用的數字系統的基底，m 為堆數。在某些情況下所需時間是 O(n)，所需空間很大，需要(n*n)，n 為記錄數。

假設有一檔案記錄 $R_1, R_2, \cdots, R_n$，每個記錄的鍵值為一個 d 個數字所組成($x_1, x_2, \cdots, x_d$)，其中 $0 \le x_i < r$，因此需要有 r 個箱子。並假設每一記錄均有一鏈結欄，每個箱子的記錄都連接在一起形成一鏈結串列。對於任何一箱子 i，$0 \le i < r$，E(i)與 F(i)分

別表示指到第 i 箱子的最後一筆記錄與第一筆記錄的指標。今有 10 個記錄，每個記錄的鍵值開始形成的鏈結串列如下：

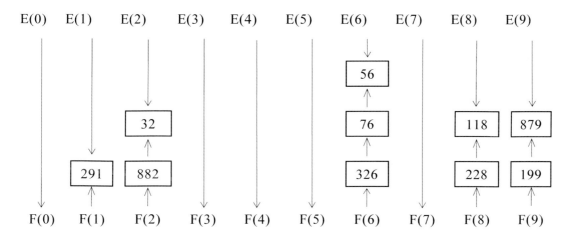

首先，利用 LSD 的基數排序，此處所採取的基數為 10，第 1 次依每個鍵值最右邊的數字，放在對應的箱子，其情形如下所示：

然後將每一箱的記錄連接成一鏈結串列，如下所示：

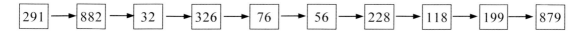

同樣的做法，再以每一鍵值由最右邊起的第二位數字為準，將之放置於對應的箱子。

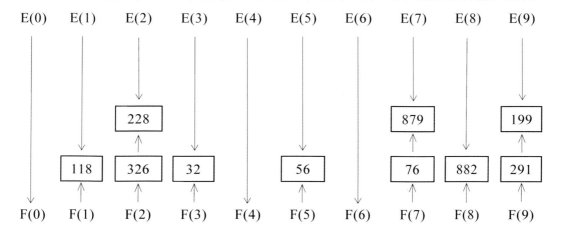

上圖所形成的鏈結串列如下：

最後，再以每一鏈結值為準，由最右邊起第三位數為準，將之放入其所對應的箱子。

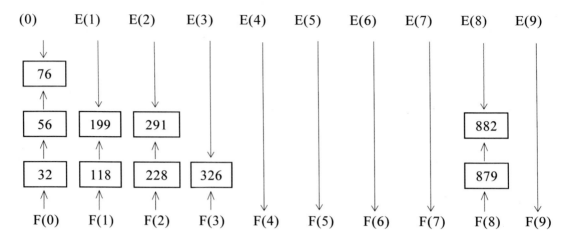

最後所形成的鏈結串列為

$$32 \rightarrow 56 \rightarrow 76 \rightarrow 118 \rightarrow 199 \rightarrow 228 \rightarrow 291 \rightarrow 326 \rightarrow 879 \rightarrow 882$$

此時排序已告完成。

C# 程式語言實作》

```
/* File name: RadixSort.cs */
/* February, 2018 */
/* 基數排序 */

using System;

namespace RadixSort
{
    class RadixSort
    {
        public void radix_sort(int[] data)
        {
            int i, j, k = 0, n = 1, lsd;
            int[,] temp = new int[10, 10];
            int[] order = { 0, 0, 0, 0, 0, 0, 0, 0, 0, 0 };

            Console.Write("\n<< Radix sort >>\n");
            Console.Write("\nNumber : ");
            for (i = 0; i < 10; i++)
                Console.Write(data[i] + "  ");
            Console.WriteLine();
            for (i = 0; i < 60; i++)
                Console.Write("-");
            while (n <= 10)
            {
                for (i = 0; i < 10; i++)
```

```
                    {
                        lsd = ((data[i] / n) % 10);
                        temp[lsd, order[lsd]] = data[i];   /* 依餘數將資料分類 */
                        order[lsd]++;
                    }
                    Console.Write("\nAccess : ");
                    for (i = 0; i < 10; i++)
                    {
                        if (order[i] != 0)
                            /* 依分類後的順序將資料重新排列 */
                            for (j = 0; j < order[i]; j++)
                            {
                                data[k] = temp[i, j];
                                Console.Write(data[k] + "  ");
                                k++;
                            }
                            order[i] = 0;
                    }
                    n *= 10;
                    k = 0;
                }
                Console.WriteLine();
                for (i = 0; i < 60; i++)
                    Console.Write("-");
                Console.Write("\nSorting: ");
                for (i = 0; i < 10; i++)
                    Console.Write(data[i] + "  ");
                Console.Write("\n");
            }
        }

        class Program
        {
            static void Main(string[] args)
            {
                RadixSort obj = new RadixSort();

                int[] data = { 83, 57, 32, 22, 77, 12, 10, 64, 3, 92 };
                obj.radix_sort(data);

                Console.WriteLine();
                Console.ReadKey();
            }
        }
    }
```

📑 輸出結果

```
<< Radix sort >>

Number : 83  57  32  22  77  12  10  64  3  92
------------------------------------------------------------
Access : 10  32  22  12  92  83  3  64  57  77
```

```
Access : 3  10  12  22  32  57  64  77  83  92
------------------------------------------------------------
Sorting: 3  10  12  22  32  57  64  77  83  92
```

練習題

請將下列資料利用基數排序的 LSD 方法，由小至大排序之，192，231，395，116，880，887，65。

13.10 動動腦時間

1. 有 10 個未排序的資料陣列 45，83，7，61，12，99，44，77，14，29。[13.6]

   (a) 求出對應的二元搜尋樹？

   (b) 求出這棵二元樹的堆積？

   (c) 如何表示一堆積？以上列之資料說明之。

   (d) 求堆積排序交換了二個元素與交換了三個元素之後，上述的陣列變為如何。

2. 寫出下列各種排序所需的平均時間及最壞時間(假設有 n 個資料)。[ch13]

   (a) insert sort   (d) heap sort

   (b) buble sort   (e) merge sort

   (c) quick sort   (f) radix sort

3. 何謂 radix sorting？請以一例說明之。一般而言 radix sorting 有兩種方法，一為 MSD (Most Significant Digit)排序，二為 LSD(Least Significant Digit)排序，簡述兩法之間之不同，並說明何者為優。[13.9]

4. 有一組資料 12，2，16，30，8，26，4，10，20，6，18，請利用：

   (a) insertion sort   (f) binary tree sort

   (b) merge sort   (g) bubble sort

   (c) quick sort   (h) radix sort

   (d) heap sort   (i) selection sort

   (e) shell sort

   以上的方法，由小至大排序之，並寫出每一過程。[ch13]

5. 有一組排序的資料如下：179，208，306，93，859，984，55，9，271，33，請利用基數排序的 MSD 方法排序之。[13.9]

14

搜尋

搜尋(searching)在日常生活中是常常碰到的,為了取得某一資料,必須檢視某一範圍的資料,如在電話簿想取得某人的電話號碼。如果資料不多,可以直接存放在主記憶體找尋,此種方法稱為內部搜尋(internal search),若資料量大,無法一次放置在主記憶體,而必須藉助輔助記憶體才能完成,此種方式稱為外部搜尋(external search)。搜尋常常要先藉助排序才能順利快速的完成,如電話簿中的人名,若沒有事先加以排序,相信您一定不會使用它。

搜尋的方法有很多,下面討論是一些較常用的檔案搜尋技巧,如循序搜尋(sequential search)、二元搜尋(binary search)、插補法搜尋(interpolation search)及雜湊函數(hashing function)。

14.1 循序搜尋

循序搜尋又稱為線性搜尋(linear search),它適用於小檔案。這是一種最簡單的搜尋方法,從頭開始找,直到找到或檔案結束(表示找不到)為止。假設已存在數列 21,35,25,9,18,36,若欲搜尋 25,需比較 3 次;搜尋 21 僅需比較 1 次;搜尋 36 需比較 6 次。

由此可知,當 n 很大時,利用循序搜尋不太合適,不過我們可以把常常要搜尋的資料放在檔案的前端,如此可以減少找尋的時間。循序搜尋的 Big-O 為 $O(n)$。

有關循序搜尋之程式實作,請參閱 14.5 節。

14.2 二元搜尋

二元搜尋是從一個已排序的檔案中找尋資料。二元搜尋的觀念與二元搜尋樹十分類似，其比較是從所有記錄的中間 M 開始，若欲搜尋的鍵值小於 M，則從 M 之前的記錄繼續搜尋，否則搜尋 M 以後的記錄，如此反覆進行，直到要找尋資料的鍵值被找到為止。

舉例來說，假設存在已排序資料 12，23，29，38，44，57，64，75，82，98，若欲以二元搜尋法找尋 82，則先從資料的中間 M $= \left\lfloor \dfrac{(low+upper)}{2} \right\rfloor = \left\lfloor \dfrac{(1+10)}{2} \right\rfloor = 5$(表示第 5 筆記錄)開始比對，如下所示：

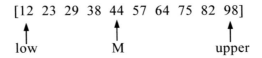

第 5 筆記錄為 44＜82，故繼續從 M 以後的數列 57，64，75，82，98 來搜尋，此時 M$= \left\lfloor \dfrac{(6+10)}{2} \right\rfloor = 8$(第 8 筆記錄)，因為 low 為 6，而 upper 還是 10 不變。

比較第 8 筆記錄 75 仍小於 82，必須再搜尋 M 以後的數列 82，98，此時 M$= \left\lfloor \dfrac{(9+10)}{2} \right\rfloor = 9$(第 9 筆記錄)，因為 low 為 9，而 upper 還是 10 不變。

$$\begin{array}{c} \text{M} \\ \downarrow \\ 12\ \ 23\ \ 29\ \ 38\ \ 44\ \ 57\ \ 64\ \ 75\ \ [82\ \ 98] \\ \uparrow\ \ \ \ \uparrow \\ \text{low}\ \ \text{upper} \end{array}$$

第 9 筆記錄為 82 正是我們所要找尋的資料。

二元搜尋每一次比較，檔案皆縮小一半，從 1/2，1/4，1/8，1/16，…，在第 k 次比較時，最多只剩下 $n/2^k$。最壞的情況到最後只剩下一個記錄 $n/2^k = 1$，所以 K $= \log_2 n$，即最多的比較次數是 $\log_2 n$，因此，二元搜尋樹的 Big-O 為 $O(\log_2 n)$。

有關二元搜尋之程式實作，請參閱 14.5 節之程式集錦。

14.3　雜湊法

雜湊法(Hashing)的搜尋與一般的搜尋法是不一樣的。在雜湊法中，鍵值(key)或識別字(identifier)所存放記憶體的位址是經由雜湊函數(hashing function)轉換而得的，如圖 14.1。此種函數，一般稱之為雜湊函數(Hashing function)或鍵值對應位址轉換(key to address transformation)。對於有限的儲存空間，能夠有效使用且在加入或刪除時也能快速的完成，利用雜湊法是最適當不過了。因為雜湊表搜尋在沒有碰撞(collision)及溢位(overflow)的情況下，只要一次就可擷取到。

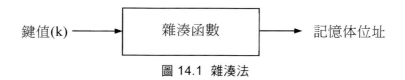

圖 14.1　雜湊法

14.3.1　雜湊函數

一般常用的雜湊函數有下列三種方法：

1. 平方後取中間值法(mid-square)

   此種方法乃是先將鍵值平方，然後視儲存空間的大小來決定要取幾位數。例如，有一鍵值是 510324，而其儲存空間為 1000；將 510324 平方後，其值為 260430584976，假設由左往右算起，取其第六位至第八位，此時 058 就是 510324 所儲存的位址。

2. 除法(division)

   此種方法將鍵值利用模數運算子(如 C, C#或 JAVA 的%)加以運算後，其餘數即為此鍵值所對應的位址，亦即 Fd(x) = x % m，由此式得到位址的範圍是 0 至(m–1)之間，而 m 值的最佳選擇是：只要 m 值為不小於 20 的質數就可以。

3. 數位分析法(digit analysis)

   此種方法適合數值較大的靜態資料，亦即所有的鍵值均事先知道，然後檢查鍵值的所有位數，分析每一位數是否分佈均勻，將分佈不均勻(亦即重複太多)的位數刪除，然後根據儲存空間的大小來決定需要多少位數。如有 7 個學生的學號分別為：

   484–52–2352
   484–91–3789
   484–32–8282
   484–48–9782
   484–64–1688

484－98－5487

484－21－3663

很容易可觀察在 7 個鍵值中 1、2、3 位(由左邊算起)的數值顯得太不均勻,故刪除第 1、2、3 位數,再觀察第 8 位也大多重複 8,故刪除。假設有 1000 個儲存空間,並挑選每一鍵值的 4、6、7 位作為再儲存的位址,其分別為 523、937、382、497、616、954、236。

上述提及利用三種方法將鍵值(或識別字)轉換其對應的儲存位址,這些儲存位址一般稱之為雜湊表(Hash table)。在雜湊表內將儲存空間劃分為 b 個桶(bucket),分別為HT(0),HT(1),HT(2),…,HT(b–1)。每個桶具有S個記錄,亦即由S個槽(slot)所組合而成。因此,雜湊函數是把鍵值轉換對應到雜湊表的 0 至 b-1 桶中。

在 C 語言中所有合乎規定變數名稱共有 $T = \sum_{0 \le i \le 5} 27 \times 37^i > 1.9 \times 10^9$,此處假設變數名稱只有六位數是合法的。當然,設定變數名稱的原則是第一位要為英文字母或底線(_),所以有 27 個,其餘二至六位可以是英文字母或阿拉伯數字(0~9)或底線(_),故有 37 個。而變數名稱不一定要設六位,只有低於或等於六位即可,因此總共有 $27+27\times37+27\times37^2+27\times37^3+27\times37^4+27\times37^5$,即 27×37^i,$0\le i\le5$。事實上,在程式中所用到的變數一定小於此數,假設有 n 個,則稱 n/T 為識別字密度(identifier density),而稱 $\alpha = n / (sb)$ 為裝載密度(loading density)或裝載因子(loading factor)。假使有識別字 k1 和 k2,經過雜湊函數轉換,若此二個識別字對應到相同的桶中,此時稱之為碰撞(collision)或同義字(synonyms)。若桶中的 S 槽還未用完,則凡是該桶的同義字均可對應至該桶中。如果識別字對應至一個已滿的桶中時,此稱之為溢位(overflow)。如果桶的大小 S 只有一個槽,則碰撞與溢位必然會同時發生。

假設雜湊表 HT 中 b=27 桶,每桶有 2 個槽,即 S=2,而且某程式中所用的變數 n=10 個識別字,則裝載因子 $\alpha = 10/27*2 \fallingdotseq 0.19$。雜湊函數必須能夠將所有的識別字對應到 1~27 的整數中,假設以 1~27 整數來代替英文字母 A~Z 及底線(_),則將雜湊函數定義為 f(x) = 識別字 X 的第一個字母。例如 HD、E、K、H、J、B2、B1、B3、B5 與 M 分別對應到 8、5、11、8、10、2、2、2、2、及 13 號桶中,其中 B2、B1、B3、B5 分別對應到 2 號桶中,是同義字亦即產生碰撞。HD 與 H 亦是同義字,其對應到 8 號桶中。圖 14.2 是 HD、E、K、H、J、B2 與 B1 對應到雜湊表的情形。

	槽 1	槽 2
1		
2	B2	B1
3		
4		
5	E	
6		
7		
8	HD	H
·	·	·
·	·	·
·	·	·
10	J	
11	K	
·	·	·
·	·	·
·	·	·
27		

圖 14.2　每一 bucket 有 2 個 slot

在圖 14.2 中，當 B3 再進入雜湊表時，就發生溢位。假使每個桶中只有一個槽，則產生的溢位的機率就增加了。

14.3.2　解決溢位的方法

當溢位(overflow)發生時應如何處理呢？下面將介紹四種方法：

1. 線性探測(linear probling)：是把雜湊法所產生的記憶體位址視為環狀的空間，當溢位發生時，以線性方式從下一號桶開始探測，找尋一個空的儲存位址將資料存入。若找完一個循環還沒有找到空間，則表示位置已滿。如將 HD、E、H、B2、B1、B3、B5、K、A、_I、Z 與 ZB，放入具有每一桶只有一個槽的雜湊表中，其結果如圖 14.3 所示：

1	A
2	B2
3	B1
4	B3
5	E
6	B5
7	ZB
8	HD
9	H
10	
11	K
⋮	⋮
26	Z
27	_I

圖14.3 線性探測處理法

由於 f(x) = X 的第一個字母，所以 f(HD) = 8，f(E) = 5，亦即 HD、E 分別放在雜湊表第 8 號與第 5 號桶中，f(H) = 8，此時 8 號桶已有 HD，故發生碰撞及溢位，利用線性探測即往 8 號桶下找一空的桶號，發現 9 號是空的，所以 9 號桶為 H。f(B2) = 2 放入 2 號桶，f(B1)與 f(B3) = 2 由於 2 號桶已存 B2，故往下找各別存於 3 與 4 號桶，當 B5 再轉進來時，就存於 6 號桶。f(K) = 11 放入 11 號桶，f(A) = 1 放入 1 號桶，f(_I) = 27 放入 27 號桶，f(Z) = 26 放入 26 號桶，f(ZB)亦是 26，只好從 1 號桶找一空間放入 7 號。由上例應該明瞭線性探測如何處理溢位的情形。線性探測又稱為線性開放位址(linear open addressing)。

利用線性探測法來解決溢位問題，極易造成鍵值聚集在一塊，從而增加搜尋的時間，如欲尋找 ZB 則必須尋找 HT(26)、HT(27)、HT(1)、…、HT(7)，共須九次的比較。就圖 14.3 所有的鍵值予以搜尋，則各個鍵值比較如下：A 為 1 次，B2 為 1 次，B1 為 2 次，B3 為 3 次，E 為 1 次，B5 為 5 次，ZB 為 9 次，HD 為 1 次，H 為 2 次，K 為 1 次，Z 為 1 次，_I 為 1 次，共計 28 次，平均搜尋次數為檢視 2.33 桶(28/12)。根據分析報告，搜尋鍵值的平均比較次數 p 約等於$(2-\alpha)/(2-2\alpha)$，α 為裝載因子。此值的獲得是依據均勻的雜湊函數 f，且裝載因子為 α 時的搜尋鍵值之平均值。有關利用線性探測法來解決溢位之程式實作，請參閱 14.5 節。

2. 重複雜湊(rehashing)：乃是先設計好一套的雜湊函數 f_1, f_2, f_3, …, f_m，當溢位發生時先使用 f_1，若再發生溢位，則使用 f_2, …，直到沒有溢位發生。

3. 平方探測(quadratic probing)：此法是用來改善線性探測之缺失，避免相近的鍵值聚集在一塊。當 f(x)的位址發生溢位時，下一次是探測$(f(x) + i^2)$ mod b，及$(f(x) - i^2)$ mod b, 其中 $1 \leq i \leq (b-1)/2$，b 是具有 4j+3 型式的質數。

4. 鏈結串列(chaining)：是將雜湊空間建立成 b 個串列，每個串列首儲放指向第一個節點的指標，相同位址的鍵值，將形成一個鏈結串列，如圖 14.4 所示。B5，B3，B1，B2 放在第 2 個串列，H 與 HD 放在第 8 個串列，以及 ZB 與 Z 放在第 26 個串列上。有關利用鏈結串列來解決溢位之程式實作，請參閱 14.5 節。

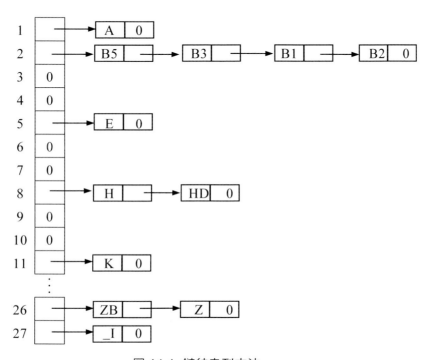

圖 14.4 鏈結串列方法

當雜湊函數是均勻的話，則雜湊表的執行效率只與處理溢位的方法有關，而與雜湊函數無關。下表是摘自 Lum，Yuen 及 Dodd 等研究的結果，表中各欄之值為搜尋 8 個不同雜湊表的平均存取桶子的次數，該 8 個雜湊表中分別含有 33575，24050，4909，3072，2241，930，762 與 500 個鍵值。由表中可以清楚看出利用鏈結串列方法來解決問題比線性探測法來得佳。經過不同的雜湊函數比較後發現除法比其他方法好，而除法的選擇以不小於 20 的質數為最佳。

溢位處理方式 雜湊函數型態	α =0.5		α =0.75		α =9		α =0.95	
	C	L	C	L	C	L	C	L
平方法	1.26	1.73	1.40	9.75	1.45	37.14	1.47	37.53
除法	1.19	4.52	1.31	7.20	1.38	22.42	1.41	25.79
位移折疊	1.33	21.75	1.48	65.10	1.40	77.01	1.51	118.57
邊界折疊	1.39	22.97	1.57	48.70	1.55	69.63	1.51	97.56
數位分析	1.35	4.55	1.49	30.62	1.52	89.20	1.52	125.59
理論	1.25	1.50	1.37	2.50	1.45	5.50	1.48	10.50

C：表示鏈結串列 　　　 L：表示線性開放位址

α：為裝載因子；α = n / s*b(此處 s = 1)

⌨ 練習題 ┈┈ ■

假設雜湊函數 h(x)=第一個英文字母順序減 1，所以 A-Z 相當於 0-25。今有下列幾個識別字依序為：GA，D，A，B，G，L，A2，A1，A3，A4 及 E，利用上述的雜湊函數將它們置於雜湊表格，溢位時請分別利用線性探測和鏈結串列處理之。(此雜湊表格的槽只有 1 個)

┈┈ ■

14.4 Trie

Trie 是一種索引(index)的結構，它適用於當鍵值是不一樣長度時，在此一結構中包含兩種節點的型態，一為元素節點(element node)；另一為分支節點(branch node)。元素節點裡面是資料內容，而分支節點則為一指向子樹(subtrees)的指標。現在我們來探討鍵值的資料是如何的加入進來，假設有 small，smart，zoo，goat，golf，gulf，bright，penguin，park，其 Trie 的結構如下：

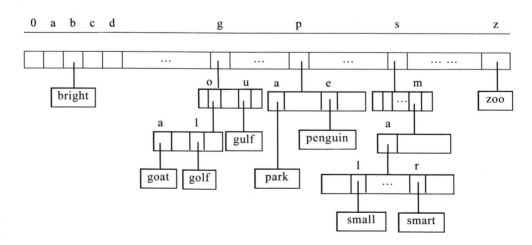

1. 加入一鍵值到 Trie

   (a) 當加入 brisk 時，b 之下的結構將改變為

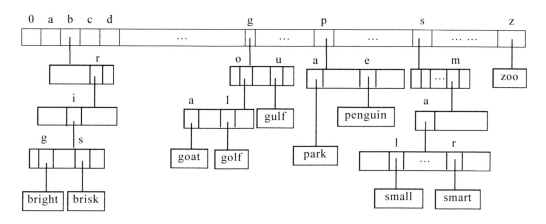

   (b) 再加入 browser 時，Trie 的結構則變為

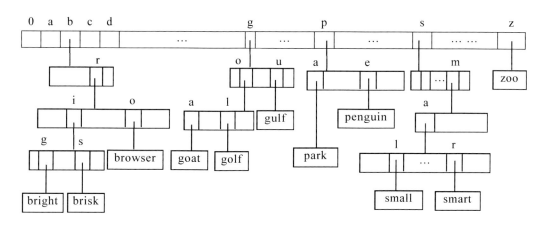

   (c) 再加入 brush 時，則 Trie 又變為

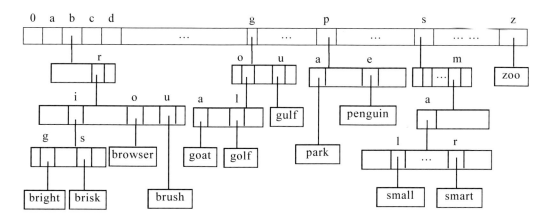

2. 當從 Trie 刪除某一鍵值

    (a) 當刪除 brush 時，則只要直接刪除即可，此時 Trie 並不會被更動到。如下圖所示：

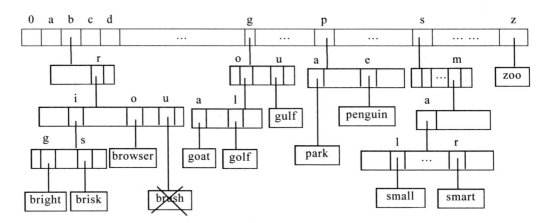

    (b) 當再刪除 brisk 時，則此時的 Trie 就會被更動到，如下圖所示：

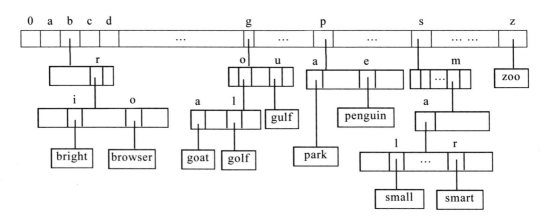

練習題

將下列鍵值 ant，lion，tiger，horse，tick，tennis，monkey，mosquito。

1. 先將它們建立一棵 trie。

2. 使用(a)結果再加入 money 鍵值。

14.5　程式集錦

(一) 循序搜尋

C# 程式語言實作》

```csharp
/* File name: SequentialSearch.cs */
/* February, 2018 */
/* 循序搜尋 */

using System;

namespace SequentialSearch
{
    class SequentialSearch
    {
        private int input;

        public void sequential_search(int[] data)
        {
            int i;

            Console.Write("\n<< Squential search >>\n");
            Console.Write("\nData: ");
            for (i = 0; i < 10; i++)
                Console.Write(data[i] + "  ");

            Console.Write("\n");

            Console.Write("\nPlease enter a number from data: ");
            input = Convert.ToInt16(Console.ReadLine());
            Console.Write("\nSearch.....\n");
            for (i = 0; i < 10; i++)
            { // 依序搜尋資料
                Console.Write("\nData when searching ");
                Console.Write("  #" + (i + 1) + " time(s) is " + data[i]);
                if (input == data[i])
                    break;
            }
            if (i == 10)
                Console.Write("\n\nSorry, " + input + " not found !");
            else
                Console.Write("\n\nFound, " + input + " is the " + (i + 1)
                + "th record in data !");
        }
    }

    class Program
    {
        static void Main(string[] args)
```

```
    {
        SequentialSearch obj = new SequentialSearch();
        int[] data = { 79, 1, 8, 22, 48, 12, 29, 34, 93, 83 };

        obj.sequential_search(data);

        Console.WriteLine();
        Console.ReadKey();
    }
  }
}
```

輸出結果

```
<< Squential search >>

Data: 79  1  8  22  48  12  29  34  93  83

Please enter a number from data: 34

Search.....

Data when searching  #1 time(s) is 79
Data when searching  #2 time(s) is 1
Data when searching  #3 time(s) is 8
Data when searching  #4 time(s) is 22
Data when searching  #5 time(s) is 48
Data when searching  #6 time(s) is 12
Data when searching  #7 time(s) is 29
Data when searching  #8 time(s) is 34

Found, 34 is the 8th record in data !
```

(二) 二元搜尋

C# 程式語言實作》

```
/* File name: BinarySearch.cs */
/* February, 2018 */
/* 二元搜尋 */

using System;

namespace BinarySearch
{
    class BinarySearch
    {
        private int input;

        public void binary_search(int[] data)
        {
```

```
        int i, l = 1, n = 10, m, cnt = 0, ok = 0;

        Console.Write("\n<< Binary search >>\n");
        Console.Write("\nSorted data: ");
        for (i = 1; i < 11; i++)
            Console.Write(data[i] + "  ");

        Console.Write("\n");

        Console.Write("\nPlease enter a number from data: ");
        input = Convert.ToInt16(Console.ReadLine());

        Console.Write("\nSearch.....\n");

        m = (l + n) / 2;        // 鍵值在第 M 筆
        while (l <= n && ok == 0)
        {
            Console.Write("\nData when searching ");

            Console.Write("  #" + ++cnt + " time(s) is " + data[m] + " !");
            if (data[m] > input)
            { // 欲搜尋的資料小於鍵值，則資料在鍵值的前面
                n = m - 1;
                Console.Write(" ---> Choice number is smaller than " + data[m]);
            }
            else if (data[m] < input)
            {  // 否則資料在鍵值的後面
                l = m + 1;
                Console.Write(" ---> Choice number is bigger than " + data[m]);
            }
            else
            {
                Console.Write("\n\nFound, " + input + " is the " + m
                    + "th record in data !");
                ok = 1;
            }
            m = (l + n) / 2;
        }
        if (ok == 0)
            Console.Write("\n\nSorry, " + input + " not found !");
    }
}

class Program
{
    static void Main(string[] args)
    {
        BinarySearch obj = new BinarySearch();
        int[] data = { 0, 12, 23, 29, 38, 48, 57, 66, 75, 83, 98 };

        obj.binary_search(data);
```

```
            Console.WriteLine();
            Console.ReadKey();
        }
    }
}
```

輸出結果

```
<< Binary search >>

Sorted data: 12  23  29  38  48  57  66  75  83  98

Please enter a number from data: 66

Search.....

Data when searching  #1 time(s) is 8 ! ---> Choice number is bigger than 8
Data when searching  #2 time(s) is 75 ! ---> Choice number is smaller than 75
Data when searching  #3 time(s) is 57 ! ---> Choice number is bigger than 57
Data when searching  #4 time(s) is 66 !

Found, 66 is the 7th record in data !
```

(三) 使用線性探測法處理碰撞

C# 程式語言實作》

```
/* File name: Hashtable.cs */
/* February, 2018 */
/* 雜湊法: 使用線性探測法處理碰撞 */

using System;

namespace HashTable
{
    class Student
    {
        public long id;
        public string name;
    }

    class HashTable
    {
        private const int MAX_NUM = 100;                // 最大資料筆數
        private const int PRIME = 97;                   // 最接近 MAX_NUM 的質數
        Student[] Hashtab = new Student[MAX_NUM];       // 建立雜湊表

        public HashTable()
        {
            int i;
```

```
    // 清除雜湊表中 id 的內容,id 為 0 代表該桶為空的
    for (i = 0; i < MAX_NUM; i++)
    {
        Hashtab[i] = new Student();
        Hashtab[i].id = 0;
    }
}

// 雜湊函數：以除法運算傳求出記錄應儲存的位址
public long hashfun(long key)
{
    return (key % PRIME);
}

public void insert()
{
    Student node = new Student();
    long index;

    // 輸入記錄
    Console.Write("Enter ID : ");
    node.id = Convert.ToInt64(Console.ReadLine());
    Console.Write("Enter Name : ");
    node.name = Console.ReadLine();
    // 利用雜湊函數取得儲存記錄位址
    index = hashfun(node.id);
    // 判斷雜湊表該(index)位址是否已有資料
    //  0 代表該位址為空，否則即發生碰撞
    if (Hashtab[index].id == 0)
    {
        Hashtab[index].id = node.id;
        Hashtab[index].name = node.name;
        Console.Write("Node insert ok!\n");
    }
    else
        solve_collision(node, index);
}

// 利用線性探測解決碰撞
public void solve_collision(Student col_node, long i)
{
    long j;

    j = i;
    while (Hashtab[j].id != col_node.id && Hashtab[j].id != 0)
    {
        j = (j + 1) % PRIME;  /*將雜湊表視為環狀*/
        if (j == i)
        {
            Console.Write("Hashtab is overflow...\n");
            return;
```

```
            }
        }
        /* 判斷該位址是否已有資料*/
        if (Hashtab[j].id == 0)
        {
            Hashtab[j].id = col_node.id;
            Hashtab[j].name = col_node.name;
            Console.Write("Node insert ok!\n");
        }
        else
            Console.Write("Record existed in Hashtab!\n");
    }

    // 顯示雜湊表中之資料，從雜湊表第 0 桶開始尋找至最後一桶，一一比對是否該桶有存放資料
    public void show()
    {
        long i;

        Console.Write("Bucket          ID              Name\n");
        Console.Write("--------------------------------\n");
        for (i = 0; i < MAX_NUM; i++)
        {
            // 判斷該位址是否有資料
            if (Hashtab[i].id != 0)
            {
                Console.Write("  {0, 5}", i);
                Console.Write(" {0, 10}", Hashtab[i].id);
                Console.Write("{0, 15}\n", Hashtab[i].name);
            }
        }
    }

    public void del()
    {
        long index;

        // 先搜尋記錄
        index = search();
        //判斷記錄是否存在
        if (index != 0)
        {
            Console.Write("Deleting record....\n");
            Hashtab[index].id = 0;
        }
    }

    // 搜尋記錄函數
    public long search()
    {
        long id, index, j;
```

```
            // 輸入欲搜尋記錄之學生 id
            Console.Write("Enter ID : ");
            id = Convert.ToInt64(Console.ReadLine());

            /*轉換該記錄在雜湊表中之位址*/
            index = hashfun(id);
            j = index;
            while (Hashtab[j].id != id && j != index)
            {
                j = (j + 1) % PRIME;
            }
            // 判斷資料是否存在,有則傳回該記錄在雜湊表中
            // 之位址以作刪除函數參考,否則傳回 0
            if (Hashtab[j].id == id)
            {
                Console.Write("ID : " + Hashtab[j].id + "    Name : " + Hashtab[j].name
                    + "\n");
                return j;
            }
            else
            {
                Console.Write("Can't find record !\n");
                return 0;
            }
        }
    }

class Program
{
    static void Main(string[] args)
    {
        HashTable obj = new HashTable();
        string menu_prompt =
            "=== Hashing Table Program ==\n"
        + "  1. Insert\n"
        + "  2. Delete\n"
        + "  3. Show\n"
        + "  4. Search\n"
        + "  5. Quit\n"
        + "Please input a number : ";
        char menusele;
        do
        {
            Console.Write("\n" + menu_prompt);
            menusele = Char.ToUpper(Console.ReadLine().ToCharArray()[0]);
            Console.Write("\n");
            switch (menusele)
            {
                case '1':
                    obj.insert();
                    break;
```

```
                    case '2':
                        obj.del();
                        break;
                    case '3':
                        obj.show();
                        break;
                    case '4':
                        obj.search();
                        break;
                    case '5':
                        Console.Write("Bye Bye ^_^\n");
                        Environment.Exit(0);
                        break;
                    default:
                        Console.Write("Invalid choice !!\n");
                        break;
                }
            } while (menusele != '5');
        }
    }
}
```

輸出結果

```
=== Hashing Table Program ==
  1. Insert
  2. Delete
  3. Show
  4. Search
  5. Quit
Please input a number : 1

Enter ID : 39
Enter Name : Ivy
Node insert ok!

=== Hashing Table Program ==
  1. Insert
  2. Delete
  3. Show
  4. Search
  5. Quit
Please input a number : 1

Enter ID : 22
Enter Name : Simon
Node insert ok!

=== Hashing Table Program ==
  1. Insert
  2. Delete
```

```
   3. Show
   4. Search
   5. Quit
Please input a number : 1

Enter ID : 14
Enter Name : Lusia
Node insert ok!

=== Hashing Table Program ==
   1. Insert
   2. Delete
   3. Show
   4. Search
   5. Quit
Please input a number : 3

Bucket         ID            Name
-------------------------------
   14          14            Lusia
   22          22            Simon
   39          39             Ivy

=== Hashing Table Program ==
   1. Insert
   2. Delete
   3. Show
   4. Search
   5. Quit
Please input a number : 4

Enter ID : 34
Can't find record !

=== Hashing Table Program ==
   1. Insert
   2. Delete
   3. Show
   4. Search
   5. Quit
Please input a number : 4

Enter ID : 22
ID : 22    Name : Simon

=== Hashing Table Program ==
   1. Insert
   2. Delete
   3. Show
   4. Search
   5. Quit
```

```
Please input a number : 2

Enter ID : 39
ID : 39     Name : Ivy
Deleting record....

=== Hashing Table Program ==
  1. Insert
  2. Delete
  3. Show
  4. Search
  5. Quit
Please input a number : 3

Bucket          ID          Name
---------------------------------
   14           14          Lusia
   22           22          Simon

=== Hashing Table Program ==
  1. Insert
  2. Delete
  3. Show
  4. Search
  5. Quit
Please input a number : 5

Bye Bye ^_^
```

(四) 使用鏈結串列處理碰撞

📑 C# 程式語言實作 》

```csharp
/* File name: ChanHash.cs */
/* February, 2018 */
/* 雜湊法 : 使用鏈結串列處理碰撞 */

using System;

namespace ChanHash
{
    class Student
    {
        public long id;
        public string name;
        public Student link;
    }

    class ChanHash
    {
```

```
private const int MAX_NUM = 100;        // 最大資料筆數
private const int PRIME = 97;           // 最接近 MAX_NUM 的質數
private Student[] Hashtab = new Student[MAX_NUM];  // 建立雜湊表串列

public ChanHash()
{
    int i;
    for (i = 0; i < MAX_NUM; i++) // 起始雜湊串列，將各串列指向 null
        Hashtab[i] = null;
}

// 雜湊函數: 以除法運算傳求出記錄應儲存的位址
public long hashfun(long key)
{
    return (key % PRIME);
}

public void insert()
{
    Student newnode;
    long index;

    // 輸入記錄
    newnode = new Student();
    newnode.link = null;
    Console.Write("Enter id : ");
    newnode.id = Convert.ToInt64(Console.ReadLine());
    Console.Write("Enter Name : ");
    newnode.name = Console.ReadLine();
    // 利用雜湊函數求得記錄位址
    index = hashfun(newnode.id);
    // 判斷該串列是否為空，若為空則建立此鏈結串列
    if (Hashtab[index] == null)
    {
        Hashtab[index] = newnode;
        Console.Write("Node insert ok!\n");
    }
    else
    {
        // 搜尋節點是否已存在串列中，如未存在則將此節點加入串列前端
        if ((search(Hashtab[index], newnode)) == null)
        {
            newnode.link = Hashtab[index];
            Hashtab[index] = newnode;
            Console.Write("Node insert ok!\n");
        }
        else
            Console.Write("Record existed...\n");
    }
}
```

```
// 刪除節點函數
public void del()
{
    Student node, node_parent;
    long index;

    node = new Student();
    Console.Write("Enter ID : ");
    node.id = Convert.ToInt64(Console.ReadLine());
    // 利用雜湊函數轉換記錄位址
    index = hashfun(node.id);
    // 搜尋節點是否存在並傳回指向該節點指標
    node = search(Hashtab[index], node);
    if (node == null)
        Console.Write("Record not existed ...\n");
    else
    {
        // 如節點為串列首，則將串列指向 null，否則找到其父節點，並將父節點 link 向節點
        // 後端
        Console.Write("ID : " + node.id + "    Name : " + node.name + "\n");
        Console.Write("Deleting record....\n");
        if (node == Hashtab[index])
            Hashtab[index] = null;
        else
        {
            node_parent = Hashtab[index];
            while (node_parent.link.id != node.id)
                node_parent = node_parent.link;
            node_parent.link = node.link;
        }
        node = null;
    }
}

// 搜尋節點函數，如找到節點則傳回指向該節點之指標，否則傳回 null
public Student search(Student linklist, Student Node)
{
    Student ptr = linklist;

    if (ptr == null)
        return null;
    while (ptr.link != null && ptr.id != Node.id)
        ptr = ptr.link;
    return ptr;
}

// 查詢節點函數
public void query()
{
    Student query_node;
    long index;
```

```
            query_node = new Student();
            Console.Write("Enter ID : ");
            query_node.id = Convert.ToInt64(Console.ReadLine());
            index = hashfun(query_node.id);
            // 搜尋節點
            query_node = search(Hashtab[index], query_node);
            if (query_node == null)
                Console.Write("Record not existed...\n");
            else
            {
                Console.Write("ID : " + query_node.id + "  Name : " + query_node.name +
                    "\n");
            }
        }


    // 顯示節點函數，從雜湊串列一一尋找是否有節點存在
    public void show()
    {
        int i;
        Student ptr;

        Console.Write("ID                    NAME\n");
        Console.Write("-----------------------\n");
        for (i = 0; i < MAX_NUM; i++)
        {
            // 串列不為空，則將整串列顯示出
            if (Hashtab[i] != null)
            {
                ptr = Hashtab[i];
                while (ptr != null)
                {
                    Console.Write("{0,-5}", ptr.id);
                    Console.Write("    {0, 15}\n", ptr.name);
                    ptr = ptr.link;
                }
            }
        }
    }
}

class Program
{
    static void Main(string[] args)
    {
        ChanHash obj = new ChanHash();
        string menu_prompt =
            "=== Hashing Table Program ==\n"
        + "  1. Insert\n"
        + "  2. Delete\n"
        + "  3. Show\n"
```

```
                 + "  4. Search\n"
                 + "  5. Quit\n"
                 + "Please input a number : ";
            char menusele;
            do
            {
                Console.Write("\n" + menu_prompt);
                menusele = Char.ToUpper(Console.ReadLine().ToCharArray()[0]);
                Console.Write("\n");
                switch (menusele)
                {
                    case '1':
                        obj.insert();
                        break;
                    case '2':
                        obj.del();
                        break;
                    case '3':
                        obj.show();
                        break;
                    case '4':
                        obj.query();
                        break;
                    case '5':
                        Console.Write("Bye Bye ^_^\n");
                        Environment.Exit(0);
                        break;
                    default:
                        Console.Write("Invalid choice !!\n");
                        break;
                }
            } while (menusele != '5');
        }
    }
}
```

📄 輸出結果

```
=== Hashing Table Program ==
  1. Insert
  2. Delete
  3. Show
  4. Search
  5. Quit
Please input a number : 1

Enter id : 805
Enter Name : Pablo
Node insert ok!

=== Hashing Table Program ==
```

```
   1. Insert
   2. Delete
   3. Show
   4. Search
   5. Quit
Please input a number : 1

Enter id : 928
Enter Name : Nenet
Node insert ok!

=== Hashing Table Program ==
   1. Insert
   2. Delete
   3. Show
   4. Search
   5. Quit
Please input a number : 1

Enter id : 381
Enter Name : Levy
Node insert ok!

=== Hashing Table Program ==
   1. Insert
   2. Delete
   3. Show
   4. Search
   5. Quit
Please input a number : 3

ID              NAME
------------------------
805             Pablo
928             Nenet
381             Levy

=== Hashing Table Program ==
   1. Insert
   2. Delete
   3. Show
   4. Search
   5. Quit
Please input a number : 4

Enter ID : 381
ID : 381  Name : Levy

=== Hashing Table Program ==
   1. Insert
   2. Delete
```

```
  3. Show
  4. Search
  5. Quit
Please input a number : 2

Enter ID : 928
ID : 928   Name : Nenet
Deleting record....

=== Hashing Table Program ==
  1. Insert
  2. Delete
  3. Show
  4. Search
  5. Quit
Please input a number : 3


ID                 NAME
-----------------------
805                Pablo
381                Levy

=== Hashing Table Program ==
  1. Insert
  2. Delete
  3. Show
  4. Search
  5. Quit
Please input a number : 5

Bye Bye ^_^
```

14.6 動動腦時間

1. 有 20 個資料 1，2，3，4，5，6，7，8，9，10，11，12，13，14，15，16，17，18，19，20，請利用二元搜尋法找尋 2, 13, 18 須花費多少次。[14.2]

2. 何謂雜湊？並敘述與一般搜尋技巧之差異。[14.3]

3. 略述雜湊函數有幾種？及其解決溢位的方法。[14.3]

4. 假設有一雜湊表有 26 個桶，每桶有 2 個槽。今有 10 個資料 { HD, E, K, H, J, B2, B1, B3, B5, M } 在雜湊表裡，若使用的雜湊函數為 f(x)=ORD(X 的第一個字母)－ORD('A')+1，求

   (a) 裝載因子為多少？[14.3]

   (b) 發生多少次的碰撞？及幾次的溢位。[14.3]

   (c) 假若發生溢位的處理方式為線性開放位址，請畫出處理後雜湊表的內容。[14.3]

   (d) 同(c)，但處理的方式為鏈結串列。[14.3]

練習題解答

A.1 第一章 練習題解答

▶▶▶【 1.1 節練習題解答 】

(a) n+(n−1)+(n−2)+…+2+1

$$= \frac{n(n+1)}{2}$$

(b) n+(n−1)+(n−2)+…+2+1

$$= \frac{n(n+1)}{2}$$

▶▶▶【 1.2 節練習題解答 】

1. $f(n) \leqq c \cdot g(n)$. $f(n)=O(g(n))$

   (a) f(n)=100n+9
      c=101, g(n)=n, n_0=10
      得知 f(n)=O(n)

   (b) $f(n)=1000n^2+100n−8$
      c=2000, $g(n)=n^2$, n_0=1
      得知 $f(n)=O(n^2)$

   (c) $f(n)=5*2^n+9 n^2+2$
      c=10, n_0=7
      得知 $f(n)=O(2^n)$

2. $f(n) \geqq c \cdot g(n)$. $f(n)=\Omega(g(n))$

   (a) f(n)=3n+1
      c=2, n_0=1, g(n)=n
      得知 $f(n)=\Omega(n)$

   (b) $f(n)=100n^2+4n+5$
      c=10, n_0=1, $g(n)=n^2$
      得知 $f(n)=\Omega(n^2)$

   (c) $f(n)=8*2^n+8n+16$
      c=8, n_0=1, $g(n)=2^n$
      得知 $f(n)=\Omega(2^n)$

3. $c_1 \cdot g(n) \leqq f(n) \leqq c_2 \cdot g(n)$. $f(n) = \Theta(g(n))$

   (a) $f(n) = 3n + 2$

   $c_1 = 3$, $c_2 = 6$, $n_0 = 1$

   得知 $f(n) = \Theta(n)$

   (b) $f(n) = 9n^2 + 4n + 2$

   $c_1 = 9$, $c_2 = 16$, $n_0 = 1$

   得知 $f(n) = \Theta(n^2)$

   (c) $f(n) = 8n^4 + 5n^3 + 5$

   $c_1 = 8$, $c_2 = 20$, $n_0 = 1$

   得知 $f(n) = \Theta(n^4)$

A.2 第二章 練習題解答

▶▶▶【 2.1 節練習題解答 】

1.　分別以列和以行為主說明之。

　　(a)　以列為主

　　　　$A(i, j) = l_0 + (i-1)*u_2*d + (j-1)*d$

　　(b)　以行為主

　　　　$A(i, j) = l_0 + (j-1)*u_1*d + (i-1)*d$

2.　以行為主

　　$A(i, j) = l_0 + (j-l_2)*md + (i-l_1)d$

　　$m = u_1 - l_1 + 1 = 5 - (-3) + 1 = 9$

　　$n = u_2 - l_2 + 1 = 2 - (-4) + 1 = 7$

　　$A(1, 1) = 100 + (1-(-4))*9 + (1-(-3))$

　　　　　　$= 100 + 45 + 4 = 149$

3.　分別以列為主和以行為主說明之。

　　由於陣列為 $A(1：u_1, 1：u_2, 1：u_3)$，因此 $p = u_1 - l_1 + 1, q = u_2 - l_2 + 1, r = u_3 - l_3 + 1$

　　所以 $p = u_1 - 1 + 1 = u_1, q = u_2 - 1 + 1 = u_2, r = u_3 - 1 + 1 = u_3$

　　(a)　以列為主

　　　　$A(i, j, k) = l_0 + (i-1)*u_2*u_3*d + (j-1)*u_3*d + (k-1)$

　　(b)　以行為主

　　　　$A(i, j, k) = l_0 + (k-1)*u_1*u_2*d + (j-1)*u_1*d + (i-1)*d$

4.　以行為主

　　$A(i, j, k) = l_0 + (k-l_3)*pqd + (j-l_2)*pd + (i-l_1)*d$

　　$p = 5-(-3) + 1 = 9, q = 2-(-4)+1 = 7, r = 5-1+1 = 5$

　　$A(2, 1, 2) = 100 + (2-1)*9*7*1 + (1-(-4))*9*1 + (2-(-3))*1$

　　　　　　　$= 100 + 63 + 45 + 5 = 253$

5. 以列為主：

$$A(i_1, i_2, i_3, \ldots, i_n) = l_0 + (i_1-1)u_2u_3\ldots u_n$$
$$+ (i_2-1)u_3u_4\ldots u_n$$
$$+ (i_3-1)u_4u_5\ldots u_n$$
$$\vdots$$
$$+ (i_n-1)$$

以行為主：

$$A(i_1, i_2, i_3, \ldots, i_n) = l_0 + (i_n-1)u_1u_2\ldots u_{n-1}$$
$$+ (i_{n-1}-1)u_1u_2\ldots u_{n-2}$$
$$+ (i_3-1)u_4u_5\ldots u_n$$
$$\vdots$$
$$+ (i_2-1)*n_1$$
$$+ (i_1-1)$$

▶▶▶【 2.2 節練習題解答 】

```
/* File name: BinarySearch.cs */
/* February, 2018 */

using System;

namespace BinarySearch
{
    class BinarySearch
    {
        private int[] A;
        private int count = 0;

        public BinarySearch(int[] A)
        {
            this.A = A;
        }

        public int binarySearch(int key)
        {
            int i = 1;
            int j = 10;
            int k;
            count = 0;
            do
            {
```

```
                count++;
                k = (i + j) / 2;
                if (A[k] == key)
                        break;
                else if (A[k] < key)
                        i = k + 1;
                else
                        j = k - 1;
            } while (i <= j);
            return count;
        }
    }
    class Program
    {
        static void Main(string[] args)
        {
            int[] data = { 0, 2, 4, 6, 8, 10, 12, 14, 16, 18, 20 };
            BinarySearch obj = new BinarySearch(data);
            Console.Write("Search 1 , " + obj.binarySearch(1) + " times\n");
            Console.Write("Search 3 , " + obj.binarySearch(3) + " times\n");
            Console.Write("Search 13 , " + obj.binarySearch(13) + " times\n");
            Console.Write("Search 21 , " + obj.binarySearch(21) + " times\n");
            Console.Write("Totally " + (obj.binarySearch(1) + obj.binarySearch(3) +
                        obj.binarySearch(13) + obj.binarySearch(21)) + " times");
            Console.Write("\n");
            Console.ReadKey();
        }
    }
}
```

▶▶▶ 【 2.3 節練習題解答 】

```
/* File name: SparseMatrix.cs */
/* February, 2018 */

using System;

namespace SparseMatrix
{
    class SparseMatrix
    {
        private const int width = 6;        // 矩陣寬
        private const int height = 6;       // 矩陣高

        private int[,] sm = new int[10, 3];        // 儲存稀疏矩陣的資料結構預設 10 - 1
                = 9 個元素
        private int smRow = 1;
        private int row = 0, col = 0, nonZero = 0;

        public int getNonZero()
```

```csharp
        {
            return nonZero;
        }

    public void scanMatrix(int[, ] source)
    {
        Console.Write("Scan the matrix...\n");
        while (row < height && col < width)
        {
            if (source[row, col] != 0)
            {
                nonZero++;   //計算非零元素個數
                sm[smRow, 0] = row + 1;
                sm[smRow, 1] = col + 1;
                sm[smRow, 2] = source[row, col];
                smRow++;
            }
            if (col == width - 1)
            {   //先掃單一列上所有元素
                row++;
                if (row <= height - 1) //當掃到最後一列就不歸零
                    col = 0;
            }
            else
                col++;
        }
        Console.Write("Total nonzero elements = " + nonZero + " \n");
        //稀疏矩陣資料結構資訊
        sm[0, 0] = row;
        sm[0, 1] = col + 1; //最後 col 停在陣列編號最後一個元素,換成個//數要加 1
        sm[0, 2] = nonZero;
    }

    public void outputSm(int nonZero)
    {
        int i, j;
        Console.Write("        1)   2)   3)\n");
        Console.Write("----------------\n");
        for (i = 0; i <= nonZero; i++)
        {
            Console.Write("A(" + i + ", ");
            for (j = 0; j < 3; j++)
                Console.Write(" " + sm[i, j] + " ");
            Console.Write("\n");
        }
    }
}

class Program
{
    static void Main(string[] args)
```

```
        {
                int[,] source = { { 0,15, 0, 0,-8, 0 },
                                  { 0, 0, 6, 0, 0, 0 },
                                  { 0, 0, 0,-6, 0, 0 },
                                  { 0, 0,18, 0, 0, 0 },
                                  { 0, 0, 0, 0, 0,16 },
                                  {72, 0, 0, 0,20, 0 } };

                SparseMatrix obj = new SparseMatrix();
                //掃描矩陣
                obj.scanMatrix(source);
                //輸出稀疏矩陣
                obj.outputSm(obj.getNonZero());

                Console.ReadKey();
        }
    }
}
```

▶▶▶【 2.4 節練習題解答 】

1.

    (a) 使用 n+2 長度儲存

        p=(7, 6, 0, 8, 5, 0, 3, 0, 7)

    (b) 考慮非零項

        p=(5, 7, 6, 5, 8, 4, 5, 2, 3, 0, 7)

2.

$$
\begin{array}{c@{}c}
 & \begin{array}{cccc} y^0 & y^1 & y^2 & y^3 \end{array} \\
\begin{array}{c} x^0 \\ x^1 \\ x^2 \\ x^3 \\ x^4 \\ x^5 \end{array} &
\left[\begin{array}{cccc}
3 & 0 & 0 & 0 \\
9 & 0 & 0 & 0 \\
0 & -8 & 0 & 0 \\
0 & 0 & 2 & 0 \\
0 & 0 & 0 & 3 \\
6 & 0 & 0 & 0
\end{array}\right]
\end{array}
$$

▶▶▶【 2.5 節練習題解答 】

以下的演算法以列為主

(a) 儲存

```
for(i=1;i<=n;i++)
  for(j=i;j<=n;j++) {
     k=n(i−1)-i(i-1)/2+j
     B[k]=A[i, j];
  }
```

(b) 擷取

```
if(i>j)
   p=0;
else {
   k=n(i-1)-i(i-1)/2+j;
   p=B[k];
}
```

▶▶▶【 2.6 節練習題解答 】

45	34	23	12	1	80	69	58	47
46	44	33	22	11	9	79	68	57
56	54	43	32	21	10	8	78	67
66	55	53	42	31	20	18	7	77
76	65	63	52	41	30	19	17	6
5	75	64	62	51	40	29	27	16
15	4	74	72	61	50	39	28	26
25	14	3	73	71	60	49	38	36
35	24	13	2	81	70	59	48	37

▶▶▶【 2.7 節練習題解答 】

(a)

	2	3	3	2
	@1	@2	@2	@1
	2	3	3	2

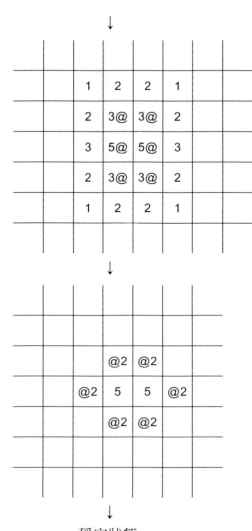

穩定狀態

(b)

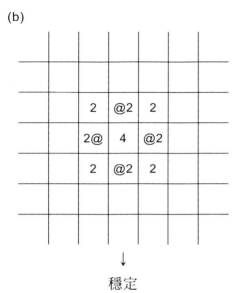

穩定

A.3 第三章 練習題解答

▶▶▶【3.1 節練習題解答】

(略)請讀者發揮您的想像力。

▶▶▶【3.2 節練習題解答】

若 top 的初值為 0，則 push 和 pop 函數分別如下

```
void pushFunction()
{
   if (top > MAX)
     Console.Write("\n\n Stack is full !\n");
   else {
     Console.Write("\n please enter an item to stack!");
     stack[top] = Console.ReadLine();
     top++;
   }
}
void popFunction(void)
{
   if (top <= 0)
     Console.Write("\n\n No item, stack is empty !\n");
   else {
     top--;
     Console.Write("\n\n Item " + stack[top] + " deleted \n");
   }
}
```

▶▶▶【3.3 節練習題解答】

C# 程式語言實作：使用環狀佇列處理資料 — 新增、刪除、輸出
/* File name: CQueue.cs */
/* February, 2018 */
/* 使用環狀佇列加上 TAG 處理資料--新增、刪除、輸出 */

```
using System;

namespace CQueue
{
    class CQueue
    {
        private const int MAX = 5;
        private string[] item = new string[MAX];
        private int front, rear;
        private bool tag;

        public CQueue()
        {
            front = MAX - 1;
            rear = MAX - 1;
            tag = false;
        }
```

```
        public void enqueue_f()
        {
            if (front == rear && tag == true) // 當佇列已滿，則顯示錯誤
                Console.Write("\n\nQueue is full !\n");
            else
            {
                rear = (rear + 1) % MAX;
                Console.Write("\n\n Please enter item to insert: ");
                item[rear] = Console.ReadLine();
                if (front == rear) tag = true;
            }
        }

        public void dequeue_f()
        {
            if (front == rear && tag == false)    // 當資料沒有資料存在，則顯示錯誤
                Console.Write("\n\n No item, queue is empty !\n");
            else
            {
                front = (front + 1) % MAX;
                Console.Write("\n\n Item " + item[front] + " deleted\n");
                if (front == rear) tag = false;
            }
        }

        public void list_f()
        {
            int count = 0, i;

            if (front == rear && tag == false)
                Console.Write("\n No item, queue is empty\n");
            else
            {
                Console.Write("\n    ITEM\n");
                Console.Write(" -----------------\n");
                for (i = (front + 1) % MAX; i != rear; i = ++i % MAX)
                {
                    Console.Write("    ");
                    Console.Write("{0, -20}\n", item[i]);
                    count++;
                }
                Console.Write("    ");
                Console.Write("{0, -20}\n", item[i]);
                Console.Write(" -----------------\n");
                Console.Write("    Total item: " + ++count + "\n");
            }
        }
    }

class Program
{
    static void Main(string[] args)
    {
        CQueue obj = new CQueue();
        char option;

        while (true)
        {
```

```
Console.Write("\n *****************************\n");
Console.Write("          <1> insert (enqueue)\n");
Console.Write("          <2> delete (dequeue)\n");
Console.Write("          <3> list\n");
Console.Write("          <4> quit\n");
Console.Write(" *****************************\n");
Console.Write(" Please enter your choice...");
option = Char.ToUpper(Console.ReadLine().ToCharArray()[0]);
switch (option)
{
    case '1':
        obj.enqueue_f();
        break;
    case '2':
        obj.dequeue_f();
        break;
    case '3':
        obj.list_f();
        break;
    case '4':
        Environment.Exit(0);
        break;
}
            }
        }
    }
}
```

▶▶▶【3.4 節練習題解答】

51234 可以用雙向佇列輸出，但 51324 及 51342 不能。

▶▶▶【3.5 節練習題解答】

1.

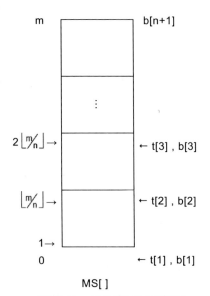

圖 3.5　多個堆疊示意圖

2. 欲知某個堆疊起始的位置，則可由 t[k]=b[k]=(k−1)$\left\lfloor \frac{m}{n} \right\rfloor$ 得知，其中 k 為第幾個堆疊的意思，而 m 為堆疊的最大容量，n 為堆疊的個數。

```
/* push item x into the stack i */
void push(int x)
{
    if (t[i]==b[i+1])
         Console.Write("the stack is full \n\n");
    else
        MS[++t[i]]=x;
}

/* pop an item from the stack i */
void pop(int x)
{
    if (t[i]==b[i])
        Console.Write("the stack i is empty \n\n");
    else {
        x=MS[t[i]--];
        Console.Write(x + " is deleted !!!");
    }
}
```

▶▶▶【 3.6 節練習題解答 】

中序.後序

(a) a > b && c > d && e < f

　　(a > b) && (c > d) && (e < f)

　　(((a > b) && (c > d)) && (e < f))

　　a b > c d > && e f < &&

(b) (a + b) * c / d + e − 8

　　((a + b) * c) / d + e − 8

　　((((a + b) * c) / d) + e) − 8

　　a b + c * d / e + 8 −

▶▶▶【 3.7 節練習題解答 】

5 / 3 * (1 − 4) + 3 − 8　　　　後序表示式為　　　　5 3 / 1 4 − * 3 + 8 −

其值為

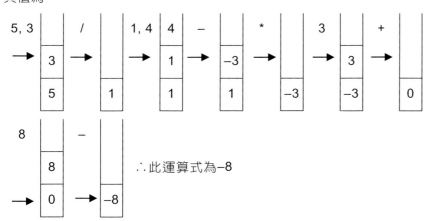

∴此運算式為−8

A.4 第四章　練習題解答

▶▶▶【4.1 節練習題解答】

1.　有一鏈結串列如下：

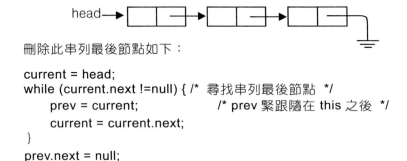

head ─▶

刪除此串列最後節點如下：

```
current = head;
while (current.next !=null) { /* 尋找串列最後節點 */
    prev = current;            /* prev 緊跟隨在 this 之後 */
    current = current.next;
}
prev.next = null;
current = null;
```

2.

(a)　current ●────┐
　　　　　　　　　 ⏚

(b)　current 將指到串列節點的尾端

▶▶▶【4.2 節練習題解答】

(a)　先追蹤 A，B 兩個環狀串列的尾端

```
atail = A;
while(atail.next != A)
    atail = atail.next;
```

A ─▶ [|●]─▶[|●]─▶[|●]◀── atail

```
btail = B;
while(btail.next != B)
    btail = btail.next;
```

B ─▶ [|●]─▶[|●]─▶[|●]◀── btail

(b)　將 B 指標指到的節點指定給 atail.next，並將 A 指標指到的節點指定給 btail.next，
如下所示：

```
atail.next = B;
btail.next = A;
```

▶▶▶【 4.3 節練習題解答 】

1.

```
newNode = new Node();
newNode.rlink = x.rlink;
x.rlink.llink = newNode;
newNode.llink = x;
x.rlink = newNode;
```

2.

```
head.rlink = x.rlink;
x.rlink.llink = head;
x = null;
```

▶▶▶【 4.4 節練習題解答 】

有一環狀串列如下所示：

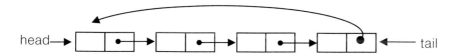

由於堆疊的特性為先進先出，又由於環狀串列以那一節點為前端皆可，因此假設上圖的 head 所指向的為前端節點，即每次加入的節點為前端，刪除則從前端刪除。

(a) 加入的動作為

```
newNode.next = head;
tail.next = newNode;
head = newNode;
```

(b) 刪除的動作：

```
thisNode = head;
head = head.next;
tail.next = head;
thisNode = null;
```

若此環狀串列無 tail 指標時，則需加以追蹤之。

A.5 第五章 練習題解答

▶▶▶【 5.1 節練習題解答 】

(a) 遞迴方法求 gcd

```
int gcd(int m, int n)
{
    int temp;
    temp = m%n;
    if (temp == 0)
        return m;
    else {
        m = n;
        n = temp;
        gcd(m, n);
    }
}
```

(b) 非遞迴的方式求 gcd

```
int gcd (int m, int n)
{
    int temp,
    temp = m%n;
    while (temp != 0) {
        m = n;
        n = temp;
        temp = m%n;
    }
    return m;
}
```

▶▶▶【 5.2 節練習題解答 】

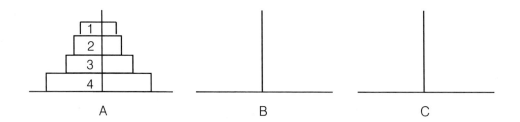

move 1 from A to B
move 2 from A to C
move 1 from B to C
move 3 from A to B
move 1 from C to A
move 2 from C to B

```
move 1 from A to B
move 4 from A to C
```

```
move 1 from B to C
move 2 from B to A
move 1 from C to A
move 3 from B to C
```

```
move 1 from A to B
move 2 from A to C
move 1 from B to C
```

▶▶▶【 5.3 節練習題解答 】

若第一個皇后放在第一列的第 2 行，則其他皇后的所在位置如下：

由上圖知，第 2 個皇后在(2, 4)，第 3 個皇后在(3, 1)而第 4 個皇后在(4, 3)。不要忘了(1,3)，
(2,1)，(3,4)，(4,2)也是成立的。

A.6 第六章 練習題解答

▶▶▶【6.1 節練習題解答】

共需 8*25=200 個 links

但實際用了 24 個 links

故浪費了(200－24)=176 個 links

▶▶▶【6.2 節練習題解答】

1. (a) Yes (b) No (c) No.

2. (a) $2^8 － 1 = 256 － 1 = 255$

   (b) $2^{6-1} = 2^5 = 32$

   (c) $128 － 1 = 127$(根據 $n_0 = n_2 + 1$)

▶▶▶【6.3 節練習題解答】

以下是以一維陣列儲存三元樹的表示法

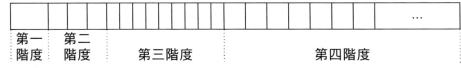

▶▶▶【6.4 節練習題解答】

前序追蹤：a，b，d，h，e，c，f，i，g

中序追蹤：d，h，b，e，a，f，i，c，g

後序追蹤：h，d，e，b，i，f，g，c，a

▶▶▶ 【 6.5 節練習題解答 】

1.

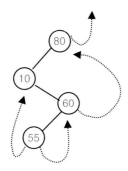

中序追蹤為 10，55，60，80，原先的引線二元樹中序追蹤為 10，50，55，60，80，
去掉 50 後為 10，55，60，80。

2. 若刪除的節點有一分支度，即有一子節點，首先要判斷是左子節點或右子節點，若是
有左子節點，如下圖，其中

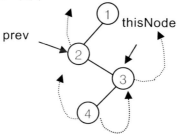

thisNode 為欲刪除的節點，而 prev 為 thisNode 節點的父節點，因此只要依下列過程
即可

    prev.lchild = thisNode.lchild

反之，若刪除的節點有右子節點時，則為下列過程

    prev.rchild = thisNode.rchild

注意課本上引線二元樹的程式實作乃依照節點所含的 number 大小來排列的。

▶▶▶ 【6.6 節練習題解答】

1.

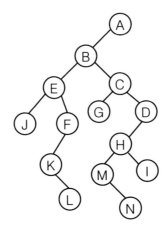

2. 中序為 ECBDA，前序為 ABCED，其所對應的二元樹如下：

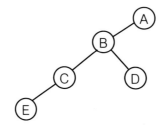

3. 中序為 DFBAEGC，後序為 FDBGECA，其所對應的二元樹如下：

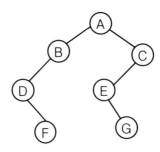

A.7 第七章 練習題解答

▶▶▶【7.2 節練習題解答】

1.

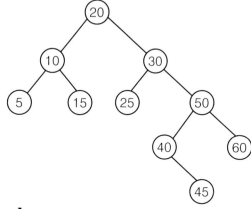

▶▶▶【7.3 節練習題解答】

1.

(a) 加入 3 和 13 之後的二元搜尋樹如下：

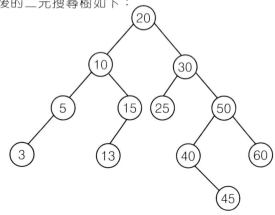

(b) 刪除 50 之後的二元搜尋樹如下：（此答案乃以右邊最小的節點取代之）

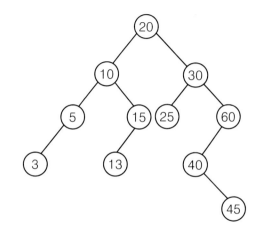

A.8 第八章 練習題解答

▶▶▶【8.1 節練習題解答】

1.

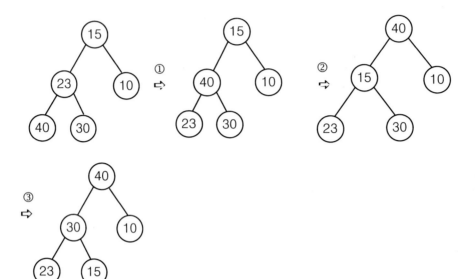

2.

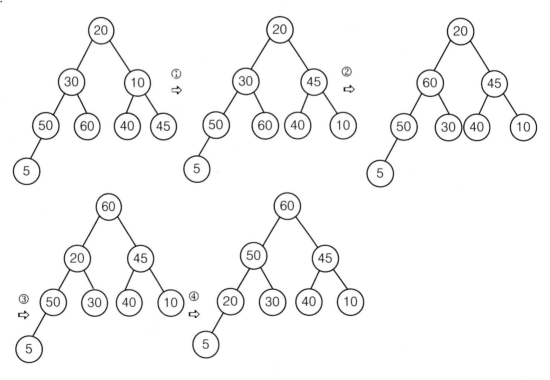

3. 刪除 30

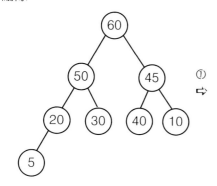 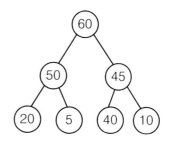

刪除 60

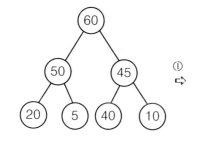 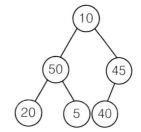

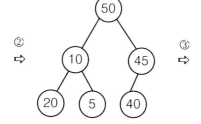 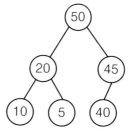

▶▶▶【8.2 節練習題解答】

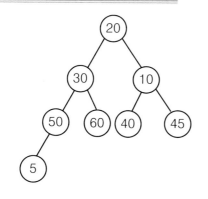 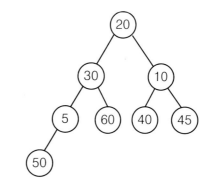

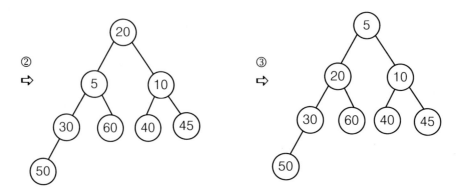

此為一棵 Min-heap

▶▶▶【8.3 節練習題解答】

(a) 加入 17

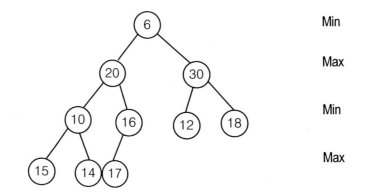

Min

Max

Min

Max

加入 8

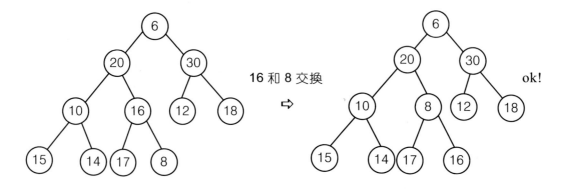

16 和 8 交換

ok!

加入 2

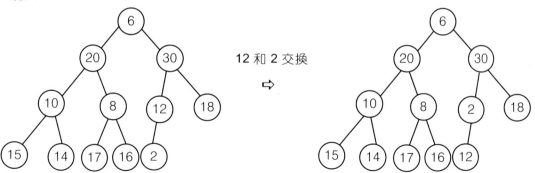

12 和 2 交換

6 和 2 交換

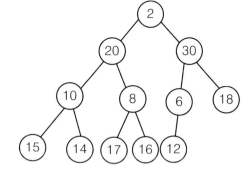

(b)　刪除 20

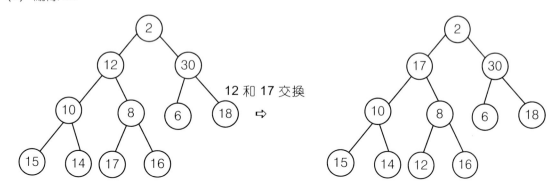

12 和 17 交換

再刪除 10

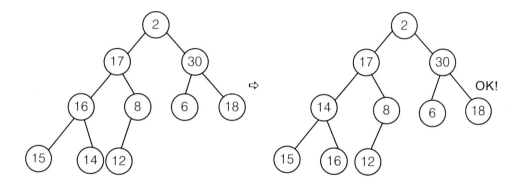

OK!

▶▶▶【 8.4 節練習題解答 】

(a) 加入 2

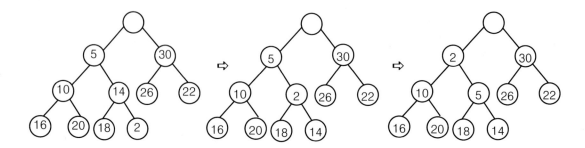

再加入 50

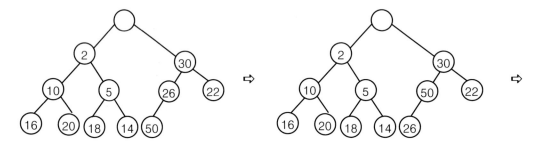

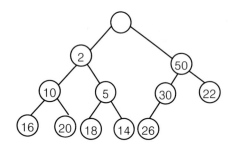

(b) 刪除 50

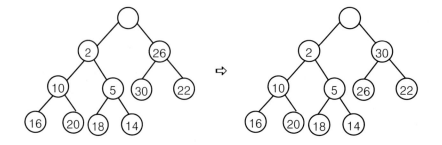

A.9 第九章 練習題解答

▶▶▶【 9.2 節練習題解答 】

1.

(1) 加入 Jan

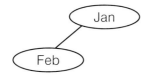

(2) 加入 Feb

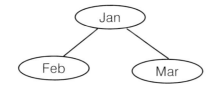

(3) 加入 Mar

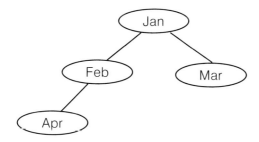

(4) 加入 Apr

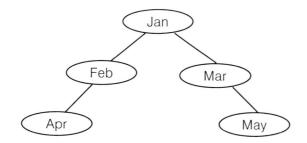

(5) 加入 May

(6) 加入 Jun

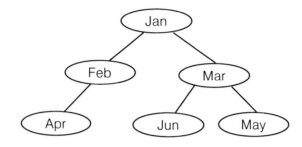

(7) 加入 July

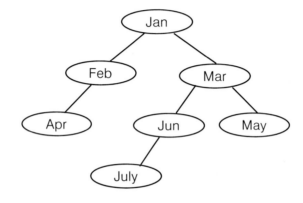

(8) 加入 Aug

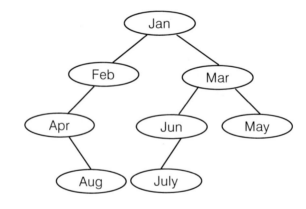

屬於 LR 型，並調整之。

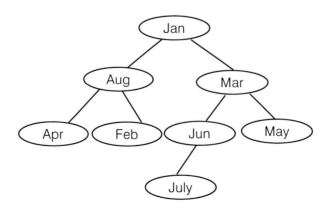

(9) 加入 Sep

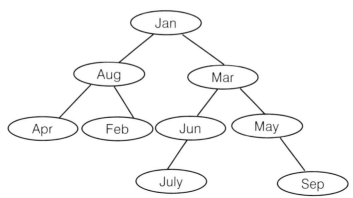

(10) 加入 Oct

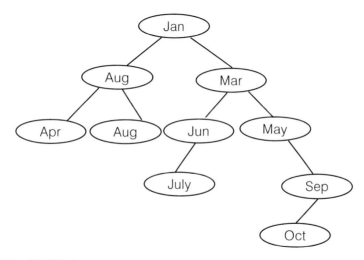

屬於 RL 型，並調整之。

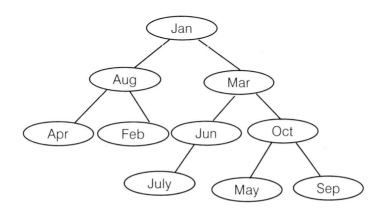

(11) 加入 Nov

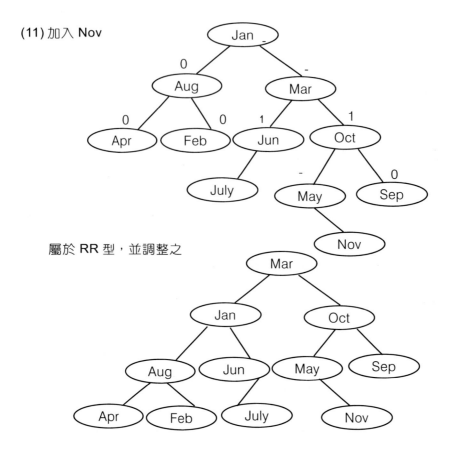

屬於 RR 型，並調整之

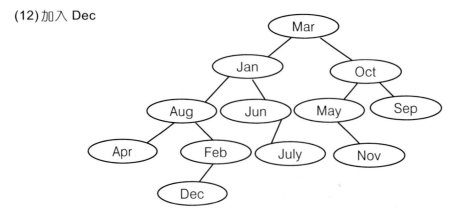

(12) 加入 Dec

▶▶▶【 9.3 節練習題解答 】

(a) 刪除 30 後的 AVL-tree 為

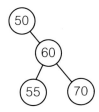

根據課文 9.2 節的定義，知其為 RL 型，調整後的 AVL-tree 如下：

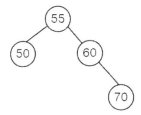

(b) 刪除 45 後的 AVL-tree 為

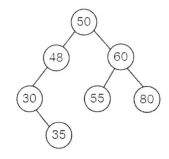

由課文 9.2 節的定義得知其為 LR 型，調整後的 AVL-tree 如下：

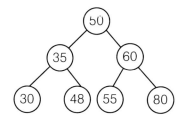

A.10 第十章 練習題解答

▶▶▶【 10.1 節練習題解答 】

1. 依序加入 50，10，22 及 12

(1) 加入 50

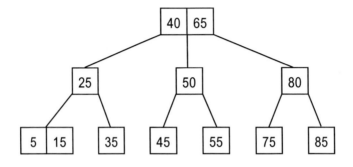

(2) 加入 10

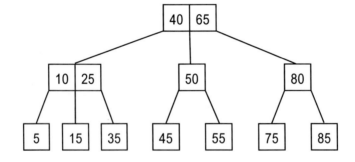

(3) 加入 22

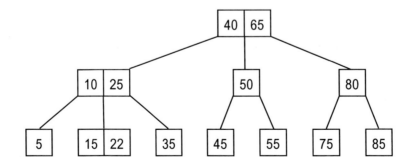

(4) 加入 12

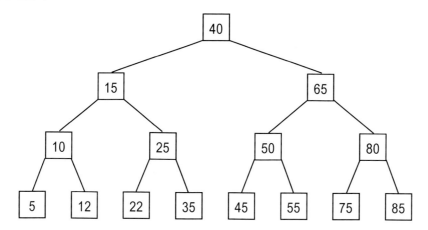

2.

(1) 刪除 60

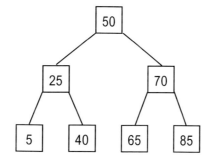

(2) 刪除 70

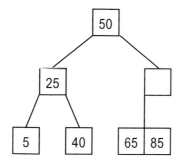

不符合 2-3-tree，再調整如下：

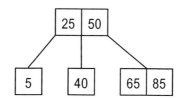

▶▶▶【 10.2 節練習題解答 】

1. 依序加入 8，30 及 6

(1) 加入 8

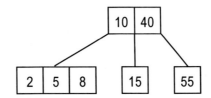

(2) 加入 30

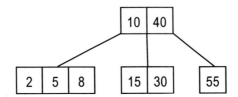

(3)加入 6

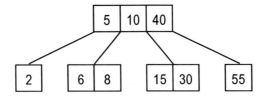

2.

(1) 刪除 80

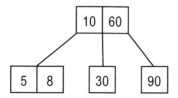

(2) 刪除 30

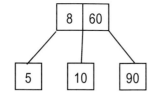

(3) 刪除 8

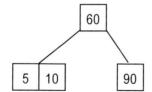

(4) 刪除 90

A.11 第十一章 練習題解答

▶▶▶【 11.1 節練習題解答 】

1.

(1) 加入 30

(2) 加入 50

(3) 加入 25

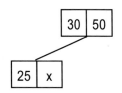

(4) 加入 32

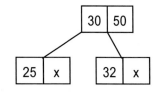

(5) 加入 35

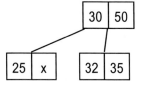

(6) 加入 33

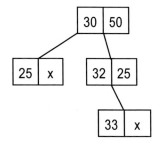

(7) 加入 28

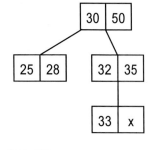

(8) 加入 29

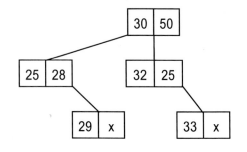

(9) 加入 60

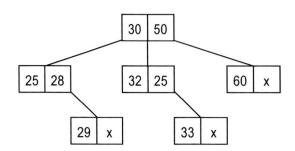

2.　承上題

(1)　刪除 28

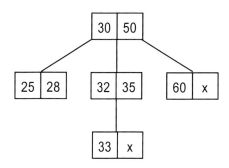

(2)　刪除 35

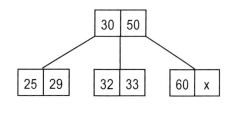

(3)　刪除 50（此處是將 50 的左子樹中最大的提上去）

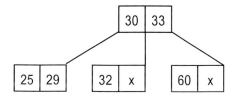

▶▶▶【 11.2 節練習題解答 】

(a)　加入 33，加入後符合 B-Tree 之定義，故不需調整。

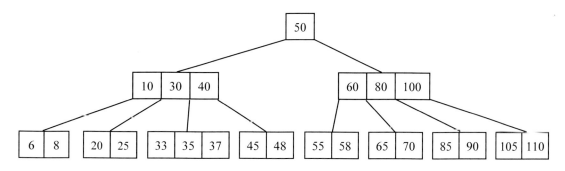

　　加入 36，由於加入後還是符合 B-Tree 之定義，故不需要調整。

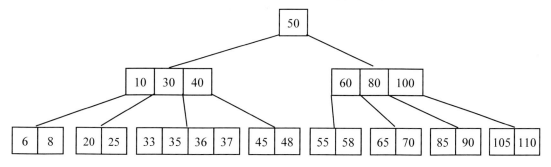

加入 38，由於加入後不符合 B-Tree 之定義，故需要加以調整。

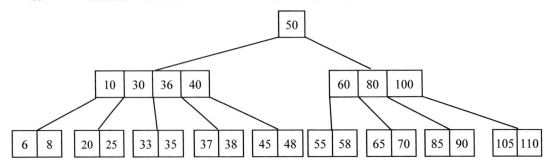

(b) 刪除 105，刪除後符合 B-Tree 之定義，故不需調整。

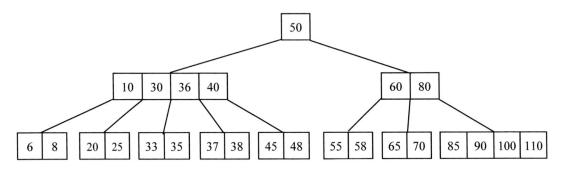

刪除 110，由於刪除後不符合 B-Tree 之定義，故需要調整。

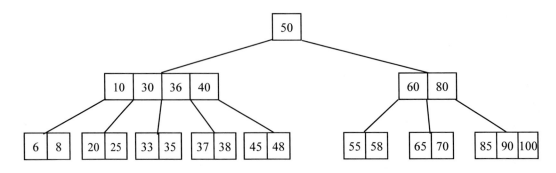

A.12 第十二章 練習題解答

▶▶▶【12.1 節練習題解答】

1.

節點	內分支度	外分支度
1	3	0
2	2	2
3	1	2
4	1	3
5	2	1
6	2	3

2.

(a) 若 V(G') ⊆ V(G)及 E(G') ⊆ E(G)，則 G'為 G 的子圖，如

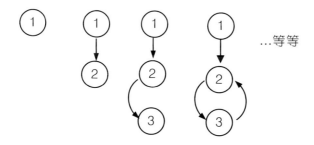

…等等

(b) 緊密連通單元為

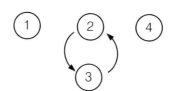

▶▶▶【12.2 節練習題解答】

相鄰矩陣

$$
\begin{array}{c c}
 & \begin{array}{cccccccc} A & B & C & D & E & F & G & H \end{array} \\
\begin{array}{c} A \\ B \\ C \\ D \\ E \\ F \\ G \\ H \end{array} &
\left(\begin{array}{cccccccc}
0 & 1 & 1 & 1 & 1 & 0 & 0 & 0 \\
1 & 0 & 0 & 0 & 0 & 0 & 0 & 0 \\
1 & 0 & 0 & 0 & 0 & 0 & 0 & 0 \\
1 & 0 & 0 & 0 & 0 & 0 & 1 & 1 \\
1 & 0 & 0 & 0 & 0 & 1 & 1 & 0 \\
0 & 0 & 0 & 0 & 1 & 0 & 1 & 0 \\
0 & 0 & 0 & 1 & 1 & 1 & 0 & 0 \\
0 & 0 & 0 & 1 & 0 & 0 & 0 & 0
\end{array}\right)
\end{array}
$$

相鄰串列

A → B → C → D → E

B → A

C → A

D → A → G → H

E → A → F → G

F → E → G

G → D → E → F

H → D

▶▶▶【12.3 節練習題解答】

縱向優先：AEFGDBC

橫向優先：AEBCDFG

注意！上述答案不是唯一。

▶▶▶ 【 12.4 節練習題解答 】

(a) Prime's algorithm

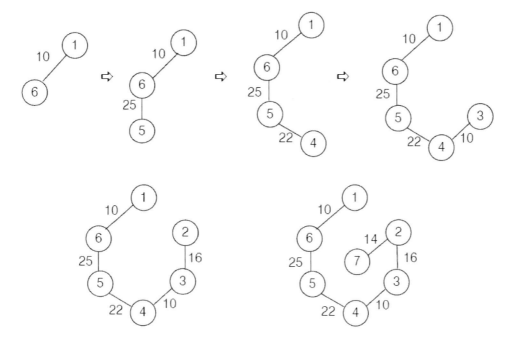

(b) Kruskal's algorithm(以粗線表示之)

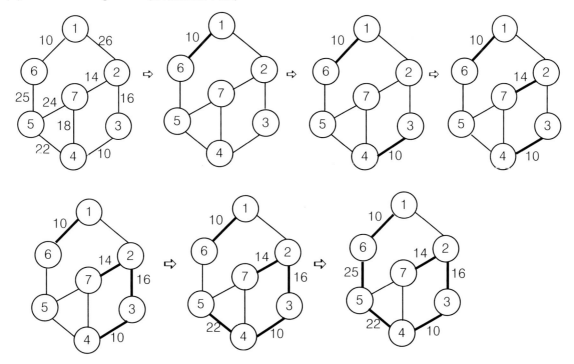

(c) Sollin's algorithm

以每一個節點為起點，找一邊為其最短

(1,6)，(2,7)，(3,4)，(4,3)，(5,4)，(6,1)，(7,2)

其中(1,6)，(6,1)，(3,4)和(4,3)及(2,7)和(7,2)皆重覆

因此，保留(1,6)，(2,7)，(3,4)，(5,4)

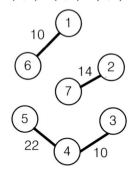

之後(1,6)，(2,7)，(3,4,5)所組成的 tree 取之間最短的邊分別為(2,3)及(5,6)

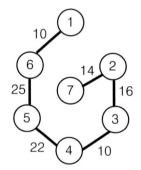

▶▶▶【12.5 節練習題解答】

步驟	S	選擇的節點	距離						
			[1]	[2]	[3]	[4]	[5]	[6]	[7]
初始時	---	1	0	6	3	5	∞	∞	∞
1	{1}	3	0	5	3	5	8	∞	∞
2	{1,3}	4	0	5	3	5	8	9	∞
3	{1,3.4}	2	0	5	3	5	7	9	∞
4	{1,2,3,4}	5	0	5	3	5	7	9	10
5	{1,2,3,4,5}	6	0	5	3	5	7	9	10
6	{1,2,3,4,5,6}	7	0	5	3	5	7	9	10

由上表得知最短距離為 10，其路徑為 1.3.2.5.7。

▶▶▶【 12.6 節練習題解答 】

k＼j	1	2	3	4	5	6	7
1	0	6	5	5	∞	∞	∞
2	0	3^*	3^*	5	5^*	4^*	∞
3	0	1^*	3	5	2^*	4	6^*
4	0	1	3	5	0^*	4	4^*
5	0	1	3	5	0	4	2^*
6	0	1	3	5	0	4	2

由上表得知節點 1 到節點 7 最短距離為 2，並且經由 5 個路徑，分別如下<1, 4>, <4, 3>, <3, 2>, <2, 5>, <5, 7>。其餘節點的最短距離依此類推。

▶▶▶【 12.7 節練習題解答 】

(1)

A^0＼j	1	2	3
i 1	0	6	13
2	8	0	4
3	5	∞	0

(2)

A^1＼j	1	2	3
i 1	0	6	13
2	8	0	4
3	5	11^*	0

(3)

A^2＼j	1	2	3
i 1	0	6	10^*
2	8	0	4
3	5	11	0

(4)

A^3＼j	1	2	3
i 1	0	6	10
2	8	0	4
3	5	11	0

▶▶▶【12.8 節練習題解答】

(a)

拓撲排序：①，②，③，④，⑤，⑥

注意！此答案不是唯一，也可以是①，②，③，④，⑤，⑥

(b)

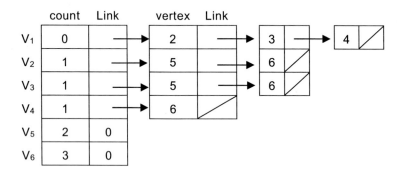

其中 link 欄位為 0 或以斜線表示的話，代表以連線到此結束。

▶▶▶【12.9 節練習題解答】

1.

若沒有 a_{45} 之虛擬活動路徑，則節點 V_5 需要等到節點 V_1 與 V_3 之工作完成後才能夠進行；若是有 a_{45} 之虛擬活動路徑，則節點 V_5 就需要等到節點 V_1、V_3 與 V_4 之工作完成後才能夠進行。

但無論是否有 a_{45} 之虛擬活動路徑，圖 12.14 臨界路徑之結果是仍然會是有二條，而不會受到影響。

2.

表一：每一頂點 ES 值

ES	頂點							堆疊
	(1)	(2)	(3)	(4)	(5)	(6)	(7)	
開始	0	0	0	0	0	0	0	1
彈出 1	0	6	4	0	0	0	0	3 / 2
彈出 3	0	6	4	6	0	0	0	2
彈出 2	0	6	4	8	0	0	0	4
彈出 4	0	6	4	8	17	15	0	6 / 5
彈出 6	0	6	4	8	17	15	19	5
彈出 5	0	6	4	8	17	15	20	7
彈出 7	0	6	4	8	17	15	20	空了

表二：每一頂點的 LS 值

LS	頂點							堆疊
	(1)	(2)	(3)	(4)	(5)	(6)	(7)	
開始	20	20	20	20	20	20	20	7
彈出 7	20	20	20	20	17	16	20	6 / 5
彈出 6	20	20	20	9	17	16	20	5
彈出 5	20	20	20	8	17	16	20	4
彈出 4	20	6	6	8	17	16	20	3 / 2
彈出 3	2	6	6	8	17	16	20	2
彈出 2	0	6	6	8	17	16	20	1
彈出 1	0	6	6	8	17	16	20	空了

從表一和表二得知，若任何一頂點的 ES 等於 LS 時，LS(i)–LS(i)=ES(j)–ES(i)=a_{ij} 則此路徑為臨界路徑。故<1,2>，<2,4>，<4,5>，<5,7>為臨界路徑。

A.13 第十三章 練習題解答

▶▶▶【 13.1 節練習題解答 】

第一次掃描	15	換	8	20	7	66	54
	8		15	20	7	66	54
	8		15	20	換 7	66	54
	8		15	7	20	66	54
	8		15	7	20	66 換	54
結果	8		15	7	20	54	(66)

第二次掃描	8	15	7	20	54
	8	15 換	7	20	54
	8	7	15	20	54
	8	7	15	20	54
結果	8	7	15	20	(54)

第三次掃描	8	7	15	20
	7	8	15	20
	7	8	15	20
結果	7	8	15	20

此時在比較的步驟中，並無調換的動作，故得知排序的工作已完成。

▶▶▶【 13.2 節練習題解答 】

15	8	20	7	66	54	18	26

經由比較結果，得知最小的數值為 7，故將它和第一個元素對調

(7)	8	20	15	66	54	18	26

從第 2 個元素開始找最小的，得知為 8，而它本身就在第 2 個位置

(7)	(8)	20	15	66	54	18	26

做法同上，最後的結果為

| 7 | 8 | 15 | 18 | 20 | 26 | 54 | 66 |

▶▶▶【13.3 節練習題解答】

j	X_0	X_1	X_2	X_3	X_4	X_5	X_6	X_7	X_8
2	$-\infty$	15	8	20	7	66	54	18	26
3	$-\infty$	8	15	20	7	66	54	18	26
4	$-\infty$	8	15	20	7	66	54	18	26
5	$-\infty$	7	8	15	20	66	54	18	26
6	$-\infty$	7	8	15	20	66	54	18	26
7	$-\infty$	7	8	15	20	54	66	18	26
8	$-\infty$	7	8	15	18	20	54	66	26
9	$-\infty$	7	8	15	18	20	26	54	66

▶▶▶【13.4 節練習題解答】

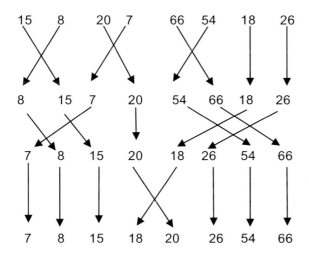

▶▶▶ 【 13.5 節練習題解答 】

15	8	20	7	66	54	18	26
		i					

(15)	8	7	20	66	54	18	26
		j	i				

[7	8]	(15)	[20	66	54	18	26]

[7	8]	15	[(20)	66	54	18	26]
			i			j	

[7	8]	15	[(20)	18	54	66	26]
			j	i			

[7	8]	15	[18]	(20)	[54	66	26]

[7	8]	15	18	20	[54	66	26]

⋮

[7	8]	15	18	20	26	54	66

▶▶▶ 【 13.6 節練習題解答 】

1.

(a)先建立一棵完整二元樹

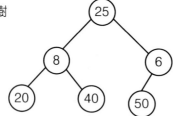

(b)再調整為一棵 heap

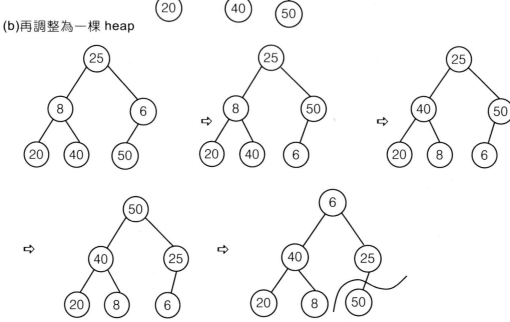

輸出 50，並加以調整之。

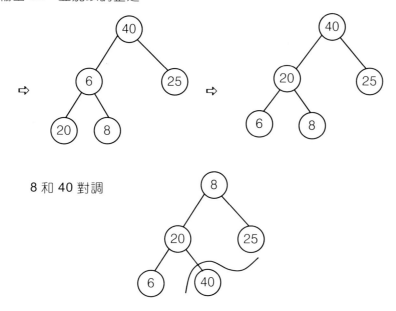

8 和 40 對調

輸出 40，並加以調整之，餘此類推，不再贅述。

2. 只要將 max-heap 改為 min-heap 之後，處理的步驟和上述相似。

▶▶▶【13.7 節練習題解答】

謝耳排序過程

一、8/2=4

[1]	[2]	[3]	[4]	[5]	[6]	[7]	[8]
30	50	60	10	20	40	90	80

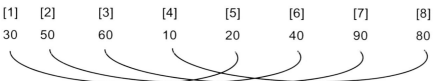

[1]和[5], [2]和[6], [3]和[7], [4]和[8]比較，若前者比後者大則對調之，結果如下：

20	40	60	10	30	50	90	80

二、4/2=2，將 20,40,60,10,30,50,90,80，每隔二個比較並調整，結果如下：

20	10	30	40	60	50	90	80

[1]和[3], [2]和[4], [3]和[5], [4]和[6], [5]和[7], [6]和[8]比較

若前者比後者大則對調，記得互換後需再往回頭比較喔！

三、2/2=1，將 20,10,30,40,60,50,90,80，每隔一個加以比較並調整，結果如下：

| 10 | 20 | 30 | 40 | 50 | 60 | 80 | 90 |

每相鄰 2 個互相比較之，若有互換，則需再回頭比比看喔！

▶▶▶【13.8 節練習題解答】

(a) 依序加入 25，8，6，20，40，50，15，30 成為一棵二元搜尋樹

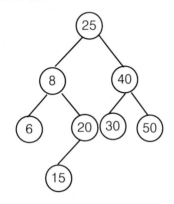

(b) 再依據中序追蹤，就可得到下列資料

6，8，15，20，25，30，40，50

▶▶▶【13.9 節練習題解答】

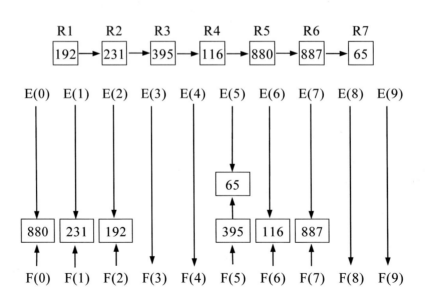

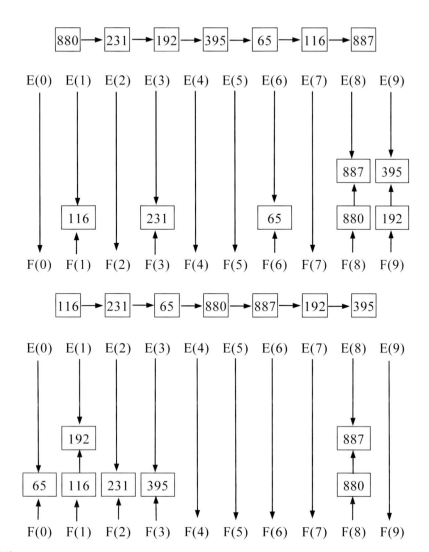

最後結果為

65，116，192，231，395，880，887

A.14 第十四章 練習題解答

▶▶▶【14.3 節練習題解答】

依序為 GA，D，A，B，G，L，A2，A1，A3，A4 及 E

(a) 溢位時，使用線性探測法

0	A
1	B
2	A2
3	D
4	A1
5	A3
6	GA
7	G
8	A4
9	E
10	
11	L
12	
13	
14	
15	
	⋮
25	

(b) 溢位時，使用鏈結串列

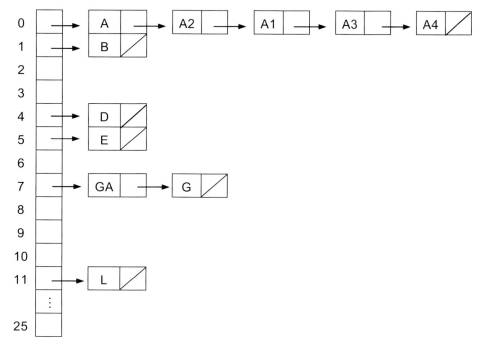

▶▶▶【 14.4 節練習題解答 】

(a) ant，lion，tiger，horse，tick，tennis，monkey，mosquito

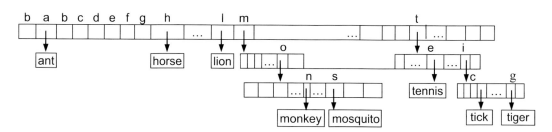

(b) 加入 money

（將上圖，改變 m 那一條即可）

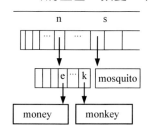

資料結構--使用 C#

作　　　者：蔡明志
企劃編輯：江佳慧
文字編輯：王雅雯
設計裝幀：張寶莉
發 行 人：廖文良

發 行 所：碁峰資訊股份有限公司
地　　　址：台北市南港區三重路 66 號 7 樓之 6
電　　　話：(02)2788-2408
傳　　　真：(02)8192-4433
網　　　站：www.gotop.com.tw
書　　　號：AEE038900
版　　　次：2018 年 04 月初版
　　　　　　2023 年 09 月初版八刷
建議售價：NT$540

國家圖書館出版品預行編目資料

資料結構：使用 C# / 蔡明志著. -- 初版. -- 臺北市：碁峰資訊，
　2018.04
　　面；　公分
　ISBN 978-986-476-754-0(平裝)
　1.資料結構　2.C#(電腦程式語言)
312.73　　　　　　　　　　　　　　　　　　107003020

讀者服務

● 感謝您購買碁峰圖書，如果您
　對本書的內容或表達上有不清
　楚的地方或其他建議，請至碁
　峰網站：「聯絡我們」\「圖書問
　題」留下您所購買之書籍及問
　題。(請註明購買書籍之書號及
　書名，以及問題頁數，以便能
　儘快為您處理)
　http://www.gotop.com.tw

● 售後服務僅限書籍本身內容，
　若是軟、硬體問題，請您直接
　與軟、硬體廠商聯絡。

● 若於購買書籍後發現有破損、
　缺頁、裝訂錯誤之問題，請直
　接將書寄回更換，並註明您的
　姓名、連絡電話及地址，將有
　專人與您連絡補寄商品。